● 中国水利教育协会
● 高等学校水利类专业教学指导委员会　共同组织编审
● 中国水利水电出版社

全国水利行业"十三五"规划教材
"十二五"江苏省高等学校重点教材（教材编号：2015-2-056)

水 利 计 算

主编　河海大学　钟平安　王建群
主审　河海大学　董增川

中国水利水电出版社
www.waterpub.com.cn

内 容 提 要

本书为全国水利行业规划教材，也是江苏省 2015 年重点立项教材。书中阐述了水利工程水利计算的基本原理与方法，包括：绪论、径流调节与水库特征、需水量计算与预测、径流（量）调节计算、灌溉工程水利计算、水电站水能计算、防洪工程水利计算、综合利用水库水利计算、水库群调节计算等内容。

本书为高等院校水文与水资源工程专业本科核心课程教材，也可供从事水文、水资源、水能开发利用、水利工程设计与管理、市政工程等领域的专业技术人员使用参考。

图书在版编目（CIP）数据

水利计算 / 钟平安，王建群主编. -- 北京：中国水利水电出版社，2016.6(2023.1重印)
全国水利行业"十三五"规划教材 "十二五"江苏省高等学校重点教材
ISBN 978-7-5170-4512-0

Ⅰ．①水… Ⅱ．①钟… ②王… Ⅲ．①水利计算－高等学校－教材 Ⅳ．①TV214

中国版本图书馆CIP数据核字(2016)第198293号

书　　名	全国水利行业"十三五"规划教材 "十二五"江苏省高等学校重点教材 **水利计算**
作　　者	主编 河海大学 钟平安 王建群 主审 河海大学 董增川
出版发行	中国水利水电出版社 （北京市海淀区玉渊潭南路1号D座　100038） 网址：www.waterpub.com.cn E-mail：sales@mwr.gov.cn 电话：（010）68545888（营销中心）
经　　售	北京科水图书销售有限公司 电话：（010）68545874、63202643 全国各地新华书店和相关出版物销售网点
排　　版	中国水利水电出版社微机排版中心
印　　刷	天津嘉恒印务有限公司
规　　格	184mm×260mm　16开本　14.75印张　350千字
版　　次	2016年6月第1版　2023年1月第2次印刷
印　　数	3001—5000册
定　　价	**42.00**元

前　言

水利计算是水利水电工程规划、设计、运行管理的重要环节。其主要任务是根据水利工程所在江河的自然条件，河流特点，经济、社会、环境、生态等发展要求，以及水资源开发利用经济、技术可能性，按照安全性、可靠性和经济性最佳原则，为河流治理和开发方案的选择，水利水电工程的任务和规模、特征值和运用方式的确定，以及工程经济分析和综合论证等提供依据。

本书以高等院校水文与水资源工程专业本科学生为教学对象，依据水利计算的上述任务和要求，较为系统地介绍了径流调节的基础知识和水利计算的基本方法。在归纳不同需求共性规律的基础上，将全书分成九章：第一章绪论，阐述了水利计算的任务和研究方法进展；第二章径流调节与水库特征，介绍了径流调节内涵、所需资料和水库基础知识；第三章需水量计算与预测，介绍了各类经济社会需水的计算与预测方法；第四章径流（量）调节计算，介绍了以水量供需平衡的一类水库的调节计算原理与方法；第五章灌溉工程水利计算，介绍了各类灌溉工程水利计算任务和方法；第六章水电站水能计算，介绍了水能开发利用原理，以及水电站动能指标的确定方法；第七章防洪工程水利计算，介绍了水库洪水调节原理、水库防洪特征水位的计算方法，以及其他防洪工程的水利计算方法；第八章综合利用水库水利计算，介绍了多目标开发水库设计原理和调节计算方法；第九章水库群调节计算，介绍了不同类型的水库群系统的供水、水能和洪水联合调节的原理与计算方法。全书筛选的内容尽量体现本科生培养目标，尽可能遵循《水利工程水利计算规范》的基本要求。

本书由河海大学水文水资源学院水利计算课程组的相关教师负责编写。由钟平安教授，王建群教授担任主编；董增川教授担任主审。各章编写人员如下：第一章，钟平安、王建群；第二章，万新宇；第三章，任黎、孙营营；第四章，钟平安、徐斌；第五章，王建群、任黎；第六章，钟平安、万新宇、徐斌；第七章，陆宝宏、孙营营；第八章，钟平安；第九章，王建群。

本书为全国水利行业规划教材，获得江苏省2015年重点教材立项。在编写过程中，主要引用和参考了叶秉如主编的《水利计算及水资源规划》（水利电力出版社，1995 年），鲁子林主编的《水利计算》（河海大学出版社，2003年），梁忠民、钟平安、华家鹏等主编的《水文水利计算（第 2 版）》（中国水利水电出版社，2008 年）。同时还参阅和引述了其他相关的技术资料。本书的出版，得到了河海大学水文水资源学院、中国水利水电出版社的大力支持，编者在此一并致谢。

由于编者水平有限，错误在所难免。若发现书中错误之处敬请函告：江苏省南京市西康路 1 号河海大学水文水资源学院钟平安，邮编 210098；或发邮件 Email：pazhong @hhu. edu. cn。谨致感谢！

编者

2016 年 6 月

目　　录

第一章　绪　　论

第一节　中国水资源及其开发利用

水资源是社会进步、经济发展和环境改善不可替代的自然资源。由于多方面综合因素的影响，中国水资源供需矛盾显得十分突出，局部地区水资源问题已成为制约其进一步发展的主要因素。中国的水资源问题，在国际上也引起广泛关注，尤其是水资源紧缺有可能引起的粮食安全问题。以水资源可持续利用支撑社会经济的可持续发展，系统解决水资源问题，已成为全社会的共识，并采取了积极的行动。

根据 1956—2000 年同步资料系列计算，中国多年平均降水深约为 650mm，年降水量为 61786 亿 m^3，全国水资源总量为 28412 亿 m^3，其中地表水资源量为 27375 亿 m^3，约占水资源总量的 96%，地表水资源与地下水资源量之间不重复计算的水量为 1037 亿 m^3，约占水资源总量的 4%。

中国水资源在空间分布上，具有南方多、北方少，山区多、平原少的空间分布特征。400mm 降水深等值线以西大部分地区干旱少雨，面积约占全国的 42%，其中年降水深 200mm 以下面积约占全国的 26%；400mm 降水深等值线以东面积约占全国的 58%，其中降水深 800mm 以上面积约占全国的 30%。南方地区面积占全国的 36%，多年平均年降水量占全国的 68%，多年平均地表水资源量占全国的 84%；北方地区面积占全国的 64%，多年平均年降水量仅约占全国的 32%，多年平均地表水资源量占全国的 16%；山丘区面积约占全国的 72%，多年平均降水量占全国的 85%，多年平均地表水资源量约占全国的 93%；平原及盆地面积约占全国的 28%，多年平均年降水量占全国的 15%，其多年平均地表水资源量仅占全国的 7%。年径流深由东南的 2000mm 向西北递减至 5mm。

在时间分配上，水资源年内集中程度高，南方地区大部分测站多年平均连续最大 4 个月（5—8 月）降水量约为多年平均年降水量的 55%，河川径流量占全年的 50%～70%；北方地区多年平均连续最大 4 个月（6—9 月）降水绝大部分测站超过多年平均年降水量的 70%，河川径流量占全年的比例一般在 60%～80%，其中华北、东北、西北内陆河的局部地区可达 80% 以上，部分测站甚至超过 90%。受季风气候影响，中国水资源年际变化大，南方地区年降水量最大值与最小值的比值，一般为 2～3，最大年径流量与最小年径流量的比值，一般在 5 倍以下；北方地区年降水量最大值与最小值的比值，一般为 3～6，最大年径流量与最小年径流量的比值可达 10 倍以上。各地降水普遍存在连丰和连枯现象，其中北方地区尤为明显，北方地区大多数雨量站连丰、连枯年段年数一般为 2～6 年和 4～7 年；南方地区大多数雨量站连丰、连枯年段年数一般均为 3～7 年。

由于近 20 年来，中国气候和下垫面状况较以往均有显著的改变，导致水资源数量发生了一定的变化，对比 1980—2000 年系列（近期下垫面条件）与 1956—1979 年系列（代表 20 世纪 70 年代下垫面条件），就全国而言，降水量变化不大，地表水资源量和水资源总量略有增加。南方地区河川径流量和水资源总量增加幅度接近 4%；北方部分地区降水偏少，水资源量减少明显，以黄河、淮河、海河和辽河区最为显著，4 个水资源一级区合计降水量减少 6%，河川径流量减少 17%，水资源总量减少 12%，其中海河区降水量减少 10%、河川径流量减少 41%、水资源总量减少 25%，淮河区山东半岛降水量减少 16%、河川径流量减少 52%、水资源总量减少 32%。地下水资源量从全国地下水资源量来看，1980—2000 年系列与 1956—1979 年系列总量变化不大，变幅为 -0.83%。

一方面，水资源数量在减少，另一方面，水资源需求却在增加。1949 年中国总用水量仅 1031 亿 m^3，人均用水量 $187m^3$；1959 年增至 2048 亿 m^3，人均用水量 $316m^3$；1965 年增至 2744 亿 m^3，人均用水量 $378m^3$；1980 年达 4408 亿 m^3，人均用水量 $449m^3$。1980—2000 年，中国总用水量仍处于增长态势，2000 年全国总用水量为 5628 亿 m^3，其中农业用水量 3861 亿 m^3、工业用水量 1160 亿 m^3、生活用水量 607 亿 m^3，2000 年用水量比 1980 年增加 1220 亿 m^3。2010 年，全国总用水量为 6213 亿 m^3，其中农业用水量 4168 亿 m^3、工业用水量 1203 亿 m^3、居民生活用水量 474 亿 m^3、建筑业用水 19.9 亿 m^3、第三产业用水 342.1 亿 m^3、生态环境用水 106.4 亿 m^3，2010 年用水量比 2000 年增加 585 亿 m^3。

为了解决水资源供需矛盾，截止到 2010 年，全国已建成大中小型水库 9.8 万多座，塘坝等工程 457 万座，蓄水工程总库容达 9626 亿 m^3。从整体看，中国蓄水工程对天然径流的调蓄控制能力低于美国、加拿大、俄罗斯、墨西哥等水资源开发利用水平较高的国家，但北方地区蓄水工程对径流的调节能力较强，海河、黄河和辽河 3 个水资源一级区蓄水工程总库容，均大于多年平均年径流量，兴利库容约占多年平均年径流量的 55%～70%。

第二节　中国洪水灾害及其治理

我国是世界上洪涝灾害最为频繁和严重的国家之一，洪涝灾害对社会经济造成的损失占据各种自然灾害的首位。导致我国洪水灾害分布广、面积大、频次高、灾情重的影响因素是多方面的，在自然地理方面，我国地处亚洲东部，太平洋西岸，纬度横跨北纬 22°～53°，自然环境差异大，具有产生严重自然灾害的自然地理条件，西高东低独特的地理位置和地形条件使全国约有 60% 的国土存在着不同类型和不同程度的洪涝灾害；在水文气象方面，我国季风气候显著，受东南、西南季风的影响，降雨时空分布极不均匀，汛期 4 个月集中全年雨量的 60%～80%，长江以南地区汛期 4 个月降雨量占全年的 50%～60%，华北、东北、西南地区，多雨期 4 个月雨量可占全年的 70%～80%，热带风暴和台风常常深入内地产生特大暴雨造成洪涝灾害。总体上，东部地区的洪水主要由暴雨、台风和风暴潮形成，西部地区主要由融雪和局部的暴雨形成。

洪水是一种自然现象，但洪水灾害与人类活动有着密切关系，我国 50% 以上的人口、70% 以上的工农业总产值集中于七大江河中下游约 100 万 km^2 的土地上，这些地区地面高程多在洪水位以下，加之水土资源组合不平衡，水土资源利用上的不合理，造成洪涝灾害频繁；人类对自然的过度干预，加重了洪涝灾害发生的频度和强度。一方面，二氧化碳等温室气体增加使全球变暖，从而改变大气环流、气候和水旱灾害；另一方面，人类活动改变下垫面的属性（如对草原、森林的破坏）影响区域气候和洪水发生，具体表现为：①毁林开荒破坏大量森林植被，导致水土流失，降低了对水旱灾害的缓冲作用；②盲目与水争地，使河道变窄，湖泊淤积，导致蓄洪、滞洪面积缩小，泄洪能力和湖泊调节洪水能力降低。仅长江中下游地区，近几十年来，由于不合理的围垦而消亡的湖泊达 1000 余个，湖泊面积与库容大幅度减少，例如洞庭湖 1925 年面积达 $6000km^2$，到 1949 年只剩 $4350km^2$，1958 年减少到 $3141km^2$，1978 年仅存 $2691km^2$，湖水容积从 1949 年的 293 亿 m^3，下降到 1978 年的 174 亿 m^3，减少幅度达到 40.6%。长江下游河道及太湖地区由于盲目围垦，已减少蓄洪面积 $520km^2$，致使 1991 年大水到来之时不得不炸堤分洪。

1990 年到 20 世纪末，水灾有愈演愈烈之势，1991 年水灾损失 779 亿元，1994 年达 1797 亿元，1995 年为 1653 亿元，1996 年达 2200 亿元，1998 年竟达 2700 亿元。

为了减轻洪水的侵害，我国开展了以防洪减灾为主要目的的大规模水利工程建设，大多数流域已形成了包括堤防、水库、分蓄洪工程、河道整治工程的防洪工程体系。至 2010 年，已建成水库 9.8 万多座，其中大型水库 756 座；已建各类堤防超 41.3 万 km，其中 5 级及以上主要堤防 27.5 万 km；开辟临时分蓄洪区约 100 处，可分蓄洪水 1000 多亿 m^3。

第三节　水利计算任务与内容

水利计算是工程水文的重要组成部分，水利计算的根本任务就是为水利工程的建设拟定并选择经济合理和安全可靠的工程设计方案、规划设计参数和调度运行方式。

流域开发与水利工程建设过程中，都必须经历规划设计、施工及运行管理三个阶段（图 1-1）。不同阶段的水利计算承担不同的服务内容。

规划设计阶段水利计算的主要任务是合理地确定工程措施的规模。倘使规模定得过大，将会造成投资上的浪费；如果定得过小又会使水利资源不能得到充分的利用，造成资源浪费，或需水量得不到保证，影响社会经济发展；对于防洪措施，还可能造成工程失事，甚至对人民的生命财产酿成巨大的损失。严格来说，规划设计方案实施后，所在流域的天然水文情势必将有相应的改变，因此，在规划设计阶段中还需要预估这部分变化。

施工阶段的任务是将规划设计好的建筑物建成，将各项非工程措施付诸实施。由于水利工程施工期限一般较长，往往需要一个季度以上，甚至长达数年之久，所以需要修建一些临时性建筑物，如围堰、引水隧洞或渠道等。这样，在水文计算预先估计整个施工期间可能出现的来水情势的基础上，确定这些临时性工程的规模和尺寸。同时，在这一阶段，需要根据未来施工期间的水情变化和工程进度计划，通过水利计算确定水利工程枢纽的初期运行计划和调度方案。在具体施工期间，再结合短期的（例如几天甚至几小时）水文预报，实时进行施工安排和组织调度。

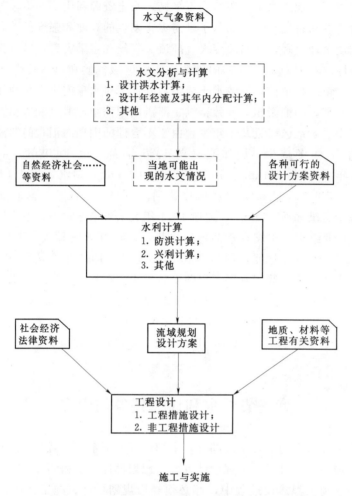

图 1-1　流域综合开发规划设计实施工作流程图

　　管理运用阶段的主要任务在于充分发挥已成水利措施的作用。为此就需要知道未来一定时期内的来水情况，以便确定最经济合理的调度运用方案。这一阶段对于水文工作的要求，就是根据水文分析计算获得未来长期内可能出现的水文情势，再考虑到水文预报所提供的较短期内的实时预报，通过水利计算拟定出实时的最佳调度运用方案，保证获得最大的社会和经济效益。

　　国民经济还有许多部门，诸如工矿企业、城市建设、交通运输，尤其是农林水利建设，都需要了解有关的水情变化状况并确定合理的规划设计和调度运行方案。譬如工矿企业必须解决工业用水的水源问题；城市建设必须解决供水、排洪及排污等问题；在交通运输方面，由于铁路、公路往往需要跨越江河，因而必须研究这些江河的水情变化规律，并合理确定有关建筑物的尺寸，如桥梁的高度、涵洞的大小等；在农、林、水利建设方面，诸如灌溉、排水、防洪、发电等等，更需要了解和掌握水情变化规律，并在此基础上正确拟定经济合理的工程措施。此外，不仅在进行基本建设时如此，对于已成的水利工程的调度运用，同样有必要了解水情的未来变化情况，拟定调度运行策略，使现有工程发挥较大的效用。总而言之，国民经济建设从多方面对水利计算学科提出了任务和要求。

第四节　主要研究方法及其进展

基于水量平衡原理的调节计算方法是水利计算的主要研究方法。按照研究的对象和重点，调节计算可分为洪水调节和枯水调节，洪水调节主要解决防洪问题，枯水调节重点解决兴利问题。调节计算过程中必须兼顾工程或规划方案的经济性、安全性和可靠性要求，在研究方法上有传统方法与近代系统分析方法之分。

对于综合利用水利工程，传统调节计算方法在处理多目标问题时往往选择一个主要目标，例如发电为主、灌溉为主、城镇供水为主等，其他次要目标在兴利调节过程中则简化处理，例如对于水量不大但很重要的需水部门，可选择在来水扣除的方法处理（百分之百地满足）。

兴利调节计算，需要供需两方面的信息，径流系列（来水）资料由水文分析计算提供，需水量必须结合国民经济、社会和生态环境保护规模与发展状况确定，在以需定供的水利系统中，一般水利工程建设在解决供需矛盾时，都要求有一定的预见性，需水量不以现状实际用水为基础，而是采用设计水平年的需水为基础，需水预测精度是影响工程经济性和可靠性的重要因素，预测结果偏小，工程很快达到设计供水能力，因而也很快就不能满足受水区域的需水要求，从而使供水保证率下降，工程丧失供水可靠性；反之，预测结果偏大，工程长时间达不到设计效益，建设资金积压，造成经济损失，经济性下降甚至丧失。需水预测是一项十分复杂和困难的工作，目前大都分类预测，根据不同用户的用水特点和需水影响因素采用不同的预测方法，常用的方法有趋势预测、指标（定额）预测、重复利用率提高法、弹性系数法等。

灌溉、城镇供水等只要求水利工程在特定的时间提供特定数量的水量，属于水量调节的范畴。水量调节计算方法可分为时历法和数理统计法两大类。

时历法是先根据实测流量过程逐年逐时段进行调节计算，然后将各年调节后的水利要素值（例如调节流量、水位或库容等）绘制成频率曲线，最后根据设计保证率得出相应水利要素的设计值，简言之，时历法是先调节计算后频率统计的方法。时历法根据资料情况和计算深度要求又有长系列与典型年法之分，长系列对计算结果作频率分析，得到设计值，其保证率概念明确，在条件许可时，是首选之方法。典型年法以来水的频率代替设计保证率，忽略了供需平衡中"过程"组合，由于来水年内分配影响，往往来水的频率与设计保证率不完全一致。

数理统计法则先对原始流量系列进行数理统计分析，将其概化为几个统计特征值，然后再通过数学分析法或图解法进行调节计算，求得设计保证率与水利要素值之间的关系，也就是先频率统计后调节计算的方法。对于多年调节水库设计，数理统计法可以一定程度上克服径流系列不够长，或即使有较长期的水文资料，多年调节中水库蓄满、放空的次数也不够多的缺陷。根据概率组合理论推求水库的供水保证率、水库多年蓄水量变化和弃水情况等，理论上较为完善；数理统计方法采用相对值计算，便于计算成果处理和概括，以及在不同河流上、不同水库间的计算成果的综合或推广应用。为了得到多年调节所必需的连续枯水年的不同组合，实用中常根据历史资料建立随机模型，通过随机试验的方法人工生成足够长的水文系列，供调节计算使用。

水电站水能计算属于水能调节的范畴。水能调节计算比水量调节计算复杂，水能的大小同时受到水量与水头两个因素的共同影响，水能开发的效益还与开发方式以及设备的效率等密切相关。水能计算全过程围绕水量平衡、电力平衡和电量平衡展开，计算方法上，由于水量平衡方程与出力方程组成的方程组无法得到解析解，所以，试算是水能计算中常用的求解方法，在保证出力计算、调度图绘制、多年平均电能计算等许多方面都需要试算，而且根据问题的性质还有顺时序与逆时序的差别。

洪水调节本质上属于水量调节，与兴利水量调节相比，有两点差别：①计算时段变小，洪水调节时段长一般以小时为量级；②在特定的时段调节计算时必须考虑泄流能力的影响。具体求解方法以水量平衡计算和试算为基础，与兴利计算基本相同。

目前水资源的利用愈来愈趋向多单元、多目标发展，规模、范围日益增大。但水资源又不能无限制地满足需求，许多矛盾需要协调，需要整体、综合地考虑。现代意义的水资源规划与管理，已经牵涉到社会和环境问题，故已经不是作为纯粹工程性质的所谓技术科学的一部分，而是在一定程度上已经从工程技术的水平提高到了环境规划的水平。因此现代意义的水资源的开发、利用或水利系统的规划、设计和管理运用，其内容、意义、目标都比传统更为广泛。

近代水资源开发利用综合、整体的观点和策略，引起了水资源研究方法的 3 个重要进展，即：①产生了多目标优化、矛盾决策的思想原则和求解技术；②流域库群系统整体优化的原则和方法；③大系统分层和分解协调优化技术。

水资源的综合利用，即如何处理在规划和管理的优化决策中多个目标或多个优化准则的问题，这些目标各式各样，多半是不可公度（如发电量和灌溉的农作物产量间），甚至有些是不能定量而只能定性。于是引入系统科学中的多目标规划的理论和方法应用于水资源系统的规划和管理中。

流域或区域范围的水资源问题，往往是一个庞大复杂的系统。例如流域干支流的梯级库群、兴利除害的各种水利水电开发管理目标、地表地下水各种水源的联合共用等。为了使这样的大系统能易于优化求解，利用大系统的分层和分解协调技术常常是非常有利和必要的。

一个流域或地区水资源开发利用的整体性的概念和特性，导致了系统工程和系统分析方法逐渐在水资源领域得到应用和不断发展。系统分析是一种组织管理"各种类型的系统"的规划、研制和使用的具有普遍意义的科学方法。它能更全面深入地进行水资源利用的分析研究，提高水利系统规划、管理的水平和效益。

随着大型水利系统的形成，水质、土地资源、环境质量等问题愈来愈重要，因此，规划水利系统时不仅要着眼工程和水利经济效益，还要考虑对社会和环境的影响，在决策时应充分顾及或协调各方面的合理要求和意见，因而应用系统分析的方法来研究水资源成为水资源开发利用课题的新方向。

第五节 本书主要内容

本书针对上述问题，精选出一些主要内容共分九章进行编写。第一章主要对水利计算的任务、方法及内容进行介绍；第二章至第九章介绍需水量的计算与预测、年月径流调节计算以及径流调节原理在灌溉、发电和防洪工程中的应用问题。整体内容组成及逻辑关系大致见图1-2。

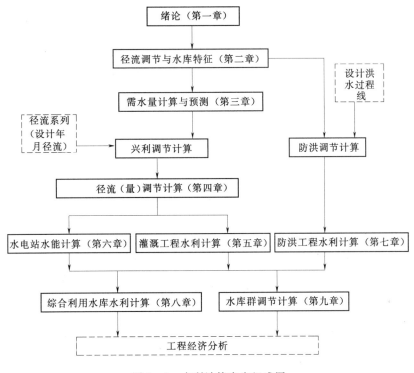

图1-2　水利计算内容组成图

参 考 文 献

[1]　国家防汛抗旱总指挥部办公室，水利部南京水文水资源研究所．中国水旱灾害 [M]．北京：中国水利水电出版社，1997.

[2]　水利部水利水电规划设计总院．中国水资源及其开发利用调查评价 [M]．北京：中国水利水电出版社，2014.

[3]　中华人民共和国水利部，中华人民共和国国家统计局．第一次全国水利普查公报 [M]．北京：中国水利水电出版社，2013.

[4]　梁忠民，钟平安，华家鹏．水文水利计算（第2版）[M]．北京：中国水利水电出版社，2008.

[5]　刘光文．水文分析与计算 [M]．北京：中国水利水电出版社，1989.

[6]　钱正英，张光斗．中国可持续发展水资源战略研究综合报告及各专题报告 [M]．北京：中国水利水电出版社，2001.

[7] Maidment D R. . Handbook of Hydrology [M]. McGRAW - HILL，INC. 1992.

[8] 中华人民共和国水利部 . 水利水电工程设计洪水计算规范（SL 44—2006），北京：水利电力出版社，1993.

[9] 中华人民共和国水利部 . 水利工程水利计算规范（SL 104—95），北京：中国水利水电出版社，1996.

第二章　径流调节与水库特征

第一节　径流调节概述

一、径流调节的涵义

我国汛期 4 个月集中全年雨量的 60%~80%。年内各月径流量相差更大，浙江省乌溪江湖南镇站 1968 年 6 月径流量为 11 月径流量的 66.8 倍；1969 年 7 月径流量为 12 月径流量的 25.6 倍。如从短历时暴雨量看，则变化更为悬殊，黄河三门峡建库前最小流量小于 200m³/s，而最大实测洪峰流量可达 23500m³/s，相差达 120 倍；1960 年 7 月内蒙古商都一次暴雨，4h 降水量 600mm，相当于当地常年全年降水量的 1.5 倍；1977 年 8 月内蒙古乌审旗的一次暴雨，10h 降水量达 1400mm，相当于当地常年全年降水量的 3.5 倍。

降水量和径流量的年际变化也很大，北京 1959 年降水量（1406mm）是 1891 年（168.5mm）的 8.34 倍。淮河蚌埠站 1921 年年径流（719 亿 m³）是 1978 年（26.9 亿 m³）的 26.7 倍。此外，从实际资料看，我国主要江河都出现过连续枯水年和连续丰水年。松花江哈尔滨站，出现过连续 11 年（1898—1908 年）和连续 13 年（1916—1928 年）的枯水期，13 年枯水期平均年径流量比正常年份减小达 40%；哈尔滨站也出现过连续 7 年（1960—1966 年）的丰水期，平均年径流量比正常年份多 32%，并且在 1956 年、1957 年连续发生了该站自 1898 年有记录以来最大的两次洪水。黄河陕县站出现过连续 11 年（1922—1932 年）的枯水期，其平均年径流量比正常年份减少 24%；长江、闽江、珠江也都出现过连续六七年的少水期。

降雨径流除上述时间上分配不均外，空间上的分布也极不均匀，我国水资源分布情况见表 2-1。就大范围说，我国华北和西北地区雨量较少，而耕地较多；长江以南地区水量丰沛，而耕地面积相对较少；西南边疆水资源相当丰富，但人口和耕地却很少，需水量不大。全国水土资源很不平衡，长江流域及其以南地区的耕地占全国耕地面积的 38%，而河川径流量占全国 83%；黄河、淮河、海河、辽河 4 河流域内耕地面积占全国 42%，但河川年径流量只占全国 8%。全国 600 多个城市中有 300 多个城市缺水，114 个城市严重缺水，其中北方地区和沿海城市尤为突出，农村仍有几千万人饮用水问题尚未解决。有些地方水源不足已成为影响人民生活和社会经济发展的严重问题。

河川径流在时间上分布不均匀，往往难以满足用水部门的需要，使总水量不能充分利用。大多数用水部门（例如灌溉、发电、航运等）都有特定的过程要求，天然径流过程往往与需水过程不能吻合。例如，我国很多流域在水稻插秧期需水较多，而这时河川径流量却往往很少；冬季发电需水量较多，而一般河流都处于枯水期。为充分利用河川径流，就需要兴建水利工程，人为地将天然径流在时间方面重新进行分配，以满足各水利部门对水量的需要。从防灾的角度考虑，由于河川径流年内大部分水量往往集中于汛期几个月，而河槽宣泄能力有限，常造成洪水泛滥，为了减轻洪涝灾害，也需要对河川径流进行控制和调节。除在时间上进行径流调节外，还需要通过跨流域调水工程在地区上进行径流调节，例如南水北调、引江济黄、引松济辽、引滦入津等。

表 2-1　　　　　　　　　　　　　　我国水资源一级区水资源情况表

水资源一级区	降水量/亿 m³	地表水资源量/亿 m³	地下水资源量/亿 m³		水资源总量/亿 m³	产水系数	人均水资源总量/m³	单位国土面积水资源总量（产水模数）/（万 m³/km²）	单位耕地面积水资源总量/（m³/亩）
			资源量	其中不重复量					
松花江区	4719	1296	478	196	1492	0.32	2333	15.96	544
辽河区	1713	408	203	90	498	0.29	909	15.86	445
海河区	1712	216	235	154	370	0.22	293	11.57	213
黄河区	3555	594	378	113	707	0.20	647	8.89	290
淮河区	2767	677	397	239	916	0.33	457	27.77	347
长江区	19370	9857	2492	102	9960	0.51	2246	55.87	2001
其中太湖流域	434	161	53	16	177	0.41	456	48.07	727
东南诸河区	4372	2654	665	27	2681	0.61	2899	109.63	4640
珠江区	8972	4723	1163	14	4737	0.53	3193	81.82	2837
西南诸河区	9186	5775	1440		5775	0.63	29298	68.42	10509
西北诸河区	5421	1174	770	102	1276	0.24	4663	3.79	1305
北方地区	19886	4365	2459	894	5259	0.26	903	8.68	451
南方地区	41900	23010	5760	143	23153	0.55	3302	67.10	2948
全国	61786	27375	8219	1037	28412	0.46	2195	29.89	1437

注　人均水资源总量、单位耕地面积水资源总量未含台湾省和香港及澳门特别行政区。

狭义的径流调节涵义：通过建造水利工程（闸坝和水库等），控制和重新分配河川径流，人为地增减某一时期或某一地区的水量，以适应各用水部门的需要。更简洁地说，就是通过兴建蓄水和调节工程，调节和改变径流的天然状态，解决供需矛盾，达到兴利除害的目的。

广义的径流调节涵义：人类对整个流域面上（包括地面及地下）径流自然过程的一切有意识的干涉。例如流域上众多的群众性水利工程的蓄水、拦水、引水措施，各种农林措施和水土保持工程等，其目的都在于拦蓄地表径流，增加流域入渗，以防止水土流失，有利于防洪和兴利。这种广义的径流调节情况多样，对广义的径流情况分析计算需要大量调查对比资料和采用特定的综合估算方法。一般可把它归为水文分析中人类活动对径流影响的估算问题。

本章主要阐述以水库为中心的狭义的径流调节。

二、径流调节的分类

建造水库调节河川径流，是解决来水与需水之间矛盾的一种常用的、有效的方法。根据不同的自然条件和要求，从不同角度对径流调节进行分类，有助于了解水库设计与运行中的不同特点。

1. 按调节周期分类

调节周期是指水库一次蓄泄循环经历的时间，即水库从库空到库满再到库空所经历的时间。根据调节周期，水库可分为无调节、日调节、周调节、年（季）调节和多年调节等。

（1）无调节、日调节和周调节。

无调节、日调节、周调节等短期调节，通常用于发电、供水水库。枯水期河川径流在一天或一周内的变化一般是不大的，而用电负荷和生产生活用水在白天和夜晚，或工作日和休息日之间，差异甚大。有了水库，就可把夜间或休息日用水少时的多余水量，蓄存起来用以增加白天和工作日的正常供水。这种调节称日调节和周调节（图2-1和图2-2）。

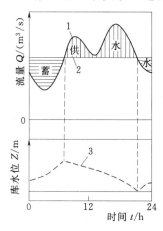

图2-1 日径流调节
1—用水流量；2—天然日平均流量；
3—库水位变化过程线

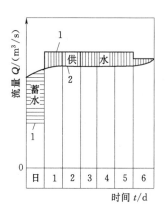

图2-2 周径流调节
1—用水流量；2—天然流量

（2）年调节或季调节。

我国一般河川径流季节变化很大。洪水期和枯水期水量相差悬殊，而多数用水部门如发电、航运、供水等，则一年内需水量变化不大。因此往往感到枯水期水量不足，洪水期过剩。这就要求在一年范围内进行天然径流的重新分配，将汛期多余水量调剂到枯期使用，称为年调节或季调节，其调节周期为一年（图2-3）。

（3）多年调节。

如果水库很大可将丰水年多余的水量蓄入库内，以补枯水年水量的不足，就称为多年调节。这种水库的有效库容一般并非年年蓄满或放空，它的调节周期

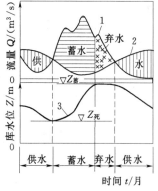

图2-3 径流年调节
1—天然流量过程；2—用水流量过程；
3—库水位变化过程

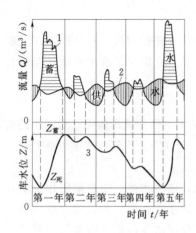

图 2-4 径流多年调节
1—天然流量过程；2—用水流量过程；
3—库水位变化过程

要经过若干年（图2-4）。

在特定的位置上修建水库，库容愈大，其调节径流的周期（即蓄满—放空—蓄满的循环时间）就愈长，调节和利用径流的程度也愈高。多年调节水库一般可同时进行年、周和日的调节。年调节水库可同时进行周和日的调节。

2. 按服务目标分类

径流调节可分为灌溉、发电、供水、航运及防洪除涝等。它们在调节要求和特点上各有不同。但目前水库已较少为单目标开发，一般都是以一两个目标为主进行综合利用径流调节。

3. 按调节的对象和重点分

按调节的对象和重点分，有洪水调节和枯水调节。前者重点在于削减洪峰和调蓄洪量，后者则是为了增加枯水期的供水量，以满足各用水部门的要求。

4. 其他形式的调节

其他形式的调节包括补偿调节、反调节、库群调节等。当水库与下游用水部门的取水口间有区间入流时，因区间来水不能控制，故水库调度要视区间来水多少，进行补偿调节；日调节的水电站下游，若有灌溉取水或航运要求时，往往需要对水电站的放水过程进行一次再调节，以适应灌溉或航运的需要，称为反调节；库群调节则是河流上有多个水库时，如何研究它们的联合运行，以最有效地满足各用水部门的要求，库群调节是更复杂的径流调节，也是开发和治理河流的发展方向。

第二节　径流调节的来水资料

径流调节分为枯水调节和洪水调节两大类，枯水调节需要设计年径流资料，洪水调节需要设计洪水资料，这两部分重要来水资料来源于水文分析计算，有关获取方法可参考相关教材。

一、年径流及其变化特性

在一个年度内，通过河流出口断面的水量，叫做该断面以上流域的年径流量。它可用年平均流量、年径流深、年径流总量或年径流模数等表示。通过水文测验和整编，可以得到实测的年径流量。将实测值按年代顺序点绘，便得到年径流量过程线。从中可以看出年径流变化的一些特性。

1）年径流具有大致以年为周期的汛期与枯季交替变化的规律，但各年汛、枯季的历时有长有短，发生时间有早有迟，水量也有大有小，基本上年年不同，从不重复，具有偶然性质。

2）年径流在年际间变化很大，有些河流丰水年径流量可达平水年的2～3倍，枯水年径流量只有平水年的0.1～0.2倍。

3）年径流在多年变化中有丰水年组和枯水年组交替出现的现象。这说明河流的年径流量具有或多或少的持续性，即逐年的径流量之间并非独立，而具有一定的相关关系。

二、设计洪水

一次洪水过程包含有若干特征，如洪峰和洪量，在一般情况下它们出现的频率是互不相等的，而且，洪水过程本身并没有频率的概念，所以任何一场现实洪水过程的重现期或频率都是无法定义的。

所谓设计洪水，实质上是指具有规定功能的一场特定洪水，其具备的功能是：以频率等于设计标准的设计洪水作为基础而规划设计出的工程，其防洪安全事故的风险率应恰好等于指定的设计标准。设计洪水具有如下一些基本性质。

1）设计洪水具有实际洪水的样式，是在时间上、空间上的一个连续过程，可以输入到流域防洪工程措施系统中，并经过系统的调节计算输出该系统的防洪安全事故风险情况。

2）设计洪水不同于实际洪水。它总是与一定的发生概率相联系，譬如百年一遇的设计洪水。通常百年一遇的设计洪水就是指会造成百年一遇概率防洪后果的洪水过程。

3）设计洪水不一定"客观存在"，设计洪水存在的充分必要条件是输入变量（洪水过程）与输出变量（防洪后果）之间存在单值函数关系，这一条件大多数情况下是不能满足的。例如，经过水库调节后的最大泄洪流量（防洪后果）q_m，与整个洪水入库过程（输入条件）$Q(t)$ 有关，而不会与某一个洪水特征（洪峰流量 Q_m、1d 或 3d 洪量）存在单值函数关系；而且设计方案改变，函数也将相应改变。

第三节　径流调节的需水资料

需水量及其需水过程是灌溉工程、城镇供水工程、跨流域调水工程以及综合利用水库工程水利计算的重要基础资料。水利工程建设就是要协调不同用水部门、不同时段间的供需矛盾。不同用水户的用水方式、数量与过程存在较大差异。需水量的计算与预测，必须根据不同用水户的特点进行。

一、需水分类

在 2000—2005 年的全国水资源综合规划中，将用水户分为生活、生产和生态环境三大类，生活和生产需水统称为经济社会需水。在《全国水资源综合规划技术细则》中，对用水户的分类及其层次结构作了细致的规定（表 2-2）。

新的用水户分类方法，对以前沿用的分类方法，作了重新归并与调整，其中生活需水仅为生活用水中的城镇居民生活用水和农村居民生活用水，相当于以前的"小生活"概念，将牲畜用水计入农业用水中，将城镇公共用水中的建筑业和商饮业、服务业用水，分别计入第二、三产业的生产用水中，城市绿化和河湖补水计入"美化城市景观"用水中。生产需水是指有经济产出的各类生产活动所需的水量，包括第一产业（种植业、林牧渔业）、第二产业（工业、建筑业）及第三产业（商饮业、服务业）用水量，对于河道内其他生产活动如水电、航运等，因其用水一般不消耗水资源的数量，与河道内生态需水一并作为河道内需水。生态环境需水分为维护生态环境功能和生态环境建设两类，并按河道内与河道外用水划分。表 2-2 中城镇为全口径统计中的城镇部分，包含国家行政设立的市和镇；城市为国家行政设立的建制市（不含建制镇），包括县级市、地级市、计划单列市等。

表 2 - 2　　　　　　　　　　用水户分类及其层次结构表

一级	二级	三级	四级	备　　注
生活	生活	城镇生活	城镇居民生活	城镇居民生活用水，不包括公共用水
		农村生活	农村居民生活	农村居民生活用水，不包括牲畜用水
生产	第一产业	种植业	水田	水稻等
			水浇地	小麦、玉米、棉花、蔬菜、油料等
		林牧渔业	灌溉林果地	果树、苗圃、经济林等
			灌溉草场	人工草场、灌溉的天然草场、饲料基地等
			牲畜	大、小牲畜
			鱼塘	鱼塘补水
	第二产业	工业	高用水工业	纺织、造纸、石化、冶金等
			一般工业	采掘、食品、木材、建材、机械、电子、其他（包括电力工业中非火电部分）
			火电工业	循环式、直流式
		建筑业	建筑业	建筑业
	第三产业	商饮业	商饮业	商业、饮食业
		服务业	服务业	货运邮电业、其他服务业、城市消防、公共服务及城市特殊用水
生态环境	河道内	生态环境功能	河道基本功能	基流、冲沙、防凌、稀释净化等
			河口生态环境	冲淤保港、防潮压咸、河口生物等
			通河湖泊与湿地	通河湖泊与湿地等
			其他河道内	根据具体情况设定
	河道外	生态环境功能	湖泊湿地	湖泊、沼泽、滩涂等
		生态环境建设	美化城市景观	绿化用水、城镇河湖补水、环境卫生用水等
			生态环境建设	地下水回补、防沙固沙、防护林草、水土保持等

　　从用水组成看，生产用水一般占有很大比重，不同生产部门的用水性质不同，生产用水的计算必须分类区别对待，关于国民经济部门的分类有多种口径，表 2 - 3 列举了投入产出表的分类口径与统计年鉴分类口径。

　　各用水部门的需水量计算与预测方法将在第三章中详细阐述。

表 2 - 3 国民经济和生产用水行业分类表

三大产业	7 部门	17 部门	40 部门（投入产出表分类）
第一产业	农业	农业	农业
第二产业	高用水工业	纺织	纺织业、服装皮革羽绒及其他纤维制品制造业
		造纸	造纸印刷及文教用品制造业
		石化	石油加工及炼焦业、化学工业
		冶金	金属冶炼及压延加工业、金属制品业
	一般工业	采掘	煤炭采选业、石油和天然气开采业、金属矿采选业、非金属矿采选业、煤气生产和供应业、自来水的生产和供应业
		木材	木材加工及家具制造业
		食品	食品制造及烟草加工业
		建材	非金属矿物制品业
		机械	机械工业、交通运输设备制造业、电气机械及器材制造业、机械设备修理业
		电子	电子及通信设备制造业、仪器仪表及文化办公用机械制造业
		其他	其他制造业、废品及废料
	电力工业	电力	电力及蒸汽热水生产和供应业
	建筑业	建筑业	建筑业
第三产业	商饮业	商饮业	商业、饮食业
	服务业	货运邮电业	货物运输及仓储业、邮电业
		其他服务业	旅客运输业、金融保险业、房地产业、社会服务业、卫生体育和社会福利业、教育文化艺术及广播电影电视业、科学研究事业、综合技术服务业、行政机关及其他行业

二、综合需水过程计算

目前已很难找到为单一目的而兴建水利工程，特别是水库工程，多用途水库中常见的兴利部门有防洪、发电、灌溉、供水、养殖、旅游、环保、航运等，各兴利部门间的用水特性有差异，且可做到一水多用。因此，在求得不同用水部门需水量的基础上，需要综合得到工程设计需水量。一般情况下，水库（包括其他蓄水工程）的综合需水过程并不能将各开发目标（用水部门）的需水过程简单地相加，计算的一般原则可概括如下。

（1）用水能够相互结合的兴利部门。

$$Q'_{s,t} = \max_{\Omega_1}(Q_{it}/i \in \Omega_1) \qquad (2-1)$$

式中：$Q'_{s,t}$ 为第 t 时段用水能够相互结合的兴利部门的综合需水量；Ω_1 为用水能结合的兴利部门集合；Q_{it} 为第 i 兴利部门第 t 时段的需水量。

（2）用水不能够结合的兴利部门。

$$Q''_{s,t} = \sum_{i \in \Omega_2} Q_{it} \qquad (2-2)$$

式中：$Q''_{s,t}$ 为第 t 时段用水不能够相互结合的兴利部门的综合需水量；Ω_2 为用水不能够结合的兴利部门集合。

（3）工程综合需水过程。

$$Q_{s,t} = Q''_{s,t} + Q'_{s,t} \qquad (2-3)$$

【例 2-1】 某水库有灌溉、供水、航运、发电四个兴利部门，其中供水为水库上游自流引水，航运为水库大坝下游河道航运，灌溉利用发电尾水，已知各部门的需水流量过程见表 2-4，求水库的综合需水过程。

表 2-4　　　　　　　　　　各部门需水过程表　　　　　　　　　单位：m³/s

月份 部门	1	2	3	4	5	6	7	8	9	10	11	12
灌溉	0	0	0	14	16	18	20	25	0	0	0	0
发电	10	10	13	20	18	20	10	10	10	10	10	10
航运	15	15	15	15	15	0	0	15	15	15	10
供水	4	4	4	4	4	4	4	4	4	4	4	4

解： 据题意：水库发电用水并不消耗水量，下泄的发电水量可为大坝下游的航运、灌溉部门二次使用，所以发电与灌溉、航运需水可相互结合；下游灌溉用水必须引到河道外使用，而航运用水必须留在河道内，所以灌溉和航运用水不能结合，供水是从水库大坝上游直接引走，所以供水与其他部门的用水不能结合。

综上所述，该水库的综合用水过程可按下式确定：

$$Q_{s,t} = Q_{供,t} + \max\{Q_{电,t}, Q_{航,t} + Q_{灌,t}\} \qquad (2-4)$$

水库的综合需水过程计算结果见表 2-5。

表 2-5　　　　　　　　　水库综合需水过程计算结果表　　　　　　　单位：m³/s

月　份	1	2	3	4	5	6	7	8	9	10	11	12
需水过程	19	19	19	33	35	24	24	29	19	19	19	14

第四节　水库特性曲线

在河流上拦河筑坝形成人工的水体用来进行泾流调节，这就是水库。一般地说，坝筑得越高，水库的容积（简称库容）就越大。但在不同的河流上，即使坝高相同，其库容也很不相同，这主要与库区内的地形有关。如库区内地形开阔，则库容较大；如为一峡谷，则库容较小。此外，河流的纵坡对库容大小也有影响，坡降小的库容较大，坡降大的库容较小。根据库区河谷形状，水库有河道型和湖泊型之分。

水库的形体特征，其定量表示主要就是水库水位面积关系和水库水位容积关系。

水库水位愈高则水库水面积愈大，库容愈大。不同水位有相应的水库面积和库容。因此，在设计时，必须先作出水库水位面积和水库水位库容关系曲线，这两者是最主要的水库特性资料。

为绘制水库水位面积和水库水位库容关系曲线，一般可根据 1/10000～1/5000 比例尺的地形图（图 2-5），用求积仪（或按比例尺数方格）求得不同高程时水库的水面面积

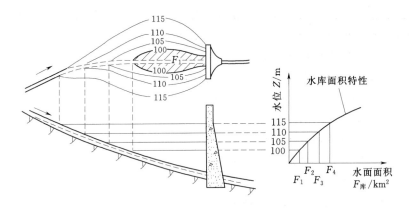

图 2-5 水库面积特性绘法示意

（如果有数字化地形图，利用 GIS 软件可以方便地量算出水库水面面积），然后以水位为纵坐标，以水库面积为横坐标，画出水位面积关系曲线。再以此为基础可分别计算各相邻高程之间的部分容积，自河底向上累加得相应水位之下的库容，即可画出水位库容的关系曲线。相邻高程间的部分容积可按下式计算：

$$\Delta V = \frac{F_1 + F_2}{2} \cdot \Delta Z \qquad (2-5)$$

式中：ΔV 为相邻高程间（即相邻两条等水位线间）的容积，m^3；F_1、F_2 为相邻上、下两条等水位的水库面积，m^2；ΔZ 为相邻上、下两条等水位的水位差，m。

或用较精确的公式：

$$\Delta V = \frac{1}{3}(F_1 + \sqrt{F_1 F_2} + F_2) \cdot \Delta Z \qquad (2-6)$$

水库面积和库容曲线的一般形状，见图 2-6。

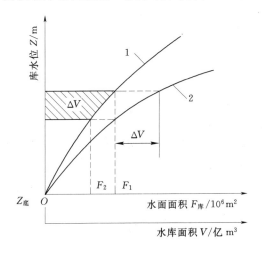

图 2-6 水库水位库容与水位面积曲线
1—水库面积特性；2—水库容积特性

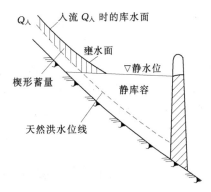

图 2-7 动库容示意图

前面讨论的面积特性曲线和容积特性曲线，均建立在假定入库流量为零时，水面是水平的基础上。这是水库内的水体静止（即流速为零）时，所观察到的水静力平衡条件下自由水面，因此，这种库容称为静水库容（简称静库容）。如有一定入库流量时，水库中水流有一定流速，则水库水面从坝址起上溯，其回水曲线越近上游，水面越往上翘，直到入库端与天然水面相切为止。静水面线与动水面线之间包含的水库容积称为楔型蓄量（图2-7的阴影部分）。静库容与楔型蓄量的总和称为动库容。以入库流量为参数的坝前水位与相应动库容的关系曲线，为动库容曲线。

当确定水库回水淹没和浸没的范围、或作库区洪水流量演进计算时，或当动库容数值占调洪库容的比重较大时，必须考虑动库容影响。

动库容曲线绘制步骤如下。

1）假定一个入库流量 Q_1 和一组坝前水位，然后根据水力学公式，求出一组以某一入库流量为参数的水面曲线。

2）将水库全长分为若干段（图2-8），在每段水库中求出相应于每一回水曲线的平均水位，根据每段平均水位的位置定出该段相应的水面面积，求出不同回水曲线每段的容积。

3）将各段水库容积相加，即得以某一入库流量为参数的总的动库容曲线。

4）假定不同的入库流量 Q_2，Q_3，…，按同上步骤计算，分别求得不同的入库流量为参数的水库动库容曲线。

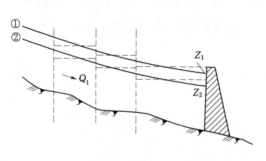

图2-8　水库动库容曲线计算
①、②—相当于两个坝前水位通过
某个流量时的回水曲线

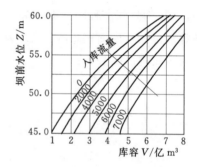

图2-9　水库动库容曲线

图2-9中 $Q_入 = 0 \sim 7000 \mathrm{m^3/s}$ 诸曲线，图中 $Q_入 = 0$ 的曲线也就是前面所说的静库容曲线。从图上可以看出，坝前水位不变时，入库流量愈大，则动库容总值也愈大。应该指出，动库容曲线的计算，需要的资料多，比较麻烦，为了简便起见，一般的调节计算仍多采用静库容曲线。

第五节　水库设计标准与设计保证率

一、兴利设计保证率

由于入库径流的随机性，在需水一定的情况下，当来水不同时，水库调节的水量不同，需要设置的水库库容就不同，一般情况下，来水越少，需要水库提供的水量越多，相应的水库库容越大。当水库库容设置过小，很多年份的需水量将得不到保证；当库容设置过大，耗费的人力、物力和财力多，但由于发生特殊干旱年的概率较小，导致很多年份库容闲置，显然是不经济和不合理的。所以，有必要确定一个阈值，使水库在长期工作期间，正常用水得到保证。水库在多年工作期间正常用水得到保证的程度常用正常供水保证率（简称设计保证率）来表示。设计保证率是一个统计参数，通常有三种不同的衡量方法，即按保证供水的数量，按保证供水的历时，按保证供水的年数来衡量。三者都是以多年工作期中的相对百分数表示。目前在水库的规划设计中最常用的是第三种衡量方法。例如灌溉水库、年调节以上的水电站、工业和民用供水工程等都用水库在多年工作期中能保证正常工作的相对年数表示（简称为年保证率），即

$$P = \frac{总年数 - 破坏年数}{总年数} \times 100\%$$
$$= \frac{正常工作年数}{总年数} \times 100\% \tag{2-7}$$

无调节或日调节水电站及航运部门一般用正常工作的相对日数（历时）表示保证率（简称为历时保证率），即

$$P = \frac{总历时 - 破坏历时}{总历时} \times 100\%$$
$$= \frac{正常工作历时}{总历时} \times 100\% \tag{2-8}$$

对于需水具有一定弹性空间的用水部门，有些时候也采用供水量占需水量的百分比表示保证率（简称水量保证率或供需比），即

$$P = \frac{供水量}{需水量} \times 100\% \tag{2-9}$$

设计保证率的高低与用水部门的重要性和工程的等级有关。设计保证率愈高，用水部门的正常工作受破坏的机会就愈小，但所需的水库容积就愈大。反之，如设计保证率愈低，则库容可以较小，但正常工作破坏的机会就多。保证率是对工程投资和经济效益影响很大的一个参数。水利计算的任务，是通过调节计算获得设计保证率、库容和调节流量之间的关系，为进一步的经济分析和参数选择提供足够的方案。

选择水电站设计保证率时，要分析水电站所在电力系统的用户组成和负荷特性、系统中水电容量比重、水电站的规模及其在系统中的作用、河川径流特性及水库调节性能，以及保证系统用电可能采取的其他备用措施等。一般地说，水电站的装机容量越大，系统中水电所占比重越大，系统重要用户越多，河川径流变化越剧烈，水库调节性能越高，水电站的设计保证率就应该取大一些。具体见表2-6。

表2-6	水电站设计保证率		%
电力系统中水电站容量比重	<25	25～50	>50
水电站设计保证率	80～90	90～95	95～98

注　表中数据引自我国电力工业部颁布的《水利水电工程水利动能设计规范》（DL/T 5015—1996）。

选择灌溉设计保证率，应根据灌区土地和水利资源情况、农作物种类、气象和水文条件、水库调节性能、国家对该灌区农业生产的要求以及工程建设和经济条件等因素进行综

合分析。一般地说，灌溉设计保证率在南方水源较丰富地区比北方地区高，大型灌区比中、小型灌区高，自流灌溉比提水灌溉高，远景规划工程比近期工程高。具体见表 2 - 7。

表 2 - 7　　　　　　　　　　　　灌溉设计保证率

地区特点	农作物种类	年设计保证率/%
缺水地区	以旱作物为主	50～75
	以水稻为主	70～80
水源丰富地区	以旱作物为主	70～80
	以水稻为主	75～95

注　表中数据引自我国水利部颁布的《灌溉排水渠系设计规范》(SDJ 217—84)。

由于工业及城市居民给水遭到破坏时，将会直接造成生产上的严重损失，并对人民生活有极大影响，因此，给水保证率要求较高，一般在 95%～99%（年保证率），其中大城市及重要的工矿区可选取较高值。即使在正常给水遭受破坏的情况下，也必须满足消防用水、生产紧急用水及一定数量的生活用水。

航运设计保证率是指最低通航水位的保证程度，用历时（日）保证率表示。航运设计保证率一般按航道等级结合其他因素由航运部门提供。一般一二级航道保证率为 97%～99%，三四级航道保证率为 95%～97%，五六级航道保证率为 90%～95%。

二、洪水设计标准

防洪安全设计一般可分为两类课题：一类是推算工程建成后，在下游防护区将来可能出现的洪水情况，用来研究分析本工程对防护区的防洪安全作用；另一类防洪计算是预估工程所在地点可能出现的洪水情况，用来核算工程本身的安全情况，分析建筑物各部分构件的应力状况和工作条件。

在设计水利水电工程时，为解决上述两类防洪安全设计课题，原则上可以通过风险分析途径，根据投资-效益的综合经济评价选定最优方案。然而，由于水利水电工程的防洪安全事故所造成的损失十分巨大，往往要求的风险率或洪水频率极小，如 0.1%、0.01% 等。而目前水文频率分析方法的精度是不高的，尤其在罕见的特大洪水部分，其误差可达 100%，甚至更大，因而动摇了经济比较的基础。何况防洪安全事故是非常稀遇的小概率事件，必须输入十万甚至百万年以上的洪水资料，才能比较可靠地估算出防洪后果的概率，这在实际中是不可能做到的。此外，在估算人员伤亡的经济价值及洪灾的间接损失，如交通、能源等方面也存在着巨大的实际困难。即使在国外，投资～效益分析途径，也只是偶尔用于事故风险率较高、洪灾损失较轻、人员伤亡风险甚微的防洪安全设计工作中，如城市雨洪排水、公路桥涵等。

因此，目前在防洪安全设计工作中，仍然只得采用统一规定的风险率 p_f 或洪水频率 $\hat{p}$，作为选用设计方案的依据，称为设计标准。这样，就以洪水出现频率代表防洪安全风险率，以防御该标准的洪水作为确定工程规模的依据。在《防洪标准》(GB 50201—94) 中，关于防护区的防洪安全标准，是依据防护对象的重要性分级设定的。例如，确定城市防洪标准时，是根据其社会经济地位的重要性划分成不同等级（4级），不同等级城市取用不同标准（表 2 - 8），其他保护对象防洪标准的确定也是如此。

表 2-8 城市等级和防洪标准

等级	重要性	非农业人口/万人	防洪标准（重现期：年）
Ⅰ	特别重要的城市	≥150	≥200
Ⅱ	重要的城市	150～50	200～100
Ⅲ	中等城市	50～20	100～50
Ⅳ	一般城镇	≤20	50～20

关于水利水电工程本身的防洪标准，是先根据工程规模、效益和在国民经济中的重要性，将水利水电枢纽工程分为五个等别，见表 2-9。而枢纽工程中的各种水工建筑物，如工程运行期间使用的永久性水工建筑物（主要建筑物、次要建筑物）和工程施工期间使用的临时性水工建筑物，又按照其所属的枢纽工程的等别、该水工建筑物本身的作用和重要性分为 5 个级别，见表 2-10。

表 2-9 水利水电工程枢纽的等别

工程等别	水库		防洪		治涝	灌溉	供水	水电站
	工程规模	总库容/亿 m³	城镇及工矿企业的重要性	保护农田/万亩	治涝面积/万亩	灌溉面积/万亩	城镇及工矿企业的重要性	装机容量/万 kW
Ⅰ	大（1）型	>10	特别重要	>500	>200	>150	特别重要	>120
Ⅱ	大（2）型	10～1.0	重要	500～100	200～60	150～50	重要	120～30
Ⅲ	中型	1.0～0.10	中等	100～30	60～15	50～5	中等	30～5
Ⅳ	小（1）型	0.10～0.01	一般	30～5	15～3	5～0.5	一般	5～1
Ⅴ	小（2）型	0.01～0.001		<5	<3	<0.5		<1

表 2-10 水工建筑物的级别

工程等别	永久性水工建筑物级别		临时性水工建筑物级别
	主要建筑物	次要建筑物	
Ⅰ	1	3	4
Ⅱ	2	3	4
Ⅲ	3	4	5
Ⅳ	4	5	5
Ⅴ	5	5	5

设计永久性水工建筑物所采用的洪水标准，分为正常运用（设计标准）和非常运用（校核标准）两种情况。通常用正常运用的洪水来确定水利水电枢纽工程的设计洪水位、设计泄洪流量等水工建筑物设计参数，这个标准的洪水称为设计洪水。设计洪水发生时，工程应保证能正常运用，一旦出现超过设计标准的洪水，则水利工程一般就不能保证正常运用了。由于水利工程的主要建筑物一旦破坏，即将造成灾难性的严重损失，因此规范规定洪水在短时期内超过"设计标准"时，主要水利工程建筑仍旧不允许破坏，仅允许一些

次要建筑物损毁或失效，这种情况就称为"非常运用条件或标准"，按照非常运用标准确定的洪水称为校核洪水。按照满足在设计标准的洪水条件下，进行正常运用要求而设计的水工结构，有时也是可以满足在校核洪水条件下进行非常运用的要求，不过也有时不能满足。因此，一般都要求同时提供两种标准的洪水情况，分别进行设计与校核，保证在两种运用条件下，主要建筑物都不破坏。永久性水工建筑物的正常运用和非常运用的洪水标准见表2-11。

表 2-11   水库工程水工建筑物的防洪标准

水工建筑物级别	防洪标准（重现期：年）				
	山区、丘陵区			平原区、滨海区	
	设计	校核		设计	校核
		混凝土坝、浆砌石坝及其他水工建筑物	土坝、堆石坝		
1	1000～500	5000～2000	可能最大洪水（PMF）或 10000～5000	300～100	2000～1000
2	500～100	2000～1000	5000～2000	100～50	1000～300
3	100～50	1000～500	2000～1000	50～20	300～100
4	50～30	500～200	1000～300	20～10	100～50
5	30～20	200～100	300～200	10	50～20

满足某一标准的洪水的表达形式或计算途径，大体上分为两类：一类是以洪水发生（或通过暴雨）频率（或重现期）表示设计洪水和校核洪水的标准，为苏联和多数国家大中型水利工程普遍采用；另一类是以气象上的"可能最大降水"推算"可能最大洪水"，作为洪水的最高标准，适用于重要大中型（美国也用于小型）水利工程。也有从实测暴雨资料分析提出"标准设计暴雨"推算"标准设计洪水"，适用于一般中型水利工程。还有采用各种折减"可能最大降水"的办法，计算小坝的设计洪水，美国和中低纬度一些国家采用这一类方法。目前，国际上尚无统一的、为多数国家所接受的设计洪水标准。各国现行设计洪水标准相差悬殊，大多根据本国的具体情况，按工程规模、等级、坝型和失事后果等因素，分别制订各自的分级设计标准。

在我国，表2-11中，土石坝1级建筑物校核防洪标准的上限为"可能最大洪水（PMF）或10000年一遇"，其含意是这二者是并列的。即当采用PMF较为合理时（不论其所相当的重现期是多少），则采用PMF；当采用频率分析法所求得的10000年一遇洪水较为合理时，则采用10000年一遇洪水；当所求得的PMF和10000年一遇洪水二者的可靠程度相差不多时，则取二者的平均值或取其大者。另外，对混凝土坝和浆砌石坝，当遭遇短期洪水漫顶，一般不会造成坝体溃决。但是，如果1级建筑物的下游有重要设施，保证其安全是很必要的，所以防洪标准（GB 50201—94）也规定："如果洪水漫顶可能造成严重损失时，1级建筑物的校核防洪标准，经过专门论证并报主管部门批准，可采用可能最大洪水（PMF）或10000年一遇"。

第六节　水库特征水位与特征库容

根据河流的水文条件和各用水部门的需水及保证率，通过调节计算和经济论证，确定水库的各种特征水位及相应库容，是水库规划设计中水利计算的重要任务之一，特征水位及相应库容是确定主要水工建筑物的尺寸（如坝高和溢洪道大小），估算工程效益（如防洪、灌溉、发电、航运、供水等）的基本依据。

水库特征水位和相应库容包括如下方面。

1. 死水位和死库容

在正常运用情况下，水库允许消落的最低水位称为死水位。死水位以下的库容称为死库容或垫底库容。死库容在一般情况下是不能动用的，除非特殊干旱年份，为了满足紧要的供水或发电需要，经慎重研究，才允许临时动用死库容内的部分存水。通常我们说"空库"就是指水库水位位于死水位。

确定死水位所应考虑的主要因素包括以下内容。

1）保证水库在使用年限内有足够的供泥沙淤积的库容。

2）保证水电站所需要的最低水头和自流灌溉必要的引水高程。

3）满足库区航深、渔业、旅游、水质等方面的要求。

2. 正常蓄水位和兴利库容

在正常条件下，为了满足兴利部门枯水期的正常用水，水库在供水期开始应蓄到的水位称为正常蓄水位。正常蓄水位又称正常高水位或设计蓄水位。它是供水期可长期维持的最高水位。通常我们说"满库"就是指水库水位位于正常蓄水位。正常蓄水位到死水位之间的这部分库容，是水库实际可用于调节径流的库容，称为兴利库容，又称调节库容。正常蓄水位与死水位之间的水位差称为工作深度或消落深度。

正常蓄水位，是设计水库时需确定的重要参数，它直接关系到一些主要水工建筑物的尺寸、投资、淹没、人口迁移及政治、社会、环境影响等许多方面，因此，需要经过充分的技术经济论证，全面考虑，综合分析确定。

3. 防洪限制水位和结合库容

兴建水库的目的在于兴利除害，从这一点出发可将水库承担的任务划分为防洪与兴利两部分。作为蓄水工程，为了满足一定设计保证率的兴利要求，水库必须设计足够的兴利库容 $V_兴$，同时为了保障水库自身和下游保护区的防洪安全，水库又必须设计足够的防（调）洪库容 $V_防$。兴利库容与防洪库容具有不同的使用时段，防洪库容主要在汛期使用，而在汛期并不需要使用全部的兴利库容；兴利库容主要在非汛期使用，而在非汛期防洪库容基本上完全闲置，所以如果所修建的水库 $V_兴$ 与 $V_防$ 截然分开，在库容的利用上往往是不经济的。出于经济方面的考虑，设计者有必要将防洪库容与兴利库容利用"时间差"而有机地结合起来，给汛期和枯季设定不同的上限水位。

水库在汛期允许蓄水的上限水位称为防洪限制水位，又称汛期限制水位（简称汛限水位）。在有闸门控制时水库汛限水位低于正常高水位，汛限水位到正常高水位之间的库容称为结合库容（$V_结$），又称重叠库容。该库容在汛期用于防洪，在枯季用于兴利，由此可见，所谓防洪限制水位，实际上是结合库容的下边界相应的水位。

并非所有的水库都适合设置结合库容，设置结合库容的必要条件是，水库所在流域必须有较明确的汛期和枯季交替时间界面，如果水库所在流域汛期和枯季分季不明，就不适合设计结合库容。如果水库所在流域不仅存在明显的汛期和枯季交替界面，而且还存在明显的洪水大小的阶段差异，则该水库还具备了设置分期防洪限制水位的条件。但具备设置防洪限制水位必要条件的水库，并不一定适合设置汛限水位。影响汛限水位设计的因素很多，必须综合考虑技术经济因素、引水建筑物高程与通航水深要求、泥沙淤积以及对发电等其他兴利部门的影响。

4. 防洪高水位和防洪库容

当遭遇下游防护对象的设计标准洪水时，水库从防洪限制水位开始按一定调度规则调洪演算，为控制下泄流量而拦蓄洪水，在坝前达到的最高水位称防洪高水位。防洪高水位与防洪限制水位之间的库容称为防洪库容。当有不同时期防洪限制水位时，防洪库容指最低的汛期限制水位与防洪高水位之间的库容。

5. 设计洪水位和拦洪库容

当水库遭遇大坝设计标准洪水时，水库从防洪限制水位开始按一定调度规则调洪演算，为控制下泄流量而拦蓄洪水，在坝前达到的最高水位称设计洪水位。它是正常运用情况下允许达到的最高水位，也是水工建筑物稳定计算的主要依据。设计洪水位与防洪限制水位之间的库容称为拦洪库容。

由于大坝的设计标准一般要比下游防护对象的防洪标准高，所以设计洪水位一般高于防洪高水位。

6. 校核洪水位和调洪库容

当水库遭遇大坝校核标准洪水时，从防洪限制水位开始按一定调度规则调洪演算，为控制下泄流量而拦蓄洪水，在坝前达到的最高水位称校核洪水位。它是非常运用情况下允许达到的最高水位。校核洪水位与防洪限制水位之间的库容称为调洪库容。

7. 总库容

校核洪水位以下的水库全部库容，称为总库容。总库容 V 是水库最主要的一个指标。通常按此值大小，把水库区分为下列 5 级：①大（1）型（总库容 10 亿 m^3 以上）；②大（2）型（总库容 1 亿～10 亿 m^3）；③中型（总库容 0.1 亿～1 亿 m^3）；④小（1）型（总库容 100 万～1000 万 m^3）；⑤小（2）型（总库容 10 万～100 万 m^3）。

8. 坝顶高程和坝高

坝顶高程由设计洪水位或校核洪水位，加上安全超高和风浪高确定，其计算公式：

$$坝顶高程 1 = 设计洪水位 + 风浪高 1 + 安全超高 1$$
$$坝顶高程 2 = 校核洪水位 + 风浪高 2 + 安全超高 2$$
$$坝顶高程 = \max\{坝顶高程 1, 坝顶高程 2\} \tag{2-10}$$

其中，风浪高计算公式：

$$风浪高 = 0.028 \times v^{5/4} \times D^{1/3} \tag{2-11}$$

式中：v 为风速，m/s，以设计洪水位确定设计风速，校核洪水时可以适当减少，如取设计风速的 0.8 倍；D 为吹程，km。

安全超高可根据坝型和规模查阅相关设计规范确定。

$$坝高＝坝顶高程－坝底高程 \tag{2-12}$$

水库特征水位与特征库容的相互关系，见图2-10。

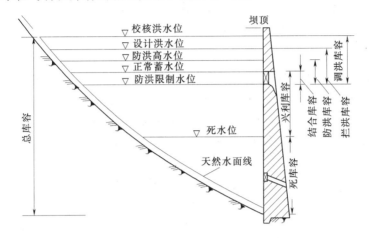

图2-10　水库特征水位和相应库容示意图

参　考　文　献

[1]　鲁子林．水利计算［M］．南京：河海大学出版社，2003．

[2]　叶秉如．水利计算及水资源规划［M］．北京：中国水利水电出版社，1995．

[3]　梁忠民，钟平安，华家鹏．水文水利计算（第2版）［M］．北京：中国水利水电出版社，2008．

[4]　中华人民共和国水利部、能源部．水利水电设计洪水规范（SL 44—93）［S］．北京：水利电力出版社，1993．

[5]　中华人民共和国水利部．水利工程水利计算规范（SL 104—95）［S］．北京：中国水利水电出版社，1996．

第三章　需水量计算与预测[*]

需水量及其需水过程是灌溉工程、城镇供水工程、跨流域调水工程以及综合利用水库工程水利计算的重要基础。表2-2和表2-3给出了不同用水部门的分类。式（2-1）～式（2-3）给出了已知各用水部门需水量时，推求工程综合需水量的方法。本章重点阐述不同用水部门需水量的计算与预测方法。

第一节　工业需水量的计算与预测

"水是工业的血液"，现代工业生产尤其需要大量的水。工业用水一般是指工、矿企业在生产过程中，用于制造、加工、冷却、空调、净化、洗涤等方面的用水。工业用水是城镇用水的重要组成部分。在整个城镇用水中，工业用水不仅所占比重大，而且增长速度快，用水集中；工业生产排放的工业废水，是水体污染的主要污染源，城市水资源紧张主要是工业用水问题所造成。工业用水量的大小受工业发展的规模及速度、工业的结构、工业生产的水平、节约用水的程度、用水管理水平、供水条件和水资源条件等多种因素影响，用水因部门而异，而且与生产工艺、气候条件等有关。

一、工业用水分类

由表2-3可见，现代工业分类复杂、产品繁多。工业用水系统庞大，用水环节多，而且对供水水流、水压、水质等有不同的要求，为满足水利工程调节计算需求，可按下述4种方法分类。

1. 按工业用水在生产中所起作用分类

（1）冷却用水。

指在工业生产过程中，用于带走生产设备的多余热量，以保证进行正常生产的用水。

（2）空调用水。

指通过空调设备来调节室内温度、湿度、空气洁度和气流速度的用水。

（3）产品用水（或工艺用水）。

指在生产过程中与原料或产品掺混在一起，有的成为产品的组成部分，有的则为介质存在于生产过程中的用水。

（4）其他用水。

包括清洗场地用水，厂内绿化用水和职工生活用水。

2. 按工业组成的行业分类

在工业系统内部，各行业之间用水情况差异很大，我国历年的工业统计资料均按行业

---

[*] 本章引用了全国水资源综合规划成都会议与黄山会议的部分资料。

划分统计。因此按行业分类有利于用水调查、分析和计算。行业分类见表 2-3。

3. 按工业用水过程分类

（1）总用水。

工矿企业在生产过程中所需用水的全部水量。总用水量包括空调、冷却、工艺、洗涤和其他用水。在一定设备条件和生产工艺水平下，总用水量基本是一个定值，可以通过测试计算确定。

（2）取用水。

又称补充水，工矿企业取用不同水源（河水、地下水、自来水或海水）的总取水量。

（3）排放水。

经过工矿企业使用后，向外排放的水。

（4）耗用水。

工矿企业生产过程中耗用掉的水量，包括蒸发、渗漏、工艺消耗和生活消耗的水量。

（5）重复用水。

在工业生产过程中，二次以上的用水，称之重复用水，重复用水量包括循环用水量和二次以上的用水量。

4. 按水源分类

（1）河水。

工矿企业直接从河内取水，或由专供河水的水厂供水。一般水质达不到饮用水标准，可作工业生产用水。

（2）地下水。

工矿企业在厂区或邻近地区自备设施提取地下水，供生产或生活用水。在我国北方城市，工业用水中取用地下水占有相当大的比重。

（3）自来水。

自来水厂供给的水源，水质较好，符合饮用水标准。

（4）海水。

沿海城市将海水作为工业用水的水源。有的将海水直接用于冷却设备；有的海水淡化处理后再用于生产，随着海水淡化技术的进步，海水淡化成本显著降低，海水利用前景广阔。

（5）中水。

城市排出废污水经处理后再利用的水。

二、工业用水量的计算

由于过去长期对用水管理不够重视，用水资料不全，给水资源规划和工程设计的需水量计算与预测带来很大困难。因此，在必要的时候，开展工业用水调查是获得用水资料的重要手段，且是研究城市工业用水极其重要的一项工作。工业用水调查不仅提供了解工业用水的一般情况，更重要的是通过调查了解研究区域工业用水的水平，明确工业用水的节水潜力，为正确确定工程需水量提供保证。本课程不涉及繁琐的工业用水调查过程，而侧重于调查数据的分析计算。

1. 工业用水水平衡

一个地区，一个工厂，乃至一个车间的每台用水设备，在用水过程中水量收支保持平衡。即：一个用水单元的总用水量，与消耗水量、排出水量和重复利用水量相平衡。

$$Q_总 = Q_耗 + Q_排 + Q_重 \qquad (3-1)$$

式中：$Q_总$ 为总用水量，在设备和工艺流程不变时，为一定值；$Q_耗$ 为消耗水量；$Q_排$ 为排水量；$Q_重$ 为重复用水量。

在水利工程水利计算中，对于工业用水的计算与预测，必须区分水平衡中不同水量的含义，式（3-1）中的总用水量与通常所说的用水量含义上有所不同，通常所说的用水量指取用水量（或称补充水量），取用水量是城镇供水工程水利计算的基础。而总用水量为补充水量和重复用水量之和。即

$$Q_总 = Q_补 + Q_重 \qquad (3-2)$$

或
$$Q_补 = Q_总 - Q_重$$

从式（3-2）看出，只有当 $Q_重 = 0$ 时，总用水量才等于补充水量。当一个单元的用水过程中，若提高水的重复利用率，可使补充水量减少。由式（3-1）和式（3-2）又可得出：

$$Q_补 = Q_耗 + Q_排 \qquad (3-3)$$

$Q_耗$ 在设备和工艺流程不变的情况下，其值比较稳定，一般情况下只占总用水量的 $2\% \sim 5\%$，只有在个别企业、行业中 $Q_耗$ 稍高些，如饮料、酿造业等，从产品中带走了一定数量的水量。

2. 工业用水水平衡量指标

一般通过以下指标衡量一个地区的用水水平。

（1）重复利用率 η。

重复利用率为重复用水量在总用水量中所占的百分比数。

$$\eta = \frac{Q_重}{Q_总} \times 100\% \qquad (3-4)$$

或
$$\eta = \left(1 - \frac{Q_补}{Q_总}\right) \times 100\%$$

（2）排水率 P。

排水率为排水量在总用水量中所占有的百分比数。

$$P = \frac{Q_排}{Q_总} \times 100\% \qquad (3-5)$$

（3）耗水率 r。

耗水率为耗水量在总用水量中所占的百分比数。

$$r = \frac{Q_耗}{Q_总} \times 100\% \qquad (3-6)$$

上述三个指标是考核工业用水水平和水平衡计算的重要指标，也是地区用水规划和工业用水预测的依据之一。三个指标满足如下关系：

$$\eta + P + r = 100\% \tag{3-7}$$

【例 3 - 1】 某钢厂 2010 年引用新水 6600 万 m^3，工业用水重复利用率 85%，排水量 4200 万 m^3。若在现有设备和工艺条件下，采用闭路循环，求其重复利用率。

解：由（3 - 4）有

$$\eta = \left(1 - \frac{Q_{补}}{Q_{总}}\right) \times 100\%$$

可得

$$Q_{总} = \frac{Q_{补}}{1 - \eta} = \frac{6600}{1 - 0.85} = 44000 \text{ 万 } m^3$$

排水率

$$P = \frac{Q_{排}}{Q_{总}} \times 100\% = \frac{4200}{44000} \times 100\% = 9.55\%$$

根据式（3 - 7）可得耗水率：

$$\gamma = (100 - 85 - 9.55)\% = 5.45\%$$

由于耗水率相对稳定，在一定设备和工艺条件下，采用闭路循环，排水率为零，则最高重复利用率为

$$\eta = (100 - 5.45)\% = 94.55\%$$

【例 3 - 2】 某城镇 2010 年工业用水重复利用率为 50%，工业引用水量（补充水量）为 6 亿 m^3；计划 2030 年将工业用水重复利用率提高到 85%，工业引用水量增加到 7 亿 m^3。设城镇工业综合耗水率 $r = 5\%$。试求 2010 年和 2030 年工业排水量。

解：（1）2010 年。

$$Q_{总} = \frac{Q_{补}}{1 - \eta} = \frac{6}{0.5} = 12 \text{ 亿 } m^3$$

由

$$\eta + P + r = 1$$

$$P = 1 - \eta - r = 1 - 0.5 - 0.05 = 0.45$$

$$Q_{排} = 0.45 \times 12 = 5.4 \text{ 亿 } m^3$$

（2）2030 年。

$$Q_{总} = \frac{Q_{补}}{1 - \eta} = \frac{7}{1 - 0.85} = 46.7 \text{ 亿 } m^3$$

$$P = 1 - \eta - r = 1 - 0.850 - 0.05 = 0.10$$

$$Q_{排} = 0.10 \times 46.7 = 4.67 \text{ 亿 } m^3$$

从计算结果看，取水量增加，排水量反而下降，说明只要加强用水管理，提高工业用水重复利用率，水环境与经济社会之间是可以协调发展的。

【例 3 - 3】 某化工厂有三种供水水源，其中地下水用量 435m^3/h，河水用量 81m^3/h，自来水用量 41m^3/h，地下水直接引入用水部门，河水先引入循环池，再通过循环池供给与地下水相同的部门，自来水独成系统，各水源与用户关系见图 3 - 1。求该化工厂重复利用率、耗水率、排水率。

解：依图 3 - 1，该厂总用水量：$Q_{总} = 4241 + 435 + 41 = 4717 m^3$/h

取用水量：$Q_{补} = 435 + 81 + 41 = 557 m^3$/h

重复用水量：$Q_{重} = Q_{总} - Q_{补} = 4717 - 557 = 4160 m^3$/h

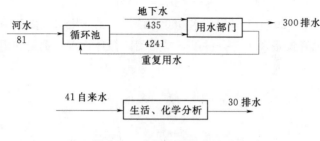

图 3 - 1 水源与用户关系图

排水量：$Q_{排} = 300 + 30 = 330 \text{m}^3/\text{h}$

耗水量：$Q_{耗} = Q_{补} - Q_{排} = 557 - 330 = 227 \text{m}^3/\text{h}$

重复利用率：$\eta = \dfrac{Q_{重}}{Q_{总}} \times 100\% = \dfrac{4160}{4717} \times 100\% = 88.19\%$

排水率：$P = \dfrac{Q_{排}}{Q_{总}} \times 100\% = \dfrac{330}{4717} \times 100\% = 7\%$

耗水率：$r = \dfrac{Q_{耗}}{Q_{总}} \times 100\% = \dfrac{227}{4717} \times 100\% = 4.81\%$

三、工业用水量预测

工业用水的预测是一项非常复杂的工作，正确估算一个城市或地区的工业用水量是十分困难的，目前采用的一些方法均有特定的应用条件。

1. 趋势法

用历年工业用水增长率推算未来工业用水量。预测不同水平年的需水量计算式为

$$S_i = S_0(1+d)^n \tag{3-8}$$

式中：S_i 为预测的某 i 水平年工业需水量；S_0 为基准年（起始年份）工业用水量；d 为工业用水年平均增长率；n 为从起始年份至预测某一水平年份所间隔时间，年。

【例 3 - 4】 某工业用水部门，2010 年用水量 2000 万 m^3，根据综合分析，未来 10 年用水量年增长率 10%，求 2020 年该工业部门的需水量。

解：2020 年该工业部门的需水量为

$$S_{2010} = S_{2000}(1+0.1)^{10}$$
$$= 2000 \times 2.5937$$
$$= 5187 \text{ 万 m}^3$$

用趋势法进行工业需水量的预测的关键是正确确定未来用水量的年增长率。用水平均增长率的主要影响因素有用水水平和重复利用程度，确定用水增长率必须注意以下几点。

1）随着用水水平的提高，用水增长率会降低，不同发展阶段有不同的用水增长率，用水增长率具有阶段性。表 3 - 1 展现了全国用水量及主要用水指标变化情况。表中全国用水总量 1980 年到 1993 年间年平均增长率为 1.28%，而 1997 年到 2000 年间中用水量的增长率只有 0.4%。

表 3-1　　　　　　　　　　　全国用水量及主要用水指标变化情况

项　　目	单位	1980 年	1993 年	1997 年	2000 年
用水总量	亿 m³	4408	5198	5566	5633
人均用水量	m³/人	449	443	458	446
万元 GDP 用水	m³/万元	3501	1501	747	579
农业用水比例	%	84.3	74.5	70.4	68.6
工业用水比例	%	9.5	17.4	20.1	20.6
生活用水比例	%	6.2	8.1	9.4	10.8
农业灌溉定额	m³/亩	588	531	492	476
工业用水定额	m³/万元	272	190	103	58
城镇生活定额	L/(d·人)	123	178	220	212
农村生活定额	L/(d·人)	51	73	84	67

2）随着重复利用程度的提高，单位用水增长率下降。表 3-1 中万元 GDP 用水量和工业用水定额均呈现"负增长"。当单位用水指标降低过多时，甚至造成总用水量的下降，图 3-2 为 1950—1995 年美国用水变化趋势图，从图中可见 1980 年以后美国工业用水量有所下降。

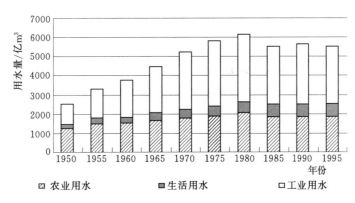

图 3-2　1950—1995 年美国用水变化趋势

3）从历史资料中分析用水增长率，应选取工业发展稳定的阶段。

4）对于有大型高耗水性工厂建成投产造成用水量跳变的偶然因素应予以修正，消除偶然因素的影响。

5）对于遇到连续干旱缺水年份，水源缺乏，供水量衰减，迫使工业用水减少等影响应予以修正。

确定需水增长率是一项十分复杂，而且难度很高的工作。一般认为经济发展与需水量增加具有十分密切的关系。当分析确定需水增长率有困难时，可采用以下方法确定其值。

1）根据历史资料，建立 GDP 增长率与用水量增长率的关系，根据经济规划中的 GDP 增长率计划值，确定用水量的增长率 d。

2）我国是一个发展中国家，可以从世界发达国家中类似地区的特定的发展阶段进行类比选择。

2. 指标预测法

指标预测法将工业需水量的预测分成 3 步进行。

（1）建立不同工业部门万元产值取水量与产值的相关关系。

工业部门万元产值取水量与产值的相关关系的表达形式有多种，最常采用的公式：

$$\log Y = a\log X + b \tag{3-9}$$

式中：Y 为万元产值（或 GDP）用水量；X 为工业产值（或 GDP）；a、b 为待定参数；$\log$ 为以 10 为底的对数。

在利用相关关系进行工业用水量预测时，也有利用工业用水增长率和工业产值增长率建立相关关系推算工业发展用水。工业用水增长率和工业产值增长率之比，称为工业用水弹性系数。

（2）对不同水平年各行业的产值进行预测。

由经济规划部门提供，或采用趋势法预测。

（3）计算不同水平年不同工业部门的需水量。

可采用指标法计算需水量。

$$W = YA \tag{3-10}$$

式中：W 为工业用水量；A 为预测工业产值（或 GDP）。

利用式（3-9）计算工业单位用水指标（定额）需要做合理性分析，在工业用水量预测时，实际是将分析指标（定额）外延（假定用水方式和工艺不变）。表 3-2 和表 3-3 为国内外部分用水指标，可资参考。

表 3-2　　　　　　　　　　　　　2000 年全国主要用水指标

指　标	单位	数量	指　标	单位	数量
人均用水量	m³/人	446	草场灌溉	m³/亩	241
单位 GDP 用水量	m³/万元	579	鱼塘用水	m³/亩	558
城镇居民生活	L/（人·日）	138	水田灌溉	m³/亩	660
城镇公共	L/（人·日）	61	水浇地灌溉	m³/亩	321
城镇综合（含环境）	L/（人·日）	212	菜田灌溉	m³/亩	413
火电	m³/kW	162	农田灌溉综合	m³/亩	476
一般工业	m³/万元	58	农村居民生活	升/（人·日）	67
工业综合	m³/万元	86	大牲畜	升/（头·日）	43
林果灌溉	m³/亩	209	小牲畜	升/（头·日）	20

表 3-3　　　　　　　　　　　　　部 分 国 家 用 水 指 标

国家	人均用水量	单位 GDP 用水量	单位工业增加值用水量	农业用水比例
	m³/人	m³/万美元	m³/万元	%
中国	446	5620	331	69
美国	1870	693	39	42

国家	人均用水量	单位 GDP 用水量	单位工业增加值用水量	农业用水比例
	m³/人	m³/万美元	m³/万元	%
俄罗斯	790	3530	642	23
日本	736	186	19	50
韩国	632	652	60	46
以色列	407	256		79
印度	611	17970	197	93
巴基斯坦	2054	44650	259	98
埃及	955	12090	530	85
墨西哥	802	1820	115	86
世界平均水平	598	1115		70

【例 3-5】 某工业行业 2015 年产值 10 亿元，万元产值用水量 1000m³，2020 年产值 20 亿元，万元产值用水量 900m³，据经济发展规划，2030 年，工业产值达到 50 亿元，求在现有用水方式下，求 2030 年的需水量。

解：（1）根据 2015 年与 2020 年资料建立相关关系。

$$\begin{cases} \log 1000 = a\log 10 + b \\ \log 900 = a\log 20 + b \end{cases}$$

有

$$\begin{cases} 3 = a + b \\ 2.954 = a \times 1.301 + b \end{cases}$$

解得：$a = -0.153$，$b = 3.153$

（2）2030 年的需水量。

$$\log(Y_{2030}) = -0.153\log 50 + 3.153$$

$$\log(Y_{2030}) = 2.8931$$

$$Y_{2030} = 10^{2.8931} = 781.8 \text{m}^3/\text{万元}$$

$$W_{2030} = 50 \times 10^4 \times 781.8 = 3.91 \times 10^8 \text{m}^3$$

3. 分行业重复利用率提高法

万元产值用水量和重复利用率，是衡量工业用水水平的两个综合指标。一般来说，一个地区或一个工矿企业单位，工业结构不发生根本变化时，万元产值用水基本取决于重复利用率。随着重复利用率的不断提高，万元产值用水将不断下降。

重复利用率与万元产值用水的关系，可用水平衡式推导：

$$\eta = \frac{Q_重}{Q_总} = \left(1 - \frac{Q_补}{Q_总}\right)$$

万元产值用水量为

$$Y = \frac{Q_补}{A}$$

式中：A 为产值；Y 为万元产值用水量。

对于同一行业，只要设备和工艺流程不变，生产相应数量的产品，所需的总用水量不变。所以，当两个不同时期，重复利用率分别为 η_1 和 η_2 时，有

$$1-\eta_1=\frac{Q_{1\text{补}}}{Q_{\text{总}}}$$

$$1-\eta_2=\frac{Q_{2\text{补}}}{Q_{\text{总}}}$$

可得

$$\frac{1-\eta_1}{1-\eta_2}=\frac{Q_{1\text{补}}}{Q_{2\text{补}}}$$

亦即

$$\frac{1-\eta_1}{1-\eta_2}=\frac{Y_1}{Y_2} \tag{3-11}$$

式中：$Q_{\text{总}}$ 为总用水量；$Q_{1\text{补}}$，Y_1 分别为某一时间补充水量和万元产值用水量；$Q_{2\text{补}}$，Y_2 分别为另一时间的补充水量和万元产值用水量。

一个行业，如果已知现状用水重复利用率和万元产值用水，根据该地水源条件，工业用水的水平，如能提出将来可达到的重复利用率，便可利用式（3-11）求出将来的万元产值用水量，从而比较准确的推求将来的工业用水量。

【例3-6】 某工业部门，2010 年产值为 18.62 亿元，用水量 12930 万 m^3，重复利用率 76.28%，据节水规划 2020 年重复利用率将提高到 85%，据经济发展规划，2020 年产值为 25.3 亿元，求 2020 年的需水量。

解：2010 年万元产值用水量：

$$Y_{2010}=\frac{12930\times10000}{18.62\times10000}=694\text{m}^3/\text{万元}$$

$$\frac{1-\eta_{2010}}{1-\eta_{2020}}=\frac{Y_{2010}}{Y_{2020}}$$

$$Y_{2020}=\frac{1-0.85}{1-0.7628}\times694=439\text{m}^3/\text{万元}$$

$$W_{2020}=Y_{2020}\times A_{2020}$$

$$=25.3\times439$$

$$=11110\text{ 万 m}^3$$

本例显示，当重复利用率提高时，产值增加，用水量不一定增加，图3-3与图3-4反映了全国的平均情况。

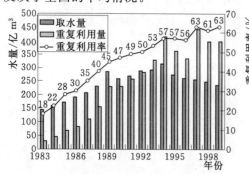

图3-3 全国城市工业用水指标变化图

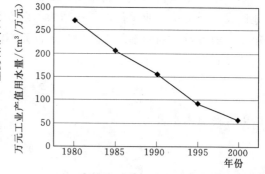

图3-4 全国城市万元工业产值用水量变化图

4. 分块预测法

分块预测法就是将一个城市（或地区）的工业分成几大块，分别用不同的方法预测将来的需水量。用分块预测一般有以下 3 种情况。

（1）原有工业基础十分薄弱，要大规模发展工业的城市或行业。

有的城市现有工业较少，今后要发展成为一个工业城市。这种情况下，工业用水和产值就很难说按某一速度增加，需水和产值之关系也不受现状关系的影响。要预测这种城市的工业用水量，用趋势法、指标法和重复利用率提高法都有困难，只能用分块预测法。将整个工业用水分成两大部分，一部分是原有基础上发展的工业用水，可按前面讲的 3 种方法预测；另一部分是各时期新建起来的工业，根据计划新建工厂规模、建成的时间，按设计用水量计算。

（2）电力工业和其他一般工业分块预测。

火电厂用水比较大，与其他一般工业相比，万元产值用水大很多。如果火电厂是直流冷却用水，每万元产值需用水达 2 万～3 万 m³，即使是循环冷却用水，重复利用率达到 95%，每万元产值仍需用水超 1000 万 m³。比一般工业万元产值用水高好几倍。要是将火电厂用水和一般工业用水放在一起预测，就会因火电厂发展规模、速度影响整个工业用水量。此外火电厂用水性质和一般工业也不同，一般工业用过的水均有不同程度的污染，不作污水处理难以作为水源再利用，而火电厂用过的水基本上没有污染，其他工业和城市部门仍可利用。对于一个地区来说火电厂总用水量大，而耗水量小。所以应将火电厂用水量和一般工业用水量分别预测。一般工业用水按前面讲的 3 种方法预测，火电厂用水可参照有关用水指标进行计算。表 3-4 为 2000 年发达国家和中国单机容量不小于 30 万 kW 的不同类型冷却电厂单位取水量对照表，从表中可以看出我国的同类型取水量与国际水平相差较大。

表 3-4　　　　　　发达国家和中国不同类型冷却电厂单位取水量

类　　型	电厂取水量/[m³/（万 kW·h）]	
	发达国家	中　国
循环冷却	25～36	47.5
直流冷却	1.8～3.6	18

（3）特殊工业用水预测。

有的城市（或地区）是以某一种采矿工业和能源工业为主，其用水量与一般工业发展用水，可选用前面三种方法之一进行预测；另一部分就是煤炭能源工业，或采矿冶金工业发展用水，应根据计划发展的规模计算需水量。

四、工业用水过程计算

在调节计算中，不仅需要知道各水平年的年需水总量，还应了解不同水平年的工业用水量的年内分配过程。常用分配系数法确定工业用水的年内分配过程，分配系数的确定最好根据历史资料采用分区分行业的实际用水年内分配系数，在不具备资料条件时，可采用自来水厂的供水系数。

$$W_t = W\alpha_t \qquad\qquad (3-12)$$

$$\sum_{t=1}^{m} \alpha_t = 1 \tag{3-13}$$

式中：W_t 为第 t 时段的需水量；W 为某水平年的年需水总量；α_t 为某水平年第 t 时段的需水分配系数。m 为时段数，以月或旬为时段，时段数不同。

工业需水预测是一个十分复杂的工作，模型应用的关键在于确定未来水平年的用水指标与增长趋势规律。正确确定诸如万元产值取水量，必须进行纵向（时间变化）和横向（与相似类地区、相似历史阶段）比较方能确定，在这一过程中，人的智慧占绝对主导地位，模型只能起辅助分析作用。

第二节 灌溉用水量的计算与预测

一、作物田间需水量计算

灌溉用水量是灌溉工程调节计算的基本依据之一，灌溉用水量的计算与预测任务是提供典型干旱年和相应于灌溉保证率 P 的综合灌溉用水过程。

（一）基本概念

灌溉用水计算中常遇到一些极易混淆的基本概念，这些概念可能导致计算上的错误，必须明确。

（1）作物需水量。

作物在生长期中主要消耗于维持正常生长的生理用水量称为作物需水量。它包括叶面蒸腾和棵间（土壤或水面）蒸发两个部分，这两部分合在一起简称腾发量。

（2）作物田间耗水量。

对于旱作物，其田间耗水量为作物需水量和土壤深层渗漏量之和；而对于水稻田来说，除水稻需水量和水田渗漏量外，还应包括秧田用水和泡田用水量。

（3）田间灌溉用水量。

除有效降雨之外，需由灌溉工程提供的水量称为田间灌溉用水量，简称为灌溉用水量。灌溉用水量即为灌溉工程的净供水量。

（4）泡田用水量。

水稻在插秧前的泡田期间，应提供的水量称为泡田水量，或称为泡田定额。

（5）灌水定额。

农作物一次灌水所需之水量称为灌水定额。一般以单位面积上的需水量来表示。

（6）灌水模数。

单位灌溉面积上所需要的净灌水流量叫做"净灌水模数"，简称"灌水模数"，又叫做"灌水率"，其数值等于灌水定额除以本次灌水的时间。

（7）灌溉定额。

农作物在整个生长期中单位面积上所需的灌溉水量称为灌溉定额，它等于农作物在整个生长期中全部灌水定额之和。

（8）灌溉制度。

指农作物在播种前（或水稻栽秧前）及全生育期内的灌水次数、每次灌水日期和灌水定额及灌溉定额。例如水稻的灌溉制度是指水稻泡田日期、泡田水量、水稻栽秧后到收割各生育期所需控制的水层深浅、灌水日期、灌水次数、每次灌水定额及灌溉定额等。

（9）耕地面积。

种植农作物的实有面积。

（10）播种面积。

各种农作物种植面积的总和，称为播种面积。例如耕地面积 5000hm²，先种早稻，早稻收割后再种晚稻，早稻种植面积为 5000hm²，晚稻种植面积也为 5000hm²，总和为 10000hm²，因此播种面积为 10000hm²。

（11）复种指数。

表示耕地面积在耕种方面的利用程度，其表达式为

$$复种指数 = \frac{播种面积}{耕地面积}$$

例如，耕地面积为 2000hm²，其中 1000hm² 种植双季水稻（即播种面积为 2000hm²），另外 1000hm² 种植春种秋收的一季作物（播种面积为 1000hm²），其复种指数为

$$复种指数 = 3000/2000 = 1.5$$

（12）灌溉面积。

一般系指由灌溉工程供水的耕地面积。灌溉面积上灌溉用水量的大小与灌溉标准、土壤气象条件、作物种类、播种面积等因素有关。

灌溉用水量可采用深度（mm）或体积（m³）或流量（m³/s）等表示。其中深度（mm）与单位面积上的体积（m³/hm²）之间的关系如下：

$$1m³/hm² = 0.1mm$$

采用深度表示时，必须将各种作物灌溉用水量化成同一面积的深度（例如化为总耕地面积上的深度），否则不能直接进行加、减等代数运算。

（二）作物田间需水量估算方法

由大量灌溉试验资料可以看出，作物田间需水量的大小与气象（温度、日照、湿度、风速）、土壤含水状况、作物种类及其生长发育阶段、农业技术措施、灌溉排水方式等有关。这些因素对需水量的影响既相互联系，又错综复杂。因此，目前尚不能从理论上对作物田间需水量进行精确的计算。在生产实践中，一方面通过建立试验站，直接测定某些点上的作物田间需水量；另一方面可根据试验资料采用某些估算方法来确定作物田间需水量。现有估算方法，大体可归纳为两类：一类方法是根据作物田间需水量及其影响因素建立某种经验关系；另一类方法是根据能量平衡原理，推求作物田间腾发消耗的能量，再由能量换算为相应作物的田间需水量，现将这两类方法简要介绍如下。

1. 经验公式法

经验公式法的基本思路是：首先分析与作物田间需水量关系密切的因素，其次在试验站观测两者同步资料，然后根据观测资料，分析它们之间的关系，并建立经验方程。由于经验方程形式比较简单，一般为线性方程或指数方程（指数方程可通过取对数化成线性方程），因而可根据试验站的观测资料采用图解法或线性回归分析求出方程中的系数，系数

求得后，对于与试验站条件相似的地区，便可由所选因素，推求作物田间需水量，现选几种经验公式介绍如下。

（1）以水面蒸发为参数的需水系数法（简称"α值法"）。

国内外大量灌溉试验资料表明，水面蒸发量能综合地反映各项气象因素的变化。作物田间需水量与水面蒸发量之间存在一定关系，并可用下列线性公式表示：

$$E = \alpha E_0 + b \qquad (3-14)$$

式中：E 为某时段内（或全生育期）的作物田间需水量，以水层深度 mm 计；E_0 为同期水面蒸发量，一般采用 $E601$ 蒸发皿的蒸发值，以水层深度 mm 计；α 为需水系数，根据试验资料分析确定；b 为经验常数，单位同 E，根据试验资料分析确定，有时可取 $b=0$。

该法只要求具有水面蒸发量资料，即可计算作物田间需水量。由于水面蒸发资料比较容易获得，所以它为我国水稻产区广泛采用。但该法中未考虑非气象因素（如土壤、水文地质、农业技术措施、水利措施等），因而在使用时应注意分析这些因素对 α 值的影响。

表 3-5 所列数据为江苏省常熟试验站 1959—1966 年实测水稻生长期各阶段平均 α 值和安徽巢湖试验站相应各阶段平均 α 值。

表 3-5　　　　　　　　　　　　试验站水稻需水系数 α 值表

地　区	返青	分蘖	拔节	孕穗	抽穗	乳熟	黄熟	全生长期
江苏（常熟）	1.15	1.35	1.55	1.65	1.70	1.65	1.55	1.50
安徽（巢湖）	1.10	1.20	1.48	1.55	1.57	1.23	1.07	1.28

（2）以气温为参数的需水系数法（简称"β值法"）。

气温是影响作物生长和产量的主要因素之一。在某些情况下，用气温作参数也能衡量作物需水量的大小。例如，我国南方某些地区曾采用下列公式估算水稻田间需水量，即

$$E = \beta T + b \qquad (3-15)$$

式中：E 为水稻在某时段内（或全生育期）的田间需水量，以水层深度 mm 计；T 为同期当地日平均气温的累积值，℃，简称积温；β 为需水系数，mm/℃；b 为经验常数，单位同 E，有时可取 $b=0$。

南方湿润地区，积温对腾发量影响较大，一般 β 值法能取得较为满意的结果。在干旱和半干旱地区，对腾发量起决定作用的是热风而不是积温，这些地区，不宜采用 β 值法。

（3）以多种因素为参数的公式。

上述各种单因素法的优点是计算简单，但是作物田间需水量与多种因素有关，为了克服单因素法使用上存在的缺陷，人们曾研究过多种因素，并探索它们与作物田间需水量之间的数量关系，以温度和水面蒸发为参数的公式为

$$E = \sum \beta_i \phi_i \qquad (3-16)$$

式中：E 为水稻全生育期总需水量，mm；β_i 为水稻各生育阶段的耗水系数，可根据试验资料求得；ϕ_i 为水稻各生育阶段中，消耗于腾发的太阳能累积值。

其中

$$\phi_i = (\bar{t}_i + 50)\sqrt{E_0} \qquad (3-17)$$

式中：$\bar{t}_i$ 为水稻各生育阶段的日平均气温，℃；E_0 为 $E601$ 蒸发皿的水面蒸发值，mm。

2. 能量平衡法

作物在腾发（包括植株蒸腾和株间蒸发）过程中，无论是体内液态水的输送，或是腾发面上水分的汽化和扩散，都需要消耗能量。作物需水量的大小与腾发消耗能量密切相关。腾发过程中的能量消耗，主要是以热能形式进行的。例如气温为 25℃时，每腾发 1g 的水大约需消耗 2470J 的热量。因此只要测算出腾发消耗的热量，便可求出相应的作物田间需水量。

彭曼（Penman）根据热量平衡原理，先推求腾发所消耗的能量，然后再将能量折算为水量，提出计算公式如下：

$$E_p = \frac{1}{L} \times \frac{\left(\frac{\Delta}{\gamma}\right)H_0 + LE_a}{1 + \left(\frac{\Delta}{\gamma}\right)} \tag{3-18}$$

式中：E_p 为作物腾发量（即作物田间需水量），mm；L 为腾发单位重量的水所需热量，J/g，该值随气温而变，当气温为 25℃时 L 为 2470J/g；Δ/γ 为比值，其中 Δ 为气温~水汽压关系曲线上的斜率，γ 为湿度常数；H_0 为地面净辐射，J/（cm^2·d），可用专门气象仪器测定；E_a 为干燥力，mm/d，即蒸发面上的温度等于气温时的蒸发量。

对于自由水面

$$E_a = 0.35(0.5 + 5u/800)(e_s - e)$$

对于矮秆作物

$$E_a = 0.35(1 + 5u/800)(e_s - e)$$

式中：u 为风速，m/s；e_s 为饱和水汽压，hPa；e 为实际水汽压，hPa。

该式所求得的作物田间需水量，是在土壤水分充足，作物覆盖茂密条件下的最大可能腾发量，即所谓潜在腾发量。当不同作物于不同生育阶段达不到上述条件时，应根据作物和土壤的具体情况折算为实际腾发量。

目前，能量平衡法在欧美一些国家采用较多，且有所发展。尽管该方法本身还有待进一步完善，但现有试验资料已表明，它是从理论上研究作物田间需水量的一种可行途径。

由上述可知，各种作物在生育期间田间需水量的大小，取决于作物种类、气象条件、土壤含水状况及农业技术措施等各种因素。由于这些因素之间相互又有联系，因而对作物田间需水量的影响比较复杂；此外，由于各种分析计算方法主要都是依据灌溉试验站的观测资料，所以试验站的工作十分重要。

表 3-6 综合各地灌溉试验站的资料，列举了我国不同地区几种主要作物的田间需水量变化范围。

表 3-6　　　　　几种作物全生育期需水情况　　　　　单位：m^3/hm^2

作物	地区	年　　份		
		干旱年	中等年	湿润年
双季稻（每季）	华中、华东	4500~6750	3750~6000	3000~4500
	华南	4500~6000	3750~5250	3000~4500
中稻	华中、华东	6000~8250	4500~7500	3000~6750

作物	地区	年 份		
		干旱年	中等年	湿润年
一季晚稻	华中、华东	7500~10500	6750~9750	6000~9000
冬小麦	华北	3750~7500	3000~6000	2400~5250
	华中、华东	3750~6750	3000~5250	2250~4200
春小麦	西北	3750~5250	3000~4500	—
	东北	3000~4500	2700~4200	2250~3750
玉米	西北	3750~4500	3000~3750	—
	华北	3000~3750	2250~3000	1950~2700
棉花	西北	5250~7500	4500~6750	—
	华北	6000~9000	5250~7500	4500~6750
	华中、华东	6000~9750	4500~7500	3750~6000

（三）作物田间耗水量计算

灌区综合用水过程是指为保证灌区各种作物正常发育生长需要从外界引入田间的综合灌水过程。编制综合用水过程的主要内容有以下方面。

1）单种作物田间耗水量计算。

2）单种作物田间灌水量计算。

3）灌区各种作物综合灌溉用水过程计算。

首先介绍作物田间耗水量计算。旱作物和水稻田作物田间耗水量可分别用下式计算：

旱作物：田间耗水量＝作物需水量＋土壤深层渗漏量

水稻：田间耗水量＝作物需水量＋水田渗漏量＋育秧水＋泡田水

关于作物需水量的计算方法上面已进行详细讨论，下面补充说明水田渗漏量、育秧水和泡田水。

（1）水田渗漏量。

水田渗漏包括田埂渗漏和田面渗漏两部分。田埂渗漏决定于田埂的质量和养护状况及田块的位置，分散的、位置较高的田块应予考虑。对于连片的、面积较大的稻田，田埂渗漏的水量只是从一个格田进入另一个格田，对整块农田来说，水量损耗甚微。一般所谓水田渗漏主要指田面渗漏部分，它取决于土壤质地、地下水位高低、水田位置、排灌措施等因素。由于影响水田渗漏的因素较多，土层质地往往又不均匀，因而很难从理论上进行推算，生产实践中均以实测和调查方法确定。根据江苏太湖湖西地区的调查资料，不同土质的渗漏情况见表 3-7。

多年种植水稻的水田，一般在田面以下 20cm 左右处，存在有一透水性较弱的土层，即所谓"犁底层"。由于"犁底层"的影响，砂性大的稻田的渗漏量也会大大减小，稻田平均日渗漏量，一般为 2~3mm。丘陵地区的稻田大多属于重黏土，土壤差异不明显，其差别主要决定于稻田的类型。实际资料表明，傍田日平均渗漏量一般为 1~2mm，冲田为 0~1mm，畈田为 0.5~1.5mm。平原圩区稻田多为轻黏土，但地下水位很高，日平均渗

表 3－7　　　　　　　　　　　　　水稻田日渗漏量　　　　　　　　　　单位：mm/d

土壤种类	地下水位距地面深			
	0.5m	1.0m	1.5m	2.0m
黏壤土	0.9	1.4	2.0	2.5
中壤土	1.5	2.6	3.8	4.9
砂壤土	3.3	6.3	9.3	12.3

漏量一般为 0.5～1.0mm。

（2）育秧水。

水稻的栽培过程，可分为秧田期和本田期两个阶段。

1）秧田期：从播种、发芽、出苗、到移栽前，一般历时 30～40d。秧田面积与大田面积之比约为 1：7～1：10。

2）本田期：从秧苗移栽，经返青、分蘖、拔节、孕穗、抽穗、乳熟至黄熟。

育秧水可用下式表示：

$$育秧水＝秧田耗水量－有效降雨量$$

其中秧田耗水量等于秧田日耗水量乘以秧龄期。表 3－8 中所列为广东秧田日耗水强度。据江苏经验，每公顷秧田总耗水量约为 300～420mm。

表 3－8　　　　　　　　　　　广东秧田耗水强度　　　　　　　　　单位：mm/d

育秧方法	水播水育	水播湿润育	水播旱育	旱播旱育
早稻	5～7	3～5		
晚稻		5～7	4～6	2～3

有效降雨量等于秧田期降雨乘以利用系数。中小雨利用系数可取 0.5～0.7。由于 1hm² 秧田可插 7～10hm² 大田，所以每公顷大田分摊的育秧水只是秧田用水的 1/7～1/10。

（3）泡田水。

水稻在插秧前需耕翻耙平土地，在田间建立一定水层，这部分水量称为泡田水，其数值大小与土壤性质、泡前土壤湿度、地下水位高低、泡田方法、泡田天数有关。一般黏土和黏壤土为 750～1200m³/hm²；中壤土和砂壤土为 1050～1800m³/hm²；轻砂壤土为 1200～2400m³/hm²。

现以江苏太湖湖西地区，各种不同水稻田块泡田用水调查资料为例，具体说明如下。

全灌区泡田期约 10d，泡田期的水面蒸发量为 3.3mm/d，10d 总蒸发量为 330m³/hm²，栽插时稻水层深为 30mm，栽秧水层所需水量为 300m³/hm²。饱和土层及犁田水层，据不同土质情况所需水量平均为：黏壤土 600m³/hm²，中壤土 650m³/hm²，砂壤土 700m³/hm²。由此求得平均每公顷泡田水量见表 3－9。

表 3-9　　　　　　　　　　　太湖湖西地区稻田泡田用水量　　　　　　　　　　单位：m³/hm²

土壤种类	饱和土层及犁田水层	渗漏	蒸发	栽插水层	泡田用水量
黏壤土	600	90~250	330	300	1320~1480
中壤土	650	150~490	330	300	1430~1770
砂壤土	700	330~1230	330	300	1660~2560

二、灌区综合灌溉用水过程计算

对于某一灌区而言，首先需选择适宜的作物种类，并确定各种作物的种植面积，然后计算各单种作物所需灌水量，最后将各种作物按种植面积汇总在一起，编制和调整全灌区的综合灌溉用水过程。

（一）水稻灌溉用水量计算

1. 水稻品种与生育阶段

不同水稻品种，总生育时间和各生育阶段时间是不一样的，各阶段需水要求也不同。例如江苏省常熟地区几种水稻生育阶段划分见表 3-10。

表 3-10　　　　　　　　江苏省常熟地区水稻各生长阶段天数分配表　　　　　　　　单位：d

稻种	生长期	返青	分蘖	拔节	孕穗	抽穗	乳熟	黄熟	全生长期
双季早稻	4月30日—7月25日	8	27	12	10	6	17	7	87
双季晚稻	7月25日—11月5日	10	31	8	10	14	18	16	104
单季晚稻	6月5日—11月1日	7	57	11	13	13	22	27	150

生育阶段确定后，为计算各旬水稻田间需水量，需将各生育阶段的需水系数换算为各旬需水系数。现以水面蒸发为参数的需水系数法（即"α 值法"）为例，将换算方法说明如下。

表 3-11 为江苏省常熟地区双季早稻各旬需水系数（α）换算表，表中各生育阶段需水系数 α 值采用表 3-5 中相应数值。不同生育阶段在各旬的天数可根据表 3-10 确定。

表 3-11　　　　　　　　　　　　　双季早稻各旬 α 换算表

生育期		返青	分蘖	拔节	孕穗	抽穗	乳熟	黄熟	换算后 α 值
α		1.15	1.35	1.55	1.65	1.70	1.65	1.55	
4月	下旬	$\frac{1}{10} \times 1.15$							0.12
5月	上旬	$\frac{7}{10} \times 1.15$	$\frac{3}{10} \times 1.35$						1.21
	中旬		$\frac{10}{10} \times 1.35$						1.35
	下旬		$\frac{11}{11} \times 1.35$						1.35
6月	上旬		$\frac{3}{10} \times 1.35$	$\frac{7}{10} \times 1.55$					1.49
	中旬			$\frac{5}{10} \times 1.55$	$\frac{5}{10} \times 1.65$				1.60
	下旬			$\frac{5}{10} \times 1.65$	$\frac{5}{10} \times 1.70$				1.68

生育期		返青	分蘖	拔节	孕穗	抽穗	乳熟	黄熟	换算后 α 值
α		1.15	1.35	1.55	1.65	1.70	1.65	1.55	
7月	上旬					$\frac{1}{10}\times1.70$	$\frac{9}{10}\times1.65$		1.66
	中旬						$\frac{8}{10}\times1.65$	$\frac{2}{10}\times1.55$	1.63
	下旬							$\frac{5}{11}\times1.55$	0.78

现以 5 月上旬为例，说明表 3-11 中各旬需水系数 α 值的换算方法。

$$\alpha_{5上}=\alpha_{返青}\times\frac{1}{10}\times(返青期在5月上旬的天数)$$

$$+\alpha_{分蘖}\times\frac{1}{10}\times(分蘖期在5月上旬的天数)$$

$$=1.15\times\frac{7}{10}+1.35\times\frac{3}{10}=1.21$$

各旬 α 值求得后，只需将灌区附近水文气象站实测的各旬水面蒸发量乘以各旬 α 值，即得双季早稻的各旬田间需水量。双季晚稻、单季稻计算方法类似。

2. 稻田田面水层

为了不影响水稻正常生长，必须在田间经常维持一定的水层深度，给水稻生长创造适宜的条件。起控制作用的田间水层深度有以下 3 种。

1）适宜下限（h_{min}）。它表示田间最低水深，作用是控制作物不致因田间水深不足，失水凋萎影响产量，当田间实际水深低于下限时，应及时灌溉。

2）适宜上限（h_{max}）。它表示在正常情况下，田间允许（最优）的最大水深。

3）雨后最大蓄水深度（h_p）。在不明显影响作物正常生长的情况下，为提高降雨的利用率，允许雨后短期田间蓄水的极限水深（即耐淹深度）。超过 h_p 时，应及时排水。

表 3-12 中所列为各生育阶段的适宜下限，适宜上限及雨后最大蓄水深度的相应数值。

表 3-12　　　　　　　　　各生育阶段 $h_{min}\sim h_{max}\sim h_p$ 值表　　　　　　　单位：mm

作物名称	生 育 阶 段						
	返青	分蘖前期	分蘖末期	拔节孕穗	抽穗开花	乳熟	黄熟
早稻	5～30～50	20～50～70	20～50～80	30～60～90	10～30～80	10～30～60	10～20
中稻	10～30～50	20～50～70	30～60～90	30～60～120	10～30～100	10～20～60	落干
双季晚稻	20～40～70	10～30～70	10～30～90	20～50～90	10～30～50	10～20～60	落干

表 3-12 所列数据仅是一例，全国各地自然条件不同，水稻品种、灌溉方式及生产经验也不一样，因而田面水层的适宜下限、适宜上限、雨后最大蓄水深度往往会存在一定差异，一般应根据当地情况选用。

3. 水稻田水量平衡计算

水稻田水量平衡方程为

$$h_2 = h_1 + P + m - E - C \qquad (3-19)$$

式中：h_1 为时段初田面水层深度，mm；h_2 为时段末田面水层深度，mm；P 为时段内降雨量，mm；m 为时段内灌水量，mm；E 为时段内田间耗水量，mm；C 为时段内排水量，mm。

当 $h_2 < h_{min}$ 时，则表示本时段内必须进行灌溉：

$$h_{min} - h_2 \leqslant m \leqslant h_{max} - h_2$$

当 $h_2 > h_p$ 时，则表示本时段内必须排水：

$$C = h_2 - h_p$$

例如，早稻分蘖前期，$h_{min} = 20\text{mm}$，$h_{max} = 50\text{mm}$，$h_p = 70\text{mm}$（表3-12）。如果求得时段末田面水深 $h_2 = 10\text{mm}$，则表明本时段至少应灌水 $h_{min} - h_2 = 20 - 10 = 10\text{mm}$，最多可灌 $h_{max} - h_2 = 50 - 10 = 40\text{mm}$。如果时段内降雨较大，求得时段末田面水深 $h_2 = 90\text{mm}$，则表明本时段应排水，排水量 $C = h_2 - h_p = 90 - 70 = 20\text{mm}$。

根据水稻田间耗水过程、降雨过程，通过上述水量平衡方程计算，便可求得各旬灌溉用水量。

（二）旱作物灌溉用水量计算

1. 土壤湿润层水量平衡方程

为了促进旱作物正常生长，要求土壤在作物根系活动层内保持一定的含水量。根系活动的范围称之为土壤湿润层。土壤湿润层的水量平衡方程为

$$W_2 = W_1 + P' + K + m - E \qquad (3-20)$$

式中：W_1 为时段初湿润层储水量，mm 或 m³/hm²；W_2 为时段末湿润层储水量，mm 或 m³/hm²；P' 为时段内有效降雨量，mm 或 m³/hm²，降雨量与降雨有效利用系数之积；K 为时段内地下水补给量，mm 或 m³/hm²；m 为时段内灌溉水量，mm 或 m³/hm²；E 为时段内作物田间需水量，mm 或 m³/hm²。

2. 湿润层深度与适宜含水量

一般说来，不同作物、不同生育阶段对土壤湿润层的深度、适宜含水量的要求是不一样的，表3-13为河南引黄灌溉试验场关于小麦的观测资料。表3-14为几种旱作物的一般土壤湿润层深度和适宜含水率。

表3-13　河南引黄灌溉试验场小麦各生育阶段土壤湿润层深度和适宜含水率

生育阶段	土壤湿润层深度/cm	占干土重/%			占田间持水率/%
		青沙土	两合土	黏土	
出苗—返青	40	15~17	17~19	20~22	70~80
返青—拔节	60	15~17	17~19	20~22	70~80
拔节—抽穗	80	17~19	19~22	20~25	80~90
抽穗—乳熟	60	15~17	17~19	20~22	70~80
乳熟—黄熟	60	13~15	14~17	17~20	60~70
全生长期		15~19	17~22	20~25	70~90

表 3-14　　　　　　　　　几种旱作物的土壤湿润层深度和适宜含水率

作物名称	土壤湿润层深度/cm	土壤适宜含水量（以田间持水量百分数计）/%
冬小麦	30~70	65~90
棉花	40~80	50~80
玉米	40~80	60~80
花生	30~40	40~70
甘蔗	40~60	50~70

土层含水率达到毛细管最大持水能力时，最大悬着毛管水的平均含水率，称为该土层的田间持水率（或田间持水量）。因小于凋萎系数的土壤含水量不能被作物吸收，故土壤允许最小含水率应大于凋萎系数。

土壤最小储水量可用 W_{min} 表示，北京地区的经验认为可取田间持水率的 60%。土壤允许最大含水率以不造成深层渗漏为原则，可采用土壤田间持水量，作物允许最大储水量用 W_{max} 表示。土壤湿润层含水量应经常保持在 W_{min} 与 W_{max} 之间。

3. 灌溉用水计算

（1）播前用水。

一般按下式计算：

$$m_0 = 100(\beta_{max} - \beta_0)\gamma h \qquad (3-21)$$

式中：m_0 为播前用水量，m^3/hm^2；100 为单位换算系数；β_{max} 为土壤最大持水率，以占干土重的百分数计；β_0 为播前计划湿润层实际含水率，%；γ 为湿润层土壤干容量，t/m^3；h 为计划湿润层厚度，m。

（2）生育期用水。

前面已经介绍式（3-20）为土壤湿润层水量平衡方程式：

$$W_2 = W_1 + P' + K + m - E$$

其中有效降雨量 P' 为降水量中扣除地面径流量和深层渗漏量以后，蓄存在湿润层中，可供作物利用的水量。实践中，常用下面简化公式计算：

$$P' = \sigma P \qquad (3-22)$$

式中：P 为降雨量；σ 为降雨有效利用系数，它与降雨总量、降雨强度、土壤性质等因素有关，一般应通过试验测定。河南、山西资料表明可取 $\sigma = 0.7 \sim 0.8$。

地下水补给量 K，与地下水埋藏深度、土壤性质、作物种类有关，某些地区经验表明，地下水埋深在 1~2m 之内，可考虑地下水利用量占总耗水量 20% 左右，地下水埋深超过 3m 可不予考虑。

当式（3-20）中时段末湿润层计算蓄水量 W_2 小于 W_{min} 时，表明本时段应进行灌溉，其灌溉水量至少为 $m = W_{min} - W_2$，最多为 $m = W_{max} - W_2$。这样，逐旬依次连续进行计算，便可求得旱作物的灌溉用水过程。

（三）灌区综合灌溉用水过程计算

任何一种作物某次（或某时段）灌水定额求出后，就可根据该作物的种植面积，用下式求得净灌溉用水量：

$$M_{\text{净}} = m\omega \qquad\qquad (3-23)$$

式中：$M_{\text{净}}$ 为净灌溉用水量，m^3；m 为灌水定额，m^3/hm^2；ω 为灌溉面积，hm^2。

一个灌区内作物往往种类很多，每种作物灌水定额求出后，以各种作物种植面积比例为权重，将同一时期各种作物的灌水定额进行加权平均，即可求得全灌区的综合灌水定额。计算公式如下：

$$m_{\text{综净}} = a_1 m_1 + a_2 m_2 + \cdots + a_n m_n \qquad\qquad (3-24)$$

式中：$m_{\text{综净}}$ 为某时段全灌区综合净灌水定额，m^3/hm^2 或 mm；m_1、m_2、$\cdots$、m_n 为各种作物在同时段内的灌水定额，m^3/hm^2 或 mm；a_1、a_2、$\cdots$、a_n 为各种作物灌溉面积占全灌区灌溉面积的比值。

全灌区某时段净灌溉用水量 $M_{\text{净}}$ 由下式计算：

$$M_{\text{净}} = m_{\text{综净}}\omega \qquad\qquad (3-25)$$

式中：ω 为全灌区的灌溉面积。

全灌区某时段毛灌溉用水量 $M_{\text{毛}}$ 由下式求得

$$M_{\text{毛}} = \frac{M_{\text{净}}}{\eta_{\text{水}}} \qquad\qquad (3-26)$$

式中：$\eta_{\text{水}}$ 为灌溉水量利用系数，为田间净耗水量与渠道引水量之比，它反映了渠系的水量损失。$\eta_{\text{水}}$ 值与渠系长度、灌溉流量、沿渠土壤、水文地质条件、工程质量及管理水平有关，一般可取 0.6～0.8。目前已建成的某些灌区，实际上只有 0.45～0.6。

整个生育期各时段综合灌水定额之和，即为灌区综合灌溉定额。全年各时段灌区灌溉用水之和，即为灌区年灌溉用水量。

【例 3-7】 某灌区总面积 $A = 2670hm^2$，灌溉面积 $B = 1960hm^2$。灌溉面积中水田 $C_{\text{水田}} = 1666.67hm^2$，种植结构为：$C_{\text{双早}} = 1373.33hm^2$，占灌区灌溉面积 70%；$C_{\text{双晚}} = 1373.33hm^2$，占灌区灌溉面积 70%；$C_{\text{单晚}} = 293.33hm^2$，占灌区灌溉面积 15%。耕地中旱田面积为：4 月下旬至 11 月上旬，$D' = 293.33hm^2$，占灌区灌溉面积 15%；11 月中旬至次年 4 月中旬，$D'' = 980hm^2$，占灌区灌溉面积 50%。试求该灌区某典型年的综合灌溉定额。

解： 先分别计算该年度各种作物的灌水定额，现以双季早稻为例计算其灌水定额（表 3-15）。

表 3-15 中 (2)、(3)、(4) 栏分别为田间适宜水深 $h_{\max}$、$h_{\min}$ 及雨后田间最大蓄水深度 h_p，引自表 3-12，8 栏稻田渗漏量和 9 栏泡田水等数据均为附近灌溉试验站试验值。

(6) 栏 α（田间需水量 E 与 80cm 蒸发器水面蒸发量 E_{80} 的比值），也是附近灌溉试验站的试验值，其具体数据见表 3-11 中最后一栏。

(5) 栏水面蒸发量 E_{80}、11 栏降雨量 P 均为附近水文站的观测值。

(7) 栏作物需水量 $E = \alpha E_{80}$ 为 (5)、(6) 两栏同时期数值的乘积。

(10) 栏作物耗水量为同时期 (7)、(8)、(9) 三栏数值之和。

(12) 栏至 (14) 栏数值系根据式 (3-19) 水稻田水量平衡公式计算而得。假定 4 月 20 日田面水深为 0，由于 4 月下旬田间适宜水深至少必须 5mm，所以由式 (3-19) 求得 4 月下旬灌水定额最低值为

$$m = h_2 - h_1 - P + E + C$$
$$= 5 - 0 - 18.7 + 133.4 + 0$$
$$= 119.7mm$$

前面已经说明 4 月下旬 h_2 为 5～30mm 之间任一数值均可，所以，4 月末田间水深也可为 $h_2 = h_{max} = 30mm$，这时 4 月下旬灌水定额为 119.7+25＝144.7mm。表 3-15 中所列数据系灌水到最低值。这样做法的优点是可充分利用降雨量，尽量减少排水量。缺点是灌水过程变化较大。实际中灌水应尽可能均匀，如何调整灌水过程后面再讨论。

表 3-15　　　　　　　　某典型年双季早稻灌水定额计算表　　　　　　　　单位：mm

时间		田间适宜水深		雨后最大水深 h_p	水面蒸发量 E_{80}	换算后的 α 值	作物需水量 E	渗漏	泡田水	作物耗水量 $\sum E$	降水量 P	田间期末储水量 h_2	灌水定额 m	田间排水量 C
		h_{max}	h_{min}											
(1)		(2)	(3)	(4)	(5)	(6)	(7)	(8)	(9)	(10)	(11)	(12)	(13)	(14)
4 月	下旬	30	5	50	28.3	0.12	3.4	10	120	133.4	18.7	5	119.7	
5 月	上旬	50	20	70	38.0	1.21	46.0	10		56.0	22.5	20	48.5	
	中旬	50	20	80	43.1	1.35	58.2	10		68.2	23.1	20	45.1	
	下旬	50	20	80	48.2	1.35	65.1	11		76.1	19.9	20	56.2	
6 月	上旬	60	30	90	51.0	1.49	76.0	10		86.0	0.5	30	95.5	
	中旬	60	30	90	52.4	1.60	83.8	10		93.8	8.3	30	85.5	
	下旬	60	30	90	36.7	1.68	61.7	10		71.7	154.8	90	0	23.1
7 月	上旬	30	10	80	48.2	1.66	80.0	10		90.0	155.7	80	0	75.7
	中旬	30	10	60	70.6	1.63	115.1	10		125.1	10.2	10	44.9	
	下旬	20	0		59.4	0.78	46.3	11		57.3	32.3	0	15.0	
合计							635.6	102	120	857.6	446.0		510.4	98.8

现在讨论 6 月下旬如何计算灌水定额。按式 (3-19) 得
$$h_2 = h_1 + P + m - E - C = 30 + 154.8 + 0 - 71.7 - 0 = 113.1mm$$

若本旬不考虑灌溉和排水，则旬末田面水层深度为 113.1mm。由于本旬雨后最大蓄水深度为 90mm，因而本旬必须排水，排水量 $C = 113.1 - 90 = 23.1mm$。7 月上旬算法与 6 月下旬类似。

按旬连续计算，可求得各旬灌水量和排水量，全生长期灌水定额之和就是该作物本年的灌溉定额。表中求得该年双季早稻灌溉定额为 510.4mm [表 3-15 中 (13) 栏最后一行]。

按同样方法，可求得该年双季晚稻、单季晚稻及旱作物各旬灌水定额，这几种作物的具体计算过程未一一列出，仅将计算结果分别列于表 3-16 中 (2)、(3)、(4)、(5) 栏。

表 3-16 为灌区综合灌溉定额计算，计算公式见式 (3-24)，即
$$m_{综净} = a_1 m_1 + a_2 m_2 + a_3 m_3 + a_4 m_4$$

表中 (6) 栏至 (9) 栏分别为 $a_1 m_1$、$a_2 m_2$、$a_3 m_3$、$a_4 m_4$，表中 10 栏为 6 栏至 9 栏之和，即所求之 $m_{综净}$。

全年各阶段 $m_{综净}$ 之和，即为灌区综合灌溉定额，表 3-16 中 10 栏乘以灌区灌溉面积

1960hm²，即为灌区综合灌溉用水量 $M_净$。

灌区净灌溉用水量 $M_净$ 除以灌溉水量利用系数 $\eta_水$，即得灌区毛灌溉用水量 $M_毛$。

同样将表3-15中（13）栏灌水定额乘以双季早稻种植面积1373.33hm²，即为双季早稻的净灌溉用水量。净灌溉用水量再除以灌溉水量利用系数，即为双季早稻的毛灌溉用水量。

现在补充说明一下，表3-15中（13）栏和表3-16中（10）栏求得的灌水定额，一

表3-16　　　　　　　　　　灌区综合灌溉定额计算表　　　　　　　　单位：mm

时间		双季早稻 m_1	双季晚稻 m_2	单季晚稻 m_3	旱作物 m_4	加权数				合计 $m_{综净}$	备注
						双早 a_1m_1 (70%)	双晚 a_2m_2 (70%)	单晚 a_3m_3 (15%)	旱作物 a_4m_4 (50%、15%)		
（1）		（2）	（3）	（4）	（5）	（6）	（7）	（8）	（9）	（10）	
11月	中旬				1.9				1.0	1.0	
	下旬				1.9				1.0	1.0	
12月					0				0	0	
1月					17.1				8.6	8.6	
2月					13.6				6.8	6.8	
3月					0				0	0	
4月	上旬				0				0	0	11月中旬至4月中旬
	中旬				0				0	0	
	下旬	119.7			0	83.8			0	83.0	
5月	上旬	48.5			0	34.0			0	34.0	
	中旬	45.1			0	31.6			0	31.6	（9）栏＝（5）栏×50%
	下旬	56.2			2.1	39.3			0.3	39.6	
6月	上旬	95.5		141.7	19.5	66.8		21.3	2.9	91.0	
	中旬	85.5		13.7	11.7	59.8		2.1	1.8	63.7	4月下旬至11月上旬
	下旬	0	0	0	0	0	0	0	0	0	
7月	上旬	0		0	0	0		0	0	0	
	中旬	4.9		0	9.8	31.4		0	1.5	32.9	
	下旬	15.0	122.0	47.5	0	10.5	85.4	7.1	0	103.0	
8月	上旬		71.0	104.0	20.0		49.7	15.6	3.0	68.3	（9）栏＝（5）栏×15%
	中旬		73.5	134.4	0		51.4	20.2	3.3	71.6	
	下旬		116.1	134.0	22.0		81.3	20.1	3.3	104.7	
9月	上旬		0	0	0		0	0	0	0	
	中旬		76.5	78.7	20.0		53.6	11.8	3.0	68.4	
	下旬		79.6	65.5	16.5		55.7	9.8	2.5	68.0	
10月	上旬		61.4	63.0	13.9		43.0	9.4	2.1	54.5	
	中旬		56.5	71.8	20.0		39.6	10.8	3.0	53.4	
	下旬		44.5	54.6	1.8		31.2	8.2	0.3	39.7	
11月	上旬		29.2	3.4	19.5		20.4	0.5	2.9	23.8	
总计		510.4	730.3	912.3	209.4	357.2	511.3	136.9	43.0	1048.4	

般是很不均匀的，实际灌水时应尽可能消除灌水高峰和短期停水现象。因此可在不影响作物需水要求，尽量保持主要作物关键用水期用水，适当提前增加灌水的条件下，将灌水过程进行调整修匀。例如表 3-15 中 5 月上旬至 6 月中旬总灌水量为 330.8mm，可修匀为每旬灌水量为 67mm，同样满足灌溉要求。修匀后的水量平衡计算方法与前述相同。

三、不同水平年不同保证率灌溉用水量的预测

未来不同水平年的灌溉用水量估算，主要考虑因素：灌溉面积的发展速度；不同保证率情况下的不同灌溉方式；不同作物的灌溉定额及组成；渠系水利用系数提高程度等因素。

1. 不同水平年的灌溉面积

一般由计划部门根据农业发展需要与可能提出，但供水条件是限制灌溉面积发展的主要因素。不同保证率的来水与可供水量是不同的，某一枯水年的可供水量在不能同时满足工业、生活和灌溉用水需要时，一般优先满足城市生活和工业用水需要，限制灌溉面积的发展，其限制面积可用下式计算：

$$\omega = W_{供}/M_{综} \tag{3-27}$$

式中：$W_{供}$ 为不同水平年某一保证率用于灌溉的可供水量；$M_{综}$ 为不同水平年某一保证率的综合毛灌溉定额；ω 为不同水平年某一保证率的灌溉面积。

上述计算面积的确定需要在供水规划中综合研究、统筹考虑。

2. 不同灌溉方式影响

不同水平年不同保证率条件下，确定不同作物组成和不同灌溉方式的净灌溉定额，可根据当地灌溉试验站分析历年资料基础上提出，或借用相邻地区灌溉试验分析资料。由于先进灌水技术不断推广应用，综合灌溉定额将呈现下降趋势。图 3-5 为 1980—2000 年全国农田灌溉亩均综合用水量变化图。图中展示了农田综合灌溉定额的明显下降过程。

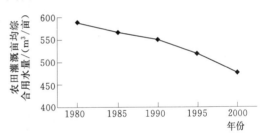

图 3-5　1980—2000 年全国农田灌溉亩均综合用水量变化图

3. 作物种植结构

作物组成制定和调整，由农业计划部门根据需要与可能提供。当受水源条件限制，经过用水水量平衡分析，有必要进行作物组成调整，限制耗水量多的作物发展（如水稻），调整后的作物组成都会影响综合灌溉定额。

4. 渠系利用系数

渠系利用系数与工程配套、防渗措施、用水管理、输水方式等有关。不同水平年渠系利用系数提高程度应该根据具体措施进行典型调查分析。渠系水利用系数正确估计对确定灌溉用水量影响较大。我国部分大中型灌区渠系水利用系数有测验统计数字，要根据现有的渠系水利用系数对未来不同水平年提高程度有一个确切估算，尽量避免主观任意性。对新建灌区的渠系水利用系数应有明确规定，采取措施提高渠系水利用系数。表 3-17 为 2000 年我国水资源一级区渠系水利用系数表，可供参考。

表 3-17 　　　　　　　　　2000 年水资源一级区渠系水利用系数表

水资源一级区	库、引灌	提灌	井灌
松花江	0.45～0.55	0.50～0.60	0.70
辽河	0.45～0.60	0.55～0.60	0.65
海河	0.50～0.65		0.80～0.90
黄河	0.40～0.60	0.60～0.80	0.90
淮河	0.40～0.50	0.60～0.70	0.75
长江	0.45～0.60	0.60～0.65	
珠江	0.50～0.60	0.65～0.70	
东南诸河	0.50～0.65	0.65～0.70	
西南诸河	0.50～0.65	0.60～0.65	
内陆河	0.45～0.70		0.80～0.90

5. 经济灌溉定额

所谓经济灌溉定额是指单位水量的增产量最大的灌溉用水量。在灌溉工程设计或区域水资源供需分析中，灌溉定额和计算灌溉面积的取值大小对供需平衡起着决定性的作用。特别是北方干旱缺水地区，这种影响更大。倘若在水量供需平衡中，不同保证率情况仍按丰产灌溉定额和同样的灌溉面积计算农业用水的话，则缺水程度将很大。

目前比较趋近一致的意见是：在干旱缺水的北方地区，部分农田计算农业用水，要考虑用经济灌溉定额，或节水定额，以此来衡量地区的水资源供需平衡问题。

第三节　生态需水量计算与预测

从广义上讲，所谓生态环境需水量，即是指维持全球生物地理生态系统水分平衡所需要的水量，它包括水热平衡、生物平衡、水沙平衡、水盐平衡的需水量等。本章所述生态环境用水是指为维持生态与环境功能和进行生态环境建设所需要的最小需水量。按照美化生态环境和修复生态环境的要求，可按河道内和河道外两类生态环境需水口径分别进行计算与预测。

河道内生态环境用水一般分为维持河道及通河湖泊湿地基本功能和河口生态环境（包括冲淤保港等）的用水。河道外生态环境用水分为美化城市景观建设和其他生态环境建设用水等。不同的生态环境需水量计算方法不同。

一、植被型生态环境需水

城镇绿化用水、防护林草用水等以植被需水为主体，植被型生态环境需水量，可采用定额计算和预测方法，即根据城镇绿化或植被面积与相应的灌溉定额进行计算，灌溉定额的拟定应根据不同区域的典型植被类型的耗水特征，结合降雨补给土壤的实际量等进行。

采用定额法，即按下式计算：

$$W_G = S_G \cdot q_G \tag{3-28}$$

式中：W_G 为绿地生态需水量，m^3；S_G 为绿地面积，hm^2；q_G 为绿地灌溉定额，$\mathrm{m}^3/\mathrm{hm}^2$。

如果有多种绿化植物，可以仿照农作物灌溉需水量计算的方法详细计算，其原理同第二节，不再赘述。

二、湖泊、湿地、城镇河湖及鱼塘补水

湖泊、湿地、城镇河湖补水以及鱼塘补水等，以规划水面面积的水面蒸发量与降水量之差计算，采用水量平衡法和定额法进行计算。

1. 水量平衡法

$$W_t = \omega(\alpha E_t + S_t - P_t) \tag{3-29}$$

式中：ω 为水面面积；E_t 为第 t 时段水面蒸发量，由水文气象部门蒸发器测得；α 为蒸发器折算系数（可根据附近水文气象部门资料得到）；P_t 为第 t 时段降雨量；S_t 为第 t 时段渗漏量（由调查、实测或经验数据估算）。

2. 定额法

按照现状水面面积和现状城镇河湖补水量估算单位水面的河湖补水量，根据对不同规划水平年河湖面积的预测计算所需水量。也可以采用人均水面面积的现状定额为基础，结合未来城镇人口预测，采用适当的人均水面面积（根据城镇总体规划等）进行预测。

渔业用水也可根据调查补水定额和养殖面积进行估算。如辽河流域调查估算养鱼补水定额为 $500\mathrm{m}^3/$亩。公式为

$$W_{\text{渔}} = \omega m \tag{3-30}$$

式中：ω 为养殖水面面积；m 为鱼塘补水定额。

三、河道内生态环境需水

河道内生态环境需水量计算方法大体上可以分为分项计算和直接计算两类，下面分别介绍。

（一）分项计算

河道内生态环境需水包括河道基流、改善水质需水、通河湖库湿地生态需水、水生生物需水量、河道泥沙输送需水、冲淤保港和防潮压咸需水等。分项计算就是先求出各项的需水量，然后按照一水多用原则综合出河道内生态环境需水量。

1. 河道基流

生态基流指为维持河床基本形态、防止河道断流、保持水体天然自净能力和避免河流水体生物群落遭到无法恢复的破坏而保留在河道中的最小水（流）量。介绍 3 种简单计算方法。

（1）方法一：10 年最小月平均流量法。

计算式为

$$W_E = 365 \times 24 \times 3600 \times \frac{1}{10}\sum_{i=1}^{10} Q_i \tag{3-31}$$

式中：W_E 为河道生态基流，m^3；Q_i 为最近 10 年中第 i 年最小月平均流量，m^3/s。

（2）方法二：典型年最小月流量法。

选择满足河道一定功能、未断流，又未出现较大生态环境问题的某一年作为典型年，

将典型年最小月平均流量或月径流量,作为满足年生态环境需水的平均流量或月径流量。典型年最小月流量法计算公式为

$$W_E = 365 \times 24 \times 3600 \times Q_m \tag{3-32}$$

式中:Q_m 为典型年最小月平均流量,m^3/s。

(3)方法三:Q_{95}法。

指将95%频率下的最小月平均径流量作为河道内生态基流。

不同河流水系,用以上3种方法计算得到的生态基流结果不同,可分别采用上述三种方法计算,用计算结果中的最小值作为河道内生态基流,或经分析比较后确定。

2. 改善水质需水量

水体对污染物质具有一定的稀释、净化能力,它能通过一系列的物理、化学和生物作用,使污染物的浓度逐渐降低,水质恢复到原来的状态。因此,河道必须有一定的环境水量,以维持水体一定量的自净能力。河道环境需水量分析计算公式如下:

$$Q = (W_P - qC_S)/[C_S - C_0 \exp(-kx/u)] \tag{3-33}$$

式中:Q 为改善水质所需的最小流量;W_P 为河流系统必须接纳的最小排污量;C_S、C_0 分别为功能区要求的水质目标和初始断面水质;q 为污水流量;k 为综合降解系数;x、u 分别为河段长和河段平均流速。

3. 通河湖库湿地生态用水

为保护通河湿地生态系统,根据通河湿地的保护目标,制订适宜的湖库生态保护水位,并依此水位分析通河湖库湿地生态用水量和与之相连的河道水位。

通河湖库湿地生态用水为蒸发耗水(考虑降水量)和渗漏水量之和,非通河湖泊湿地用水在其他用水中予以考虑。蒸发量依据湿地面积和水面蒸发深度计算确定。当湿地水位高于湿地外围区域地下水位时,存在侧渗。侧渗水量用地下水动力学中的剖面法计算。有些流域内湿地的侧渗量较蒸发量小得多,可根据湿地的具体情况决定侧渗量是否考虑。

4. 水生生物需水量

水生生物需水量指维持河道内水生生物群落的稳定性和保护生物多样性所需要的水量。为保证河流系统水生生物及其栖息地处于良好状态,河道内需要保持一定的水量;对有国家级保护生物的河段,应充分保证其生长栖息地良好的水生态环境。水生生物需水量可按下式计算:

$$W_C = \sum_{i=1}^{12} \max_j (W_{Cij}) \tag{3-34}$$

式中:W_C 为水生生物年需水量,m^3;W_{Cij} 为第 i 月第 j 种生物需水量,m^3,W_{Cij} 根据具体生物物种生长习性确定。

资料缺乏地区,可按多年平均流量的百分比估算河道内水生生物的需水量,一般河流少水期可取多年平均径流量的10%~20%,多水期可取多年平均径流量的20%~30%,有国家级保护生物的河流(河段)可适当提高百分比。

5. 其他河道内生态用水

冲淤保港和防潮压咸入海水量常可通过放水冲沙实验得到。无条件时用输沙率估算冲淤保港所需的水量,以枯水期平均入海水量确定防潮压咸水量。

河道输沙需水量指保持河道水流泥沙冲淤平衡所需水量，主要与河道上游来水来沙条件、泥沙颗粒组成、河流类型及河道形态等有关。

对北方多沙河流而言，河道泥沙输送主要集中在汛期，汛期水流含沙量高，通常处于饱和输沙状态，因此可根据汛期输送单位泥沙所需的水量来计算输沙需水量。汛期输送单位泥沙所需的水量可近似用汛期多年平均含沙量的倒数来代替。输沙需水量可用下式计算：

$$W_S = S_l \cdot \frac{1}{S_{CW}} \qquad (3-35)$$

式中：W_S 为年输沙需水量，m^3；S_l 为多年平均输沙量，kg；S_{CW} 为多年平均汛期含沙量，kg/m^3。

基岩河床的河流或河床比降较大的山区河流，一般情况下水流处于非饱和输沙状态，可用多年最大月平均含沙量代表水流对泥沙的输送能力，输沙需水量计算式为

$$W_S = S_l \cdot \frac{1}{S_{C,\max}} \qquad (3-36)$$

式中：S_l 为多年平均输沙量，kg；$S_{C,\max}$ 为多年最大月平均含沙量，kg/m^3。

有资料的河段，可根据模型计算水流挟沙力，由水流挟沙力和输沙量计算河道输沙需水量，计算模型可参见河流泥沙有关论著。

6. 河道内综合生态环境需水量

河道内生态环境需水量可以重复利用（蒸发除外），因此取各单项生态环境因素的生态环境需水量中的最大值，在此基础上加上蒸发量作为河道内的综合生态环境需水量。

（二）直接计算法——Tennant 法

除了以上先分项计算，再综合确定维持河道一定功能的需水量外，还可用 Tennant 法直接估算。Tennant 法将全年分为 2 个计算时段，根据河道内生态环境状况与多年平均流量百分比即基流标准的对应关系，直接计算维持河道一定功能的生态环境需水量。Tennant 法中，保护河道内生态环境状况对应的基流标准见表 3-18。

表 3-18　　　　　　　　　　保护河道内生态环境状况对应的基流标准

河道内生态环境状况	10月至次年3月的年平均流量百分比/%	4—9月的年平均流量百分比/%
最大或冲刷	200	200
最佳范围	60～100	60～100
极好	40	60
非常好	30	50
好	20	40
中	10	30
差	10	10
极差	0～10	0～10

根据 Tennant 法，维持河道一定功能年需水量计算式如下：

$$W_R = 24 \times 3600 \times \sum_{i=1}^{12} M_i \cdot Q_i \cdot P_i \qquad (3-37)$$

式中：W_R 为多年平均条件下维持河道一定功能的需水量，m^3；M_i 为第 i 月天数，d；Q_i 为 i 月多年平均流量，m^3/s；P_i 为第 i 月生态环境需水百分比。

Tennant 法将一年分为 2 个计算时段，4—9 月为多水期，10 至次年 3 月为少水期，不同时期流量百分比有所不同。计算时，年内时段可按下法划分：将天然情况下多年平均月径流量从小到大排序，前 6 个月为少水期，后 6 个月为多水期。

用 Tennant 法计算维持河道一定功能的生态环境需水量，关键在于选取合理的流量百分比。不同的河流水系其河道内生态环境功能不同，同一河流的不同河段也有差异，要根据实际情况选取合理的河流生态环境目标来确定流量百分比。

少水期通常选取多年平均流量的 10%～20% 作为河道生态环境需水量，多水期选取多年平均流量的 30%～40%，具体要根据各河流水系的实际情况而定。

第四节　其他用水的计算与预测

一、居民生活与农村牲畜用水

1. 居民生活用水

根据新口径的用水户分类方法（表 2-2），生活需水仅为城镇居民生活用水和农村居民生活用水。居民生活用水计算采用定额法。

$$W_{居} = nm \tag{3-38}$$

式中：$W_{居}$ 为居民生活用水量；m 为人均生活用水定额；n 为用水人数。

居民生活用水定额与各地水源条件、用水设备、生活习惯有关。城镇与农村存在较大区别。表 3-19 为我国不同时期，不同地域居民生活用水定额。

表 3-19　　　　　　　　　居民生活用水定额表　　　　　　　　单位：L/（p·d）

项目	年份	城镇生活				农村生活			
		全国	南方片	北方片	西北片	全国	南方片	北方片	西北片
定额	1980	83	110	61	77	51	60	40	43
	1985	96	124	71	80	55	64	43	45
	1990	108	138	80	88	59	69	47	44
	1995	120	150	91	92	63	74	50	48
	2000	138	170	103	104	67	77	54	48
累计变化	1980—1990	25	28	19	11	8	9	7	1
	1990—2000	30	32	23	16	8	8	7	4
	1980—2000	55	60	42	27	16	17	14	5
	年均	2.5～3.0	2.8～3.2	1.9～2.3	1.1～1.6	0.8	0.8～0.9	0.7	0.1～0.4

城市生活用水和工业用水一样，在一定的范围内，其增长速度是比较有规律的，因而可以用趋势外延和简单相关法推求未来用水量。由于对生活用水采取节水措施，在今后一

定的年数内合理用水要求达到节约指标，会使用水定额有所减小，需水量的预测要考虑这一变化条件。

未来水平年生活用水预测考虑的因素主要是用水人口和用水定额。人口数以计划部门预测数为准；而用水定额（指常住人口的生活用水定额）以现状调查数字为基础，分析定额的历年变化情况，或对用水定额与国民平均收入进行相关分析，考虑不同水平年经济发展和人民生活改善程度，拟定不同水平年的用水定额，按下式进行计算：

$$W_i = P_0(1+\varepsilon)^n \cdot K_i \qquad (3-39)$$

式中：W_i 为某水平年城镇（或农村）生活用水总量，m^3；P_0 为现状人口，人；ε 为城镇（或农村）人口计划增长率，%；n 为起始年份至某一水平年份的时间间隔，年；K_i 为某水平年份拟定的人均用水综合定额，m^3/（人·年）。

实际工作中，可以根据用水定额的差异，分区（或分块）预测。

2. 农村牲畜用水

牲畜按用水量大小划分为大、小牲畜，大牲畜一般指牛、马、驴、骡等，小牲畜指猪、羊等。牲畜用水采用定额法计算：

$$W_{牧} = \sum n_i m_i \qquad (3-40)$$

式中：$W_{牧}$ 为整个牧业用水量；n_i 为第 i 种牲畜或家禽头数或只数；m_i 为第 i 种牲畜或家禽用水定额（调查或实测值）。

牲畜饮用水南北方有差异，根据部分地区牲畜用水定额，推荐牲畜用水定额，见表3-20。

表3-20　　　　　部分地区牲畜用水定额表　　　　　单位：L/（头·d）

分　　类		南方	北方
奶牛		150～170	130～150
牛、马、骡、骆驼	饲养		70
	家养	40	35
猪	饲养	40	30
	家养	20	15
羊		8	6

3. 年内分配

城镇和农村生活需水量年内相对比较均匀，可按年内月平均需水量确定其年内需水过程。对于年内用水量变幅较大的地区，可通过典型调查和用水量分析，确定生活需水月分配系数，进而确定生活需水的年内需水过程。

在求出年总用水量之后，年内分配还可采用自来水供水系统月供水分配系数，在作一些修正后用于不同水平年的生活用水的月水量分配。

$$W_{i,m} = \alpha_m P_0(1+\varepsilon)^n K \qquad (3-41)$$

式中：$W_{i,m}$ 为第 i 水平年内第 m 月城市生活用水量，m^3；α_m 为第 m 月供水量占全年总供水量百分数，$\sum_{m=1}^{12} \alpha_m = 1$；其余符号含义同前。

二、建筑业和第三产业需水

1. 建筑业

建筑业需水预测有单位建筑面积用水量法和建筑业万元增加值用水量法。根据建筑业发展规划成果，结合用水现状分析，预测各规划水平年的净需水定额和水利用系数，进行净需水量和毛需水量的预测。

目前我国还没有统一的建筑业用水定额，只有少数省份或城市制定了建筑业用水管理定额，各地建筑业用水管理定额也相差很大，且各地建筑用水定额大多只是笼统地给出每平方米建筑用水的指标。定额制定方法以典型调查和分析法为主，以建筑技术发展、建筑技术应用、新型建筑技术的节水情况为基础，结合各地建筑用水定额的现状，制定不同规划水平的建筑用水定额。

根据全国水资源综合规划调查，每平方米建筑面积混凝土搅拌消耗用水量约为$0.32\sim0.36m^3$；全国各地区蒸发能力大多在$800\sim1400mm$之间，取其均值，计算得每平方米建筑面积养护需水量约为$0.2m^3$；建筑工人每人每天生活用水量为55升/（人·日）；其他用水占总用水量的比例不超过10％。预估2010水平年，砖混结构用水定额为$1.0\sim1.3m^3/m^2$；框架结构建筑用水定额为$1.4\sim1.8m^3/m^2$，平均采用$1.0\sim1.6m^3/m^2$。2020水平年，砖混结构$0.8\sim1.0m^3/m^2$；框架结构$1.2\sim1.5m^3/m^2$；平均采用$0.9\sim1.3m^3/m^2$。2030水平年，每平方米建筑面积平均用水下降到$1.0m^3/m^2$以下。

2. 第三产业

第三产业包括交通运输业、邮电通讯业、商业饮食业、物资供销和仓储业等流通部门，以及为生产和生活服务的部门，为提高科学文化水平和居民素质服务的部门和为社会公共需要服务的部门。

第三产业用水量包括：①第三产业从业人员生活用水；②第三产业服务场所、服务设施及相关服务设备的清洁用水；③接受第三产业服务的特殊人群在第三产业服务场所的用水。

据调查北京市宾馆饭店行业每个床位平均每天用水量约为832.6L，按从业人员计算为925L/（人·d）；大中专院校按院校职工人均用水量计算（单位从业人员人均日用水量）为1545L/（人·d）；公共建筑人均用水量为66.0L/（人·d），约为北京市城市居民生活用水量的62.9％。

医疗卫生机构按床位数计算，医院床均用水量约为$1.47m^3$/（床·d），北方医院$0.97m^3$/（床·d），南方医院$1.68m^3$/（床·d）；按医院职工数计算，人均用水量为723L/（人·d），北方医院555L/（人·d），南方医院947L/（人·d）。将"床均用水量指标"换算成相对应的医院从业人员单位用水量指标具有较强的可操作性。

第三产业用水主体是城市人口在不同场所的生活用水。因此可以采用单位第三产业从业人员人均用水量指标，作为衡量第三产业用水水平和用水量需求预测指标，表3-21为典型调研城市部分第三产业用水指标现状。

在进行第三产业用水量定额指标预测时，应根据本地区的第三产业总体发展程度与发展状况、第三产业从业人员数量及构成比例、城市居民家庭生活分类用水比例状况，进行适当修正，各地可以通过调查绿化环境用水，用城市综合生活用水减去居民生活用水和绿化环境用水来校正。

表 3－21　　　　　　　典型调研城市部分第三产业用水指标现状　　　　　单位：L／（人·d）

年　份	用 水 量 指 标			
	宾馆饭店	高等院校	科研院所	综合用水
1989	818		257	271
1990		194	189	193
1992			281	281
1993			350	350
1994			294	294
1996	1201	232		325
1997		223		223
1999	442			382
2002				128

建筑业和第三产业用水量年内分配比较均匀，对年内用水量变幅较大的地区，可通过典型调查进行用水量分析，计算需水月分配系数，确定用水量的年内需水过程。

参 考 文 献

[1]　黄永基，马滇珍.区域水资源供需分析方法［M］.南京：河海大学出版社，1990.
[2]　鲁子林.水利计算［M］.南京：河海大学出版社，2003.
[3]　叶秉如.水利计算及水资源规划［M］.北京：中国水利水电出版社，1995.
[4]　钟平安，陈筱云，陈凯.工业需水量综合预测方法［J］.河海大学学报，2001（4）：67－71.
[5]　陈乐湘，钟平安，陆宝宏.旱作物灌溉用水预测公式［J］.水文，2002（6）：29－32.
[6]　武汉水利电力学院.农田水利学［M］.北京：水利电力出版社，1980.
[7]　施成熙，粟宗嵩.农业水文学［M］.北京：农业出版社，1984.
[8]　M.E.Jensen.耗水量与灌溉需水量（中译本）［M］.北京：农业出版社，1982.
[9]　沈振荣，苏人琼.中国农业水危机对策研究［M］.北京：中国农业科技出版社，1998.

第四章 径流（量）调节计算

通过修建水库蓄丰补枯是径流调节的重要形式。水库利用库容蓄水，利用泄水设施控制和调节出流。当来水超过出流时，水库蓄水量增加，库水位上升；反之，当来水小于出流时，水库蓄水量减少，库水位降低。水库的调节性能越高，径流调节的效益越大，本章重点介绍年调节和多年调节水库的径流（量）调节计算方法。

第一节 年调节水库径流调节计算方法

一、径流调节计算基本原理

水库蓄水量变化过程的计算称为径流调节计算。它首先将整个调节周期划分为若干较小的计算时段，然后逐时段进行水量平衡计算，单时段水量平衡公式为

$$V_t - V_{t-1} = (Q_{入,t} - \sum Q_{用,t} - Q_{蒸,t} - Q_{渗,t} - Q_{弃,t}) \Delta T \qquad (4-1)$$

式中：V_t，V_{t-1}分别为第 t 时段末、初水库的蓄水量，m^3；$Q_{入,t}$为第 t 时段内平均入库流量，m^3/s；$\sum Q_{用,t}$为第 t 时段各用水部门的综合用水流量，m^3/s；$Q_{蒸,t}$为第 t 时段蒸发损失，m^3/s；$Q_{渗,t}$为第 t 时段渗漏损失，m^3/s；$Q_{弃,t}$为第 t 时段的无益弃水流量，m^3/s；ΔT 为计算时段长，s。

时段 ΔT 的长短，根据调节周期的长短及入流和需水变化情况而定。对于日调节水库，ΔT 可取小时为单位；年调节水库 ΔT 可加长，一般枯水季按月，洪水期按旬或更短的时段。选择时段过长会使计算所得的调节流量或调节库容产生较大的误差；选择时段越短，计算工作量越大。

二、年调节水库时历法

一般说来，径流调节计算的任务有两类。

1）在已知天然来水过程和用水部门需水过程的情况下，求水库所需兴利库容。

2）在已知来水过程和水库兴利库容的情况下，求水库可提供的调节流量。

本节以年调节水库为例，分别介绍时历法的 3 种基本方法——列表法、简化水量平衡公式法和差积曲线图解法。

在水利计算中一般采用水利年。水利年以水库蓄泄循环过程作为一年的起讫点，通常取水库开始蓄水作为一年的起点，以水库放空作为一年的终点。水利年不一定每年正好12 个月，调节计算时应根据实测流量资料确定。

1. 列表法

列表法调节计算能较严格、较细致地考虑需水和水量损失随时间的变化。它是一种最通用的方法。下面首先介绍不考虑蒸发渗漏等水量损失时的调节计算方法。

【例 4 - 1】 已知某水文年来水与用水部门的需水量过程见表 4 - 1 中第 (2) 栏和第 (3) 栏,采用 3 月至次年 2 月作为水利年进行调节计算,取计算时段 ΔT 为一个月,求该年所需兴利库容。

解: 建立计算表 4 - 1。表 4 - 1 中第 (1) 栏为月份,由于一年内不同月份的天数不同,所以每个计算时段的实际秒数并不相同,在列表法调节计算时可以仔细地考虑这一点。但在实用上,为了简便起见,ΔT 一般采用常数,即取平均值 $\Delta T = 1$ 月 = 30.4d = 2626560s。第 (2) 栏该年的入库流量由水文分析计算给出;第 (3) 栏用水部门需水量一般由第三章的方法分项计算,再按式 (2 - 1)～式 (2 - 3) 综合而得。

当 ΔT 为固定常数时,在水利计算中常用 (流量·时间) 来表示水量,例如: (m^3/s) ·月或 (m^3/s) ·日。$1(m^3/s)$ ·日 = $1m^3/s \times 86400s = 86400m^3$。同理 $1(m^3/s)$ ·月 = $2626560m^3$。采用这种单位可以大大简化调节计算。

表 4 - 1 中的 (4) 栏和 (5) 栏分别表示各月的余水量 (来水量大于用水量) 和亏水量 (来水量小于用水量)。

本例中 9 月份至次年 2 月份为亏水期,6 个月总亏水量 67.8 (m^3/s) ·月,折合 1.78 亿 m^3,也就是说为了保证全年各月 20.0 m^3/s 的用水流量,水库在亏水期需要补充 67.8 (m^3/s) ·月的水量。

本例中 3—8 月为余水期,6 个月总余水量为 194.3 (m^3/s) ·月。余水期多余的水量远远超过亏水期所缺少的水量。所以余水期只需要蓄 67.8 (m^3/s) ·月的水量,即可满足本年用水需要,此数据即为该年所需兴利库容,表示该年必须有 67.8 (m^3/s) ·月大的库容,用以存蓄水量,否则本年亏水期 6 个月就不能正常供水 20 m^3/s。

求得水库调节 (兴利) 库容后,根据水库的运行方式可得出水库各月的蓄水量变化情况 [表 4 - 1 中 (6) 栏] 及水库弃水情况 [表 4 - 1 中 (7) 栏],水库从该年 3 月初库空开始蓄水,到 5 月下旬水库蓄满。由于 5 月下旬及 6、7、8 月来水仍超过用水需要,因此多余的水量被迫放弃,水库保持满库状态。9 月开始进入供水期,为了满足用水要求,水库蓄水量不断下降,一直到次年 2 月底放空,完成一次循环。

表 4 - 1 水库蓄水量系指有效蓄水量未包括死库容 (表 4 - 2、表 4 - 3 中情况相同,下文不再说明)。水库的蓄水量过程与水库运行操作方式密切相关,两种极端运行方式分别为早蓄方案和迟蓄方案 (或晚蓄方案)。所谓早蓄方案,就是水库在余水期,有余水就蓄,兴利库容蓄满后还有多余水量再弃水,早蓄方案一般采用顺时序计算。所谓迟蓄方案 (或晚蓄方案),就是在保证蓄水期末 (供水期初) 水库蓄满的前提下,有多余的水先弃后蓄,迟蓄方案 (或晚蓄方案) 采用逆时序计算较为便利。表 4 - 1 中采用的是早蓄方案。早蓄方案和迟蓄方案或晚蓄方案都是极端的操作方式。介绍这两种方式,主要是为了有助于对径流调节计算的理解,而在水库实际运行时,一般并不按这两种极端方式操作。

水库运行方式不同,水库的蓄水过程和弃水过程不同,但基本的水量平衡关系保持不变。表 4 - 1 中,年来水量 366.5 (m^3/s) ·月,应等于该年用水量与弃水量之和 240 + 126.5 = 366.5 (m^3/s) ·月;该年余水量 194.3 (m^3/s) ·月,应等于亏水量与弃水量之和 67.8 + 126.5 = 194.3 (m^3/s) ·月。这些可作为列表计算的校核。

表 4-1　　　　　　　　　　列表法年调节计算（一回运用）

(1)	(2)	(3)	(4)	(5)	(6)	(7)	(8)
月份	来水流量 /(m³/s)	用水流量 /(m³/s)	余水量 /[(m³/s)·月]	亏水量 /[(m³/s)·月]	水库蓄水量 /[(m³/s)·月]	弃水量 /[(m³/s)·月]	备注
3	31.1	20.0	11.0		0		库空
					11.1		
4	40.4	20.0	20.4				
					31.5		蓄水
5	68.2	20.0	48.2			11.9	
					67.8		
6	85.8	20.0	65.8			65.8	
					67.8		
7	58.2	20.0	38.2			38.2	库满
					67.8		
8	30.6	20.0	10.6			10.6	弃水
					67.8		
9	13.4	20.0		6.6			
					61.2		
10	6.5	20.0		13.5			供水
					47.7		
11	3.2	20.0		16.8			
					30.9		
12	4.4	20.0		15.6			
					15.3		
1	9.2	20.0		10.8			
					4.5		
2	15.5	20.0		4.5			
合计	366.5	240.0	194.3	67.8	0	126.5	库空

本例中一年只有一个余水期和一个亏水期，称为一回运用。由于来水和年内分配不同，一年内可能有若干个余水期和亏水期。

【例 4-2】　已知某年来水与用水部门的需水量过程见表 4-2 中第（2）栏和第（3）栏，取计算时段 ΔT 为一个月，采用 3 月至次年 2 月作为水利年，求该年所需兴利库容。

解：建立计算表 4-2。

表 4-2 中有 2 个余水期、2 个亏水期。该年 6、7 两个月亏水量为 12.8(m³/s)·月。10 月至次年 1 月亏水量为 48.6(m³/s)·月。这种情况确定该年所需库容，主要看两个亏水期中间余水期的余水量。

本例中为保证 6、7 月的用水，需要 6 月初水库蓄水 12.8(m³/s)·月，为保证 10 月至次年 1 月的用水需要 10 月初水库蓄水 48.6(m³/s)·月。如果 6 月初水库蓄满，由于 8、9 月余水能够补充 6、7 月的亏水，则 10 月初水库仍然能够蓄满。所以，该年的兴利库容为 10 月至次年 1 月亏水量，等于 48.6(m³/s)·月。表 4-2 中 9 月末为库满点，即 9 月末水库必须蓄水 48.6(m³/s)·月，否则就不能保证该年 10 月至次年 1 月供水流量 20m³/s。次年 1 月末为库空点，此时兴利蓄水恰好用完，2 月不需水库供水。

表 4-2 中（6）、（7）两栏为确定该年兴利库容后，采用早蓄方案，顺时序计算的水库蓄水过程和弃水过程。（8）、（9）两栏为采用迟蓄（或晚蓄方案），逆时序计算的水库蓄水过程和弃水过程，两种操作方式水库蓄水过程不同，但弃水总量相同。

表 4-2　　　　　　　　　　　　　　　列表法年调节计算（多回运用）

(1) 月份	(2) 来水 /(m³/s)	(3) 用水 /(m³/s)	(4) 余水量 /[(m³/s)·月]	(5) 亏水量 /[(m³/s)·月]	(6) (早蓄方案) 水库蓄水量 /[(m³/s)·月]	(7) 弃水量 /[(m³/s)·月]	(8) (迟蓄或晚蓄方案) 水库蓄水量 /[(m³/s)·月]	(9) 弃水量 /[(m³/s)·月]
3	33.2	20.0	13.2		↓0		0	13.2
					13.2		0	
4	53.8	20.0	33.8					33.8
					47.0		0	
5	71.0	20.0	51.0			49.4		23.7
					48.6		27.3	
6	12.2	20.0		7.8				
					40.8		19.5	
7	15.0	20.0		5.0				
					35.8		14.5	
8	40.0	20.0	20.0			7.2		
					48.6		34.5	
9	34.1	20.0	14.1			14.1		
					48.6		48.6	
10	11.0	20.0		9.0				
					39.6		39.6	
11	8.1	20.0		11.9				
					27.7		27.7	
12	7.8	20.0		12.2				
					15.5		15.5	
1	4.5	20.0		15.5				
					0		0	
2	20.0	20.0	0					
合计	310.7	240.0	132.1	61.4	0	70.7	↑0	70.7

注　箭头标识调节计算方向。

【例 4-3】　已知某年来水与用水部的需水量过程见表 4-3 中第（2）栏和第（3）栏，取计算时段 ΔT 为一个月，采用 3 月至次年 2 为水利年，求该年所需兴利库容。

解：建立计算表 4-3。表 4-3 中有 3 个余水期、3 个亏水期。对于两回以上运用的情形，可以两两计算，将多回运用转化为若干个两回运用。本例中，先研究 9—12 这一段时间，该段时间内 9 月和 11、12 月为亏水期，其中 10 月水量有余，因为 10 月的余水量大于 9 月的亏水量，因而从 9—12 这一段时间，为满足用水，库容只需 26.3(m³/s)·月（等于 11 月与 12 月的亏水量），无需为 9 月增设库容。再研究该年 11 月至次年 2 月的情况，因为次年 1 月的余水量既小于该年 11、12 月的亏水量，又小于次年 2 月的亏水量，这种情况，为满足该年全年供水不小于 20m³/s，库容必须等于该年 11 月至次年 2 月余、亏水量的代数和，即

$$V_{兴}=26.3+10.0-8.5=27.8(\text{m}^3/\text{s})\cdot 月$$

该年 10 月末为满库点，此时水库必须蓄水 27.8(m³/s)·月。2 月末为库空点，此时水库兴利蓄水量正好用完。表 4-3 中（6）、（7）两栏为采用早蓄方案，顺时序计算的蓄水过程和弃水过程。（8）、（9）两栏系采用迟蓄或晚蓄方案，逆时序计算的水库蓄水过程和弃水过程，两种操作方式水库蓄水过程不同，但弃水总量相同。

概括表 4-1 至表 4-3 三张表中的计算情况，我们知道，要正确推求各年所需库容，关键在于确定该年真正的供水期，表 4-1 比较简单，供水期为该年 9 月至次年 2 月。表 4-2 为该年 10 月至次年 1 月，该年 6、7 月虽然亏水，但 8、9 月余水量较大，可一起划

入余水期。表4-3中供水期为该年11月至次年2月，9月虽然亏水，但10月余水量较大也应划入余水期，次年1月虽满足用水有余，但从全年来讲还属于供水期。

表4-3　　　　　　　　　　列表法年调节计算（多回运用）

(1) 月份	(2) 来水 /(m³/s)	(3) 用水 /(m³/s)	(4) 余水量 /[(m³/s)·月]	(5) 亏水量 /[(m³/s)·月]	(6) 早蓄方案 水库蓄水量 /[(m³/s)·月]	(7) 早蓄方案 弃水量 /[(m³/s)·月]	(8) 迟蓄或晚蓄方案 水库蓄水量 /[(m³/s)·月]	(9) 迟蓄或晚蓄方案 弃水量 /[(m³/s)·月]
3	31.2	20.0	11.2		↓0		0	11.2
4	48.0	20.0	28.0		11.2	11.4	0	28.0
5	52.1	20.0	32.1		27.8	32.1	0	32.1
	65.0	20.0	45.0		27.8	45.0		45.0
7	42.0	20.0	22.0		27.8	22.0	7.6	14.4
8	39.0	20.0	19.0		27.8	19.0	26.6	
9	16.0	20.0		4.0	27.8		22.6	
10	25.0	20.0	5.2		23.8	1.2	22.6	
11	6.3	20.0		13.7	27.8		27.8	
12	7.4	20.0		12.6	14.1		14.1	
1	28.5	20.0	8.5		1.5		1.5	
2	10.0	20.0		10.0	10.0		10.0	
合计	370.7	240.0	171.0	40.3	0	130.7	↑0	130.7

某年供水期确定后，该年所需库容等于供水期的累积亏水量，如供水期内有余有亏，则求其代数和。

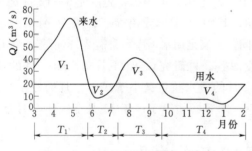

图4-1　多回运用调节计算示意图

两回运用是多回运用列表法调节计算的基础，两个余水期与两个亏水期基本形式可以用图4-1表示。图中T_2，T_4，T_3分别表示第一个亏水期，第二个亏水期和两个亏水期之间的余水期。V_2，V_4，V_3分别表示第一个亏水期亏水量，第二个亏水期亏水量和两个亏水期之间的余水期的余水量。兴利库容的确定如下。

1) 当$V_3 \leqslant \min(V_2, V_4)$时，$V_兴 = V_2 + V_4 - V_3$，$T_供 = T_2 + T_3 + T_4$。

2) 当$V_3 > \min(V_2, V_4)$时，$V_兴 = \max(V_2, V_4) = V_k$，$T_供 = T_k$（$k=2$或4）。其中$T_供$为供水期。

上述用分析余水量和亏水量确定库容的方法，有助于我们理解调节流量与所需库容的关系，但比较麻烦，下面介绍一种较为简单的方法。

另一种确定该年所需库容的方法是：不进行上述分析讨论，从库空点开始根据表4-3中（4）、（5）两栏的数值进行逆时序逐时段作水量平衡计算，就可直接求得所需库容和蓄水过程。表4-2中（8）、（9）栏表示了从次年1月末库空点开始，用水量平衡公式逆时序计算，求得迟蓄方案水库蓄水过程和弃水过程。表4-3中（8）、（9）栏表示了从次年2月末开始，根据（4）、（5）两栏数值逆时序计算，求得迟蓄方案的蓄水过程和弃水过程。两张表中第8栏的最大值就是所求的兴利库容。

图4-2和图4-3为例4-2和例4-3调节计算结果图，图4-2（a）和图4-3（a）系来水和用水过程。分别与表4-2和表4-3中第（2）栏、第（3）栏数字相应，其中蓄水过程只绘出了早蓄方案。图4-2（b）和图4-3（b）系水库蓄水过程，蓄水期分早蓄和迟蓄，在供水期早蓄和迟蓄过程相同。相应数据见表4-2、表4-3中（6）、（8）栏。

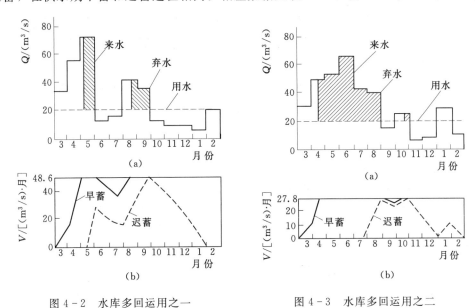

图4-2　水库多回运用之一　　　　图4-3　水库多回运用之二

2. 简化水量平衡公式法

在规划设计中如果各月需水量为常数，或可简化为常数，则无需每年列表逐月计算，只需将每年划分成两个计算时段——蓄水期和供水期，然后进行水量平衡计算，就能求得所需结果。这就是下面所介绍的简化水量平衡公式调节计算方法。

前面已经说明，水库调节库容取决于供水期最大累积亏水量。

即

$$V = Q_{调} T_{供} - W_{供} \tag{4-2}$$

式中：V 为水库兴利库容或调节库容，m^3；$Q_{调}$ 为水库用水流量或调节流量，m^3/s；$W_{供}$ 为供水期水库天然来水量，m^3/s；$T_{供}$ 为供水期历时，s。

当调节流量已知时，利用式（4-2）可确定调节库容 V；反之，当已知调节库容 V 时，也可利用式（4-3）来计算调节流量 $Q_{调}$。

$$Q_{调} = \frac{W_{供} + V}{T_{供}} \tag{4-3}$$

用这种方法进行计算虽很方便，但必须注意两个问题。

1) 所定供水期 $T_{供}$ 必须正确，特别是在多回运用时或已知库容求调节流量时，$T_{供}$ 往往要由试算确定。

2）必须检验蓄水期末水库是否能保证蓄满，即下面不等式应成立：

$$W_蓄 - Q_调 T_蓄 \geq V \tag{4-4}$$

式中：$W_蓄$为蓄水期天然来水总量，m^3；$T_蓄$为蓄水期历时，s。

【例 4-4】 某水库坝址处有 30 年水文资料，表 4-4 所列是其中一年的来水流量过程，如果调节流量 $Q_调 = 20 m^3/s$，试用简化水量平衡公式求该年所需库容。

表 4-4 　　　　　　　　某 年 来 水 过 程 　　　　　　　　单位：m^3/s

月份	3	4	5	6	7	8	9	10	11	12	1	2
流量	31.2	48.0	52.1	65.0	42.0	39.0	16.0	25.2	6.3	7.4	28.5	10.0

解：（1）确定供水期。

由于 $Q_调 = 20 m^3/s$，所以从来水过程显然可以确定 11、12 月属于供水期；9 月来水小于 $20 m^3/s$，但 9、10 月总来水量 $= 16.0 + 25.0 = 41.0 (m^3/s) \cdot$ 月，大于 $2 \times 20 = 40 (m^3/s) \cdot$ 月，9 月不属供水期。

2 月来水小于 $20 m^3/s$，1、2 月总来水量 $28.5 + 10.0 = 38.5 (m^3/s) \cdot$ 月，小于 $40 (m^3/s) \cdot$ 月，2 月应包括在供水期之内。

因此该年供水期应为 11 月至次年 2 月，共 4 个月。

（2）确定所需库容。

$$W_供 = \sum_{11}^{2} Q \Delta t = 6.3 + 7.4 + 28.5 + 10.0 = 52.2 (m^3/s) \cdot 月$$

$$Q_调 T_供 = 20 \times 4 = 80 (m^3/s) \cdot 月$$

$$V = Q_调 T_供 - W_供 = 80 - 52.2 = 27.8 (m^3/s) \cdot 月$$

（3）检验 $W_蓄 - Q_调 T_蓄$ 是否大于 V。

$$W_蓄 = \sum_{3}^{10} Q \Delta t = 318.5 (m^3/s) \cdot 月$$

$$Q_调 T_蓄 = 20 \times 8 = 160 (m^3/s) \cdot 月$$

$$W_蓄 - Q_调 T_蓄 = 318.5 - 160 = 158.5 (m^3/s) \cdot 月 > V$$

实际上本例来水、用水过程与表 4-3 相同，比较两种方法所求库容结果，可以看出两者是完全一致的，但本例计算过程较为简便。

下面介绍已知来水、兴利库容，应用简化水量平衡公式求调节流量的方法。

【例 4-5】 年来水过程同表 4-4，全年均匀供水，已知兴利库容 $V = 40 (m^3/s) \cdot$ 月，试求该年可提供的调节流量。

解：（1）试算调节流量。

1）首先假定供水期为 11、12 月，则由简化公式可得

$$Q_调 = \frac{W_供 + V}{T_供} = \frac{13.7 + 40}{2} = 26.9 m^3/s$$

2）检验假定的供水期是否正确。由于在供水期之外的 9、10 月平均流量只有 $20.6 m^3/s$，1、2 月平均流量只有 $19.3 m^3/s$，显然，如果将兴利库容 $40 (m^3/s) \cdot$ 月全部用于 11、12

月，不能保证全年均匀供水 $26.9\text{m}^3/\text{s}$。于是重新假定供水期为 9 月至 2 月，并求得

$$Q_{调}=\frac{W_{供}+V}{T_{供}}=\frac{93.4+40}{6}=22.2\text{m}^3/\text{s}$$

3）再检验新假定的供水期是否正确。由于求得的 $Q_{调}$ 大于 9、10 月平均流量 $20.6\text{m}^3/\text{s}$ 和 1、2 月平均流量 $19.3\text{m}^3/\text{s}$，供水期之外的各月份来水量大于 $22.2\text{m}^3/\text{s}$，说明这次假定的供水期和所求得的调节流量是正确的。

（2）检验蓄水期能否蓄满。

$$W_{蓄}-Q_{调}\ T_{蓄}=277.3-22.2\times6=144.1(\text{m}^3/\text{s})\cdot 月 > V$$

从上面计算可以看出，对于已知来水和库容求调节流量的问题，用列表法或简化水量平衡公式法都需进行判别或试算，求解相当麻烦。而用图解法求解，在绘出差积曲线后，不管是已知调节流量求所需兴利库容，还是已知兴利库容求可提供的调节流量，均较为方便。现将图解法介绍如下。

3. 差积曲线图解法

天然泾流和需水的时历变化过程，除了直接以流量逐时段变化 $Q\text{-}t$ 来表示，还可以用某一时刻起到各时刻的累积水量变化曲线 $W\text{-}t$ 来表示。它是流量过程线 $Q\text{-}t$ 的积分曲线，即

$$W(t)=\int_0^t \mathrm{d}W=\int_0^t Q(t)\mathrm{d}t=\sum_0^t Q(t)\Delta t \qquad (4-5)$$

式（4-5）表示的累积曲线是以流量直接累积而成，我们称为常累积曲线，常累积曲线的纵坐标表示从计算开始时刻到其后某一给定时刻，这一段时间内流过的水量之和。常累积曲线可想象为一个仅有入流而无出流的水库蓄水量逐渐增长的过程。

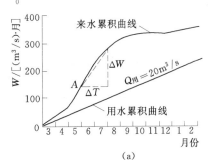

为作图及计算方便起见，流量累积曲线的纵坐标累积水量单位常用（m^3/s）·月或（m^3/s）·日来表示。例如在进行年或多年调节计算时，一般计算时段可取一个月，这时纵坐标单位采用（m^3/s）·月。这种表示方法好处在于，流量累积曲线各时刻的纵坐标就等于各时段平均流量的累积值。

现在让我们通过一个具体例子，来看看累积曲线是怎样绘制的。表 4-5 中来水、用水与表 4-1 数值相同，只是采用单位不一样。表 4-5 中（3）栏、（5）栏分别为（2）栏、（4）栏的累积值，由该表（3）栏、（5）栏绘出的累积曲线见图 4-4（a）。

由于常累积曲线随时间不断上升，因此在绘制较长期的多年泾流累积曲线图时，图幅往往很大，若要减小图幅，势必缩小比例尺，则又会降低精度。

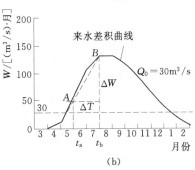

图 4-4　累积曲线

（a）常累积曲线；（b）差积曲线

由于受有效数字或值域限制，常累积曲线也不便于计算机计算，为了避免这个缺陷，可利用差累积曲线（简称差积曲线）。

差累积曲线的做法是：先将每个时段流量减去一常数流量值（用 Q_0 表示），然后求各时段差量 $Q-Q_0$ 的累积值，即得差累积曲线的纵坐标值。即

$$W(t) = \int_0^t [Q(t) - Q_0] \mathrm{d}t = \sum_0^t [Q(t) - Q_0] \Delta t \tag{4-6}$$

Q_0 的选择原则上是任意的，为计算简便起见，Q_0 通常采用接近于平均流量的某一整数值。

表 4-5 中（6）栏根据（2）栏数据和 $Q_0 = 30\mathrm{m}^3/\mathrm{s}$ 计算而得，（7）栏的累积值由（6）栏计算。（7）栏中的数据就是差积曲线的纵坐标数据，依据（7）栏数据绘出的差积曲线见图 4-4（b）。

表 4-5   累 积 曲 线 计 算 表

（1）	（2）	（3）	（4）	（5）	（6）	（7）
月份	来水量 /[(m³/s)·月]	累积来水量 /[(m³/s)·月]	用水量 /[(m³/s)·月]	累积用水量 /[(m³/s)·月]	$(Q_{来}-Q_0)\Delta t$ /[(m³/s)·月]	$\sum(Q_{来}-Q_0)\Delta t$ /[(m³/s)·月]
3	31.1	↓0	20	↓0	1.1	0
4	40.4	31.1	20	20	10.4	1.1
5	68.2	71.5	20	40	38.2	11.5
6	85.8	139.7	20	60	55.8	49.7
7	58.2	225.5	20	80	28.2	105.5
8	30.6	283.7	20	100	0.6	133.7
9	13.4	314.3	20	120	−16.6	134.3
10	6.5	327.7	20	140	−23.5	117.7
11	3.2	334.2	20	160	−26.8	94.2
12	4.4	337.4	20	180	−25.6	67.4
1	9.2	341.8	20	200	−20.8	41.8
2	15.5	351.0	20	220	14.5	21
合计	366.5	366.5	240	240	6.5	6.5

注　表中 $Q_0 = 30\mathrm{m}^3/\mathrm{s}$。

差积曲线比常累积曲线使用更为广泛，特别在利用计算机编程时处理更为灵活，下面重点讨论差积曲线及其应用。

差积曲线具有以下性质。

1）差积曲线有升有降，$Q(t) \geqslant Q_0$，曲线上升，当 $Q(t) < Q_0$，曲线下降。

2）差积曲线上任意两点的纵坐标的差，等于该两点之间流过的水量与 Q_0 在同期内流过的水量之差。在图 4-4（b）中任取 A、B 两点，根据式（4-6）有

$$W(t_a) = \sum_0^{t_a} [Q(t) - Q_0] \cdot \Delta t$$

$$W(t_b) = \sum_0^{t_b} [Q(t) - Q_0] \cdot \Delta t$$

$$\Delta W = W(t_b) - W(t_a) = \sum_{t_a}^{t_b} [Q(t) - Q_0] \cdot \Delta t = \sum_{t_a}^{t_b} [Q(t)] \cdot \Delta t - \sum_{t_a}^{t_b} Q_0 \cdot \Delta t$$

3) 差积曲线上任意两点连线的斜率，为该两点之间的平均流量与 Q_0 的差。

$$k_{AB} = \frac{\Delta W}{\Delta T} = \frac{W(t_b) - W(t_a)}{t_b - t_a} = \frac{\sum_{t_a}^{t_b} [Q(t)] \cdot \Delta t}{t_b - t_a} - \frac{\sum_{t_a}^{t_b} Q_0 \cdot \Delta t}{t_b - t_a} = \overline{Q}_{ab} - Q_0$$

式中：$\overline{Q}_{ab}$ 为 $[t_a, t_b]$ 时段内的平均流量；k_{AB} 为 A、B 连线的斜率。

4) 差积曲线的性质2)、3) 在差积曲线平移过程中保持不变。

利用差积曲线进行水库调节计算十分方便。现仍以表4-5中所列之来水及用水为例，予以说明。用差积曲线求调节库容的步骤如下。

1) 作来水的差积曲线（图4-5）。

2) 作用水（需水）差积曲线（图4-5）。

3) 平移用水差积曲线与来水差积曲线外切于 M。

4) 平移用水差积曲线与来水差积曲线在 M 点的右下方切于 N，两条平行线的垂线截距即为兴利库容（图4-5中 MP）。

图4-5中 MP 为什么是所求兴利库容呢？现补充说明如下。

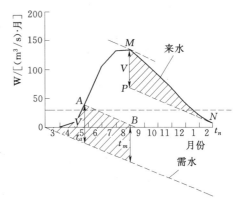

图4-5 差积曲线求库容

根据差积曲线性质，差积曲线上任意两点连线的斜率，与该两点之间的平均流量成正比。M 点以左来水差积曲线的斜率大于需水差积曲线的斜率，表示 M 点以左来水流量大于需水流量，属于余水期；而 M 点以右来水差积曲线之斜率小于需水差积曲线之斜率，表示来水小于需水，因而属亏水期，M 点为余水期与亏水期的界点，为供水期初。

N 点以左来水差积曲线的斜率小于需水差积曲线的斜率，表示 N 点以左来水流量小于需水流量，属于亏水期；而 N 点以右来水差积曲线之斜率大于需水差积曲线之斜率，表示来水大于需水，属余水期。N 点为亏水期与余水期的界点，为供水期末。

综上，$[t_m, t_n]$ 为供水期。所以：

$$|MP| = \sum_{t_m}^{t_n} [q(t) - Q(t)] \cdot \Delta t$$

$|MP|$ 为供水期的累积亏水量，即为所需兴利库容 V；$q(t)$ 为用水流量过程。

如果水库在蓄水期的操作方式与前面列表法相同，采用早蓄方案，那么至图4-5中 t_a 时刻，来水差积曲线与需水差积曲线之间纵坐标差值刚好等于调节库容 V 时，表示水库已蓄满，t_a 到 t_m 期间水库一直保持蓄满状态。图4-5中阴影部分表示水库各时刻的蓄水量，AB 线以上与来水差积曲线之间的纵坐标差值表示弃水量累积过程，这一年总弃水量为 MB。

这里必须再强调一下，调节库容取决于左上切点与右下切点两平行线之间的纵坐标差值，而决非左下切点与其后续之右上切点（图 4-5 中的 0 点与 M 点），这两点之间并非亏水期而是余水期，所以这两点两平行切线之间纵坐标差值为余水期总余水量，而不是所需兴利库容。

【例 4-6】 利用表 4-5 中数据，采用差积曲线法求兴利库容。

解：（1）作来水差积曲线。

表 4-5 中第（6）与第（7）栏为来水差积曲线计算结果，利用表 4-5 中第（7）栏数据制作来水差积曲线（图 4-5）。

（2）作需水差积曲线。

图 4-5 中需水差累积曲线，系根据表 4-5 中第（4）栏数据绘制。其中 Q_0 采用 $30\text{m}^3/\text{s}$，由于该年需水量为 $20\text{m}^3/\text{s}$，小于 Q_0，故需水差累积曲线之斜率为负。

（3）平移需水差积曲线。

先平行移动需水累积曲线求其与来水累积曲线的切点 M，然后再在 M 的右下方求切点 N。

（4）求兴利库容。

图 4-5 中 M 点及 N 点的纵坐标值分别为 $134.3(\text{m}^3/\text{s})$ · 月和 $6.5(\text{m}^3/\text{s})$ · 月 [表 4-5 中（7）栏]，9 月至 2 月的平均流量必然为 $\left(\dfrac{6.5-134.3}{6}\right)+30=8.7\text{m}^3/\text{s}$。又已知 N 点纵坐标值等于 $6.5(\text{m}^3/\text{s})$ · 月，9 月至 2 月的调节流量为 $20\text{m}^3/\text{s}$，则 P 点的纵坐标必定为 $6.5-(20-30)\times 6=66.5(\text{m}^3/\text{s})$ · 月，库容必定为

$$V=MP=134.3-66.5=67.8(\text{m}^3/\text{s}) \text{ · 月}$$

差积曲线法对于多回运用调节计算特别方便，该法不必去考虑水库是几回运用，以及余、亏水量的大小与排列次序等。一律用相同的方法去寻找最高切点及其后续的右下切点。

【例 4-7】 利用表 4-2 中数据，采用差积曲线法求兴利库容。

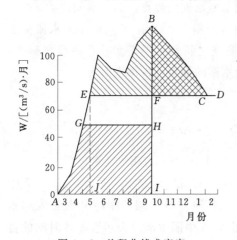

图 4-6 差积曲线求库容

解：1）取 $Q_0=20\text{m}^3/\text{s}$，根据表 4-2 中（2）栏的来水数据绘制来水差积曲线见图 4-6 中 AE-BCD。

2）因为 $Q_{调}=Q_0=20\text{m}^3/\text{s}$，所以需水差积曲线为水平线（图 4-6 中 CE）。

3）求该年所需调节库容。由于需水差积曲线 CE 为水平线，显然上图最大纵坐标差值 BF 即为该年所需调节库容：

$$V=BF=48.6(\text{m}^3/\text{s}) \text{ · 月}$$

E 点纵坐标高度 EJ 为累积弃水量；如果取 $HI=BF$，则 BH 为早蓄方案的累积弃水量。

【例 4-8】 利用表 4-3 中数据，采用差积曲线法求兴利库容。

解：1）取 $Q_0=30\text{m}^3/\text{s}$，根据表 4-3 中（2）栏的来水数据绘制来水差积曲线见图 4-

7 中 $AEBCD$。

2）因 $Q_{调}=20\mathrm{m^3/s}$，小于 Q_0，所以需水差积曲线斜率为负（图 $4-7$ 中 DE）。

3）平移需水差积曲线与来水差积曲线相切于 C，平移需水差积曲线在 C 右下与来水差积曲线相切于 D，两平行线最大纵坐标值 CF 为该年所需库容：

$$V=27.8(\mathrm{m^3/s})\cdot 月$$

需水差积曲线 DE 在 E 点与差积曲线相交，$EBCD$ 阴影为迟蓄方案的水库蓄水过程。

将［例 $4-7$］、［例 $4-8$］的解题过程与列表法相比，图解法在处理多回运用时比列表法要简单得多。其中例 $4-7$ 比例 $4-8$ 更为简洁，原因是在例 $4-7$ 中 $Q_0=Q_{调}$，需水差积曲线为水平线，M 点为来水差积曲线的

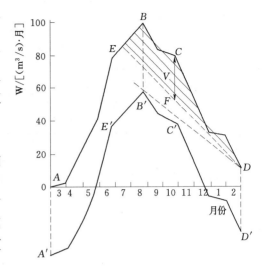

图 $4-7$　差积曲线求库容

最高点，N 点为来水差积曲线上 M 点右下的最低点，兴利库容为 M 点与 N 点的纵坐标之差。而例 $4-8$ 中 $Q_0\neq Q_{调}$，需水差积曲线为斜线，求两条平行线的最大纵截距比较困难。

特别提示，在已知来水过程 $Q(t)$ 与用水（可以是变动用水）过程 $q(t)$，采用差积曲线法求兴利库容时，可以拓展常流量 Q_0 的含义，可将式（$4-6$）定义为

$$W(t)=\int_0^t\left[Q(t)-q(t)\right]\mathrm{d}t=\sum_0^t\left[Q(t)-q(t)\right]\Delta t \qquad (4-7)$$

利用式（$4-7$）制作差积曲线形式如图 $4-6$，计算应该是最简便的，尤其适合于编写计算机程序。

对于另一类问题，即已知兴利库容，用差积曲线法求可提供的调节流量也很方便，其步骤如下。

1）作来水差积曲线（Q_0 取接近多年平均流量的整数）。

2）将来水差积曲线向上或向下平移 V。

3）作两条差积曲线的公切线（先切下线后切上线）；左切点为 M，右切点为 N。当有多条时选择斜率最小的（图 $4-8$）。

4）求公切线 MN 的斜率 k_{mn}，所求调节流量为

$$Q_{调}=k_{mn}+Q_0 \qquad (4-8)$$

证明：如图 $4-8$，$|M_1M_2|$ 为 M_1 与 N 两点的纵坐标差，根据差积曲线性质，有

$$|M_1M_2|=\sum_{t_m}^{t_n}\left[Q_0-Q(t)\right]\cdot\Delta t=Q_0\cdot(t_N-t_M)-\sum_{t_m}^{t_n}\left[Q(t)\right]\Delta t$$

$|MM_2|$ 为 M 与 N 两点的纵坐标差，根据差积曲线性质，有

$$|MM_2|=|M_1M_2|-V$$

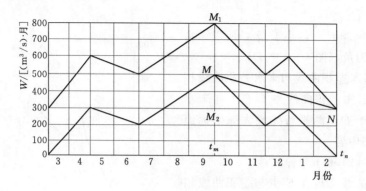

图 4 - 8 差积曲线求调节流量

$$k_{MN} = -\frac{|MM_2|}{t_n - t_m}$$

$$= -Q_0 + \frac{V + \sum\limits_{t_m}^{t_n}[Q(t)]\Delta t}{t_n - t_m}$$

$$= -Q_0 + \frac{V + W_{供}}{T_{供}}$$

$$= -Q_0 + Q_{调}$$

所以，
$$Q_{调} = k_{MN} + Q_0$$

【例 4 - 9】 已知 $V = 40(\text{m}^3/\text{s})$ ·月，求图 4 - 7 中该年最大均匀调节流量。

解： 1）将来水差积曲线 $AEBCD$ 向下平移 $V = 40(\text{m}^3/\text{s})$ ·月，得差积曲线的平行线 $A'E'B'C'D'$，图 4 - 7 中 $AA' = BB' = DD' = 40(\text{m}^3/\text{s})$ ·月。

2）作两平行曲线的公切线 $B'D$，$B'D$ 之间横坐标差值就是供水期。

3）求调节流量：

$$Q_{调} = k_{B'D} + 30 = 22(\text{m}^3/\text{s})$$

初学者必须特别注意做公切线时应先切下线后切上线，否则，得到的是蓄水期的一条公切线，计算结果只是相应蓄水期的平均调节流量，并非该年各月能达到的调节流量。因为供水期不可能达到这样的数值。

显然，用图解法求解既无需判别，也不必试算，调节计算过程要比前述列表法和水量平衡公式法简便得多。图解法的缺点是：作图比较费时；精度相对较差，且与图幅比尺有关。以上不足可以利用差积曲线原理，通过计算机程序克服。

利用计算机求兴利库容，只需进行简单的数组运算即可完成，计算流程如下。

1）计算来水的差积曲线 $W(i) = \sum\limits_{t=0}^{i}[Q(t) - q(t)]$，$i = 1, 2, \cdots, 12$。

2）求 $W(i)$ 的最大值 $W(t_m) = \max[W(i), i = 1, 2, \cdots, 12]$，$t_m$ 为供水期初。

3）在 M 点右侧求 $W(i)$ 的最小值，$W(t_n) = \min[W(i), i = t_m, t_m + 1, t_m + 2, \cdots, 12]$，$t_n$ 为供水期末。

4）整理计算结果：

a. 兴利库容值：$V = W(t_m) - W(t_n)$

b. 弃水量：$Q_弃 = W(t_m) - V = W(t_n)$

c. 供水期时段数：$T_供 = t_n - t_m$

d. 水库蓄水量（晚蓄方案）过程：$V(i) = \max[W(i) - W(t_n), 0]$，$i = 0, 1, \cdots, t_n$

e. 弃水流量过程（晚蓄方案）：

$$Q_弃(i) = \min[W(i), W(t_n)] - \min[W(i-1), W(t_n)], i = 0, 1, \cdots, t_m$$

差积曲线求调节流量计算机实现相对复杂些，程序编制的关键为如何正确找到左右切点 M、N。图 4-9 中，如果 MN 为两条差积曲线的公切线，则 MN 的基本特征是：MN 在 M 点与 N 点之间，既不与满库线（下线）相交，也不与空库线（上线）相交。用数字特征表达：若 MN 为公切线，则以下表达式成立：

$$W(i) \leqslant MN(i) \leqslant W(i) + V, \quad i \in (t_m, t_n)$$

式中：$MN(i)$ 为直线 MN 在 i 时刻的坐标值，t_m，t_n 为 M、N 点对应的时间。

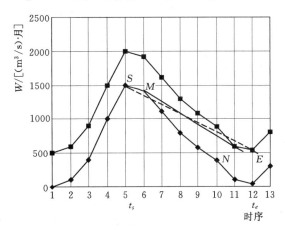

图 4-9 差积曲线求调节流量

图 4-9 中 S 为满库线上的最高点，E 为空库线上的右最低点，很显然，S 点是 M（左切点）的左极限点，M 点不可能出现在 S 点左边，同样，E 点是 N（右切点）的右极限点，N 点不可能出现在 E 点的右边。综上分析，得差积曲线求调节流量程序流程如下。

1）作差积曲线 $W(i) = \sum_{t=0}^{i} [Q(t) - Q_0]$，$i = 1, 2, \cdots, 12$。

2）求 $W(i)$ 的最大值 $W(t_s) = \max[W(i), i = 1, 2, \cdots, 12]$。

3）在 S 点右侧求 $W(i)$ 的最小值 $W(t_e) = \min[W(i), i = t_s, \cdots, 12]$。

4）判断 S、E 是否为公切线的左右切点：

a. 作 SE 的直线方程

$$\overline{SE}(t) = W(t_s) + \frac{W(t_e) + V - W(t_s)}{t_e - t_s} \times (t - t_s) \quad t = t_s, t_s + 1, \cdots, t_e$$

b. 如果 $W(i) < \overline{SE}(i) < W(i) + V$，$i \in (t_s, t_e)$，转 5），否则转 c。

c. 若 $\overline{SE}(i) < W(i)$ 则令 $t_s = i$；若 $\overline{SE}(i) > W(i) + V$，则令 $t_e = i$。转 a。

5）计算调节流量：$Q_调 = Q_0 + \dfrac{W(t_e) + V - W(t_s)}{t_e - t_s}$

第二节　年调节水库水量损失计算

前面介绍的各种方法，都没有考虑到水库的水量损失。实际上，水库建成后，坝上形成很大水体，水库的水面积远远大于原来的河面。一部分原来是陆面蒸发的地方变成了水面蒸发，因而要考虑水库建成后所增加的水量蒸发损失。另外水库蓄水量经过坝、建筑物和地基还有各种渗漏损失。在兴利库容确定的情况下，蒸发、渗漏损失常使调节流量减少，若保持调节流量不变，则所需兴利库容将大增。考虑水量损失的水库水量平衡公式为

$$Q_入 - \sum Q_用 - Q_蒸 - Q_渗 - Q_弃 = \frac{V_2 - V_1}{\Delta T} \tag{4-9}$$

式中：$Q_入$ 为 ΔT 时段内平均入库流量，m^3/s；$\sum Q_用$ 为 ΔT 时段内各兴利部门的综合用水流量，m^3/s；$Q_蒸$ 为 ΔT 时段内蒸发损失流量，m^3/s；$Q_渗$ 为 ΔT 时段内渗漏损失流量，m^3/s；$Q_弃$ 为 ΔT 时段内水库的弃水流量，m^3/s；V_2、V_1 分别为 ΔT 时段末初水库蓄水量，$(m^3/s) \cdot \Delta T$。

水库蒸发、渗漏损失水量与水面面积、水压力（水深）等有关，随水库水位而变化，一般是水库蓄水量的函数。因此式（4-9）为一个隐式方程，一般需通过多次试算才能求解。即先假定一个时段末水库蓄水量，计算时段平均蓄水量及相应的水位，再用式（4-9）进行水量平衡计算，求出水库时段末的水库蓄水量后，与假定值比较看是否相符，若不符，则应重新假定时段末水库蓄水量重复试算，直至相符为止。

1. 蒸发损失的计算

水库的蒸发损失是指水库修建前后由陆面面积变成水面而增加的蒸发损失：

$$Q_蒸 = 1000 \times (E_水 - E_陆) F_V / \Delta T \tag{4-10}$$

式中：F_V 为建库增加的水面面积，km^2；$E_水$ 为 ΔT 时段内的水面蒸发量，mm，该值可根据 ΔT 时段水面蒸发皿实测水面蒸发量 $E_皿$（mm）确定。

$$E_水 = \eta E_皿 \tag{4-11}$$

式中：η 为蒸发皿折算系数，以 E601 型蒸发皿为准，其他蒸发皿折算系数一般为0.65~0.8。

$E_陆$ 为 ΔT 时段陆面蒸发量，可由下式确定：

$$E_陆 = P_0 - R_0 \tag{4-12}$$

式中：P_0 为闭合流域多年平均降雨量，mm；R_0 为闭合流域多年平均径流深。

2. 渗漏损失计算

水库渗漏损失包括坝基渗漏，闸门止水不严，库底渗漏等，详细的渗漏损失计算可利用渗漏理论的达西公式估算。本节介绍经验估算方法。

（1）损失率法。

$$Q_渗 = \alpha V \tag{4-13}$$

式中：α 为渗漏损失系数，据水文地质条件其取值0~3%；V 为 ΔT 时段水库平均蓄水量。

（2）渗漏强度法。

$$Q_渗 = \alpha h F \tag{4-14}$$

式中：α 为单位换算系数。h 为渗漏强度，据水文地质条件取值0~3mm/日；F 为 ΔT 时段内的平均水面面积，km^2。

3. 水库水量损失试算法

考虑水量损失径流调节计算，由于水量损失都与水库的蓄水量有关，一般需要通过逐

时段试算求解。考虑各种水量损失，是为了酌量增大水库兴利库容或减小调节流量，以抵偿此部分耗水，保证正常供水。所以考虑水量损失重点是供水期，逐时段试算应逆时序进行。求解步骤如下。

1）已知时段末的水库蓄水量 V_t，供水期末 $V_t = V_死$。

2）假设时段初蓄量 $V_{t-1} = V_t + W_{亏,t}$，其中 $W_{亏,t}$ 为不考虑损失的本时段亏水量。

3）计算时段平均蓄量 $V = \dfrac{V_{t-1} + V_t}{2}$。

4）按式（4-10）、式（4-13）计算时段蒸发、渗漏损失 $Q_损 = Q_蒸 + Q_渗$。

5）重新计算时段初水库蓄水量 $V' = V_{t-1} + Q_损$。

6）如果 $|V' - V_{t-1}| < \varepsilon$，转7）；否则，$V_{t-1} = V'$，转3）。

7）如果所有时段计算完毕，则输出计算结果；否则，$t = t-1$，转2）。

以上流程很适合编制计算机程序。

【例 4-10】 以表 4-1 中数据为例，考虑水量损失进行调节计算见表 4-6。其中水库各月蒸发损失强度已知［表 4-6 中（6）栏］，每月渗漏损失水量为水库月平均蓄水量的 2%，$V_死 = 32(\text{m}^3/\text{s}) \cdot 月$。

表 4-6　　　　　　　　　　　　　　水库水量损失计算（试算法）

（1）	（2）	（3）	（4）	（5）	（6）	（7）	（8）	（9）	（10）			（11）
月份	来水 /(m³/s)	用水 /(m³/s)	余水量 /[(m³/s)·月]	亏水量 /[(m³/s)·月]	蒸发损失强度 /mm	水库蓄水量 /[(m³/s)·月]	水库月平均蓄水量 /[(m³/s)·月]	水库月平均水面面积 /km²	水量损失/[(m³/s)·月]			弃水量 /[(m³/s)·月]
									蒸发	渗漏	共计	
3	31.1	20.0	11.1		49	32.00	37.10	9.1	0.17	0.74	0.91	
4	40.4	20.0	20.4		85	42.19	51.68	12.4	0.40	1.03	1.43	
5	68.2	20.0	48.2		131	61.16	83.86	22.7	1.13	1.68	2.81	
6	85.8	20.0	65.8		140	106.55	108.56	32.2	1.72	2.17	3.89	57.88
7	58.2	20.0	38.2		148	110.58	110.58	33.0	1.86	2.21	4.07	34.13
8	30.6	20.0	10.6		150	110.58	110.58	33.0	1.88	2.21	4.09	6.51
9	13.4	20.0		6.6	105	110.58	105.60	31.0	1.24	2.11	3.35	
10	6.5	20.0		13.5	71	100.63	92.60	25.8	0.70	1.85	2.55	
11	3.2	20.0		16.8	38	84.58	75.29	19.5	0.28	1.50	1.78	
12	4.4	20.0		15.6	32	66.00	57.54	14.0	0.17	1.15	1.32	
1	9.2	20.0		10.8	36	49.08	43.19	10.0	0.12	0.86	0.98	
2	15.5	20.0		4.5	34	37.30	34.65	8.5	0.119	0.69	0.80	
合计	366.5	240.0	67.8			32.00			9.78	18.20	27.8	98.52
	126.5		126.5								126.5	

表 4-6 中（1）栏至（5）栏的内容与表 4-1 相同，表 4-6 系用试算法进行水量平

衡计算表，其步骤如下。

1）从 2 月末库空开始，即从死库容 32.00[(m³/s)·月] 开始，逆时序进行水量平衡计算。表 4-6 中 7 栏的最初及最后一行均为死库容。

2）先假定 2 月初水库蓄水量为 37.30(m³/s)·月，填在表 4-6 中（7）栏倒数第二行中。

3）求得月平均蓄水量为 34.65(m³/s)·月及相应水库面积为 8.5km²（该值通过查水位面积关系曲线获得，本例中省略了水库水位面积关系曲线），分别填在表中（8）、（9）栏相应位置。

4）蒸发损失等于该月蒸发损失强度乘以该月水库平均面积，再除以 1 个月的秒数，得蒸发损失流量，即：$Q_{蒸}=\dfrac{0.034\times8.5\times10^{6}}{86400\times30.4}=0.11\text{m}^3/\text{s}$ 将得数填在表中（10）栏的相应位置。

5）水库渗漏损失可根据库内地质情况取月平均水库蓄水量的 2%，即 $Q_{渗}=0.02\times34.65=0.69\text{m}^3/\text{s}$，填在表中（10）栏相应位置。

6）计算本时段水量平衡，时段初（即 2 月初）水库蓄水量由下面水量平衡方程式计算得

$$V_{初}=V_{末}-(Q_{来}-Q_{用})\Delta T+\sum Q_{损}\ \Delta T$$
$$=32.00+4.5+0.11+0.69=37.30(\text{m}^3/\text{s})\cdot月$$

它与原来假定值相符，本时段试算结束，转入上一时段（即 1 月）水量平衡计算。若计算结果与假定值不符，则应重新假定时段初水库蓄水量再按以上步骤重算。

7）依次类推，一直计算到供水期开始时刻 9 月初水库蓄水量为 110.58(m³/s)·月，此即为所求之考虑水量损失的水库库容。

8）求得库容后，再从蓄水期开始时刻（本例为 3 月初），由死库容开始顺时序用同样方法进行逐时段水量平衡计算，到 6 月末水库蓄满，并有弃水。6 月末至 9 月初水库保持库满。

根据表 4-6 计算结果，可以得出以下结论。

1）供水期水量损失影响兴利库容。表 4-6 中，考虑到水量损失后，所需之兴利库容（即调节库容）为 110.59-32.00=78.58(m³/s)·月，比不计损失时库容 67.8(m³/s)·月（表 4-1）增大 10.78(m³/s)·月。增大的库容值等于供水期的 9 月到次年 2 月的损失水量。

2）蓄水期的水量损失值对兴利库容不起影响，只减少水库的无益弃水。

3）全年损失的总水量等于减少的弃水量。在不计损失时总弃水量为 126.5(m³/s)·月（表 4-1），而考虑损失后的总弃水量为 98.52(m³/s)·月，减少的弃水量正好等于该年所损失的水量 27.98(m³/s)·月。

4. 水库水量损失简化算法

有些水库由于水量损失本身所占比重不大，或即使比重较大有时只要粗略地估计，在这种情况下，一般不需采用详细的试算，而可用一些较简单的方法估计水量损失。水库水量损失简化算法，先按不计损失进行调节计算求得各月水库平均蓄水量，并按此平均蓄水量来计算损失，然后从各月天然来水中扣去此损失水量或将此损失水量加入到需水量中，再进行一次调节计算。

简化算法求解步骤如下。

1）不计损失计算水库蓄水量过程 V_t^0　$t=1，2，\cdots，T$，V_t^0 中包含死库容。

2）逐时段计算时段平均蓄量 $\overline{V}_t=\dfrac{V_{t-1}^0+V_t^0}{2}$。

3）按式（4-10）、式（4-13）计算蒸发、渗漏损失过程 $Q_{损，t}=Q_{蒸，t}+Q_{渗，t}$。

4）重新计算水库蓄水量过程 V_t，按式（4-9）水量平衡计算。

5）如果 $|V_t-V_t^0|\leqslant\varepsilon$，$\forall t$，则输出计算结果，否则 $V_t^0=V_t$，$\forall t$，转2）。

简化算法不仅可用于列表法，而且与图解法配合可编制出通用的考虑水量损失的径流调节计算机程序。

【例4-11】 以表4-6中数据为例，各月蒸发损失强度已知，每月渗漏损失水量为水库月平均蓄水量的2%，用简化法求考虑损失所需增加的兴利库容。

解：1）先按不考虑损失进行调节计算，求得各月末水库蓄水量，列于表4-7中的（6）栏，该栏与表4-1中（6）栏不同之处，仅在于这里已加上死库容32.0(m³/s)·月。

2）求每月水库平均蓄水量和相应平均水库水面面积，并分别记入表4-7中的（7）栏和（8）栏。

3）根据表4-7中（7）栏和（8）栏数值，求蒸发、渗漏损失量，分别记入表中（10）栏和（11）栏。

4）考虑水量损失进行调节计算，求水库蓄水过程和弃水过程，分别记入表中（12）栏和（13）栏。

表4-7　　　　　　　　　水库水量损失计算（简化法）

（1）	（2）	（3）	（4）	（5）	（6）	（7）	（8）	（9）	（10）	（11）	（12）	（13）
月份	来水 /(m³/s)	用水 /(m³/s)	余水量 /[(m³/s)·月]	亏水量 /[(m³/s)·月]	水库蓄水量 /[(m³/s)·月]	月平均蓄量 /[(m³/s)·月]	水库水面面积 /km²	蒸发损失强度 /mm	蒸发损失 /[(m³/s)·月]	渗漏损失 /[(m³/s)·月]	水库蓄水量 /[(m³/s)·月]	弃水量 /[(m³/s)·月]
3	31.1	20.0	11.1		32.0	37.6	9.2	49	0.17	0.75	32.00	
4	40.4	20.0	20.4		43.1	53.3	12.8	85	0.41	1.07	42.18	
5	68.2	20.0	48.2		63.5	81.6	21.7	131	1.08	1.63	61.10	
6	85.8	20.0	65.8		99.8	99.8	28.7	140	1.53	2.00	106.59	58.85
7	58.2	20.0	38.2		99.8	99.8	28.7	148	1.62	2.00	109.91	34.58
8	30.6	20.0	10.6		99.8	99.8	28.7	150	1.64	2.00	109.91	6.96
9	13.4	20.0		6.6	99.8	96.5	27.4	105	1.10	1.93	109.91	
10	6.5	20.0		13.5	93.2	86.4	23.6	71	0.64	1.73	100.28	
11	3.2	20.0		16.8	79.7	71.3	18.2	38	0.26	1.43	84.41	
12	4.4	20.0		15.6	62.9	55.1	13.3	32	0.20	1.10	65.92	
1	9.2	20.0		10.8	47.3	41.9	10.2	36	0.14	0.83	49.06	
2	15.5	20.0		4.5	36.5	34.2	8.5	34	0.11	0.68	37.29	
合计	366.5	240.0	67.8		32.0				8.86	17.15	32.00	100.49
	126.5		126.5								126.5	

5）由计算结果可以得出，考虑水库蒸发、渗漏损失增加的兴利库容为 $\Delta V = 109.91 - 99.8 = 10.11 (m^3/s) \cdot$ 月，该值为 9 月至次年 2 月的蒸发、渗漏损失水量之和。

显然，表 4-7 中计算由于不需试算，因此要比表 4-6 简单得多，但是，因为在计算过程中没有考虑本时段水量损失对计算成果的影响，会使计算损失偏小，不过影响一般不大，如果精度不满足要求，可用表中 12 栏中数值代替表中 6 栏数值进行迭代计算，直至满足精度要求为止。

第三节　年调节水库保证调节流量与设计库容之间的关系

上一节我们介绍了在已知某年来水的情况下，由调节流量求该年所需兴利库容或由兴利库容求该年调节流量的各种方法。

由于天然来水量每年不同，一年内径流分配亦多种多样，因此即使需水量每年固定不变，每年所需要的调节库容也是变化的，那么水库到底修多大才合适呢？在库容已定情况下，由于每年来水不同及径流年内分配不同，水库所能提供的调节流量亦是不同的，那么该水库到底能提供多大的调节流量呢？这就是本节所要回答的问题。通常有两个途径，即长系列操作法和典型年法。现分别说明如下。

一、长系列操作法

假定有 N 年来水资料，用上一节所讲的 3 种方法中的任一种，可以对每一年来水资料，根据给定的需水，计算每年的所需调节库容。或者，根据已知的调节库容求每年所能获得的调节流量。这样便可得到 N 个调节库容或 N 个调节流量。然后，将此 N 个调节库容或调节流量看成随机变量用经验频率公式 $P = \dfrac{m}{n+1}$ 绘成调节库容或调节流量频率曲线，见图 4-10。

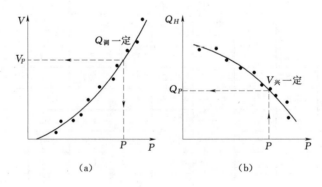

图 4-10　经验频率曲线
(a) 调节库容频率曲线；(b) 调节流量频率曲线

图 4-10（a）表示在需水一定的情况下，调节库容与设计保证率之间的关系；图 4-10（b）表示在调节库容一定的情况下，调节流量与设计保证率之间的关系。因此根据需水的设计保证率 P，可以由图 4-10（a）查得相应的设计库容 V_P，或由图 4-10（b）查得保证的调节流量 Q_P。例如 $P = 80\%$，根据查得的 V_P 来修建水库，表示今后在长期运行

中平均 100 年有 80 年所需要的库容小于或等于 V_P，因此这些年份肯定能保证正常供水而不遭受破坏。对于另外 20％的年份，因来水很枯或年内分配很不利，所需库容大于 V_P，也就是说对这些特殊年份不能保证正常供水。如果实测资料（样本）能很好地代表总体的话，那么从长期运行角度来看，这样求得的 V_P 可使正常供水得到保证的概率正好符合设计保证率。

用相同的方法可以分析图 4－10（b）所求得的调节流量亦与设计保证率相符。但是有一点需要注意，即在绘制库容频率曲线时，库容是由小到大排序，表示在调节流量一定时，保证率愈高，所需兴利库容越大；而在绘制调节流量频率曲线时，调节流量是由大到小排序，表示在兴利库容一定时，保证率愈高，所能提供的调节流量越小。

由此可见，长系列操作方法所求得的参数（设计库容或保证调节流量），其设计保证率的概念比较明确。所以凡条件许可均应按长系列操作法来确定参数。但是在下面两种情况下，可采用较简单的设计典型年法。

第一种情况是无资料地区，或资料不足时，无法采用长系列操作法。一般中小型水库常会遇到这种情况。

第二种情况是精度上要求不高，例如规划阶段，需要从大量方案中选几个可行的方案再进行详细计算，此时主要任务是选方案，而不是确定参数，采用设计典型年法简化计算同时又不影响方案之间相对优劣的比较。

二、典型年法

典型年法的要点是按设计保证率选择一条年来水过程线，作为设计典型年，然后根据此设计典型年去进行调节计算，求其兴利库容或调节流量作为设计值。典型年法的成果决定于所选设计典型年，在水利计算时，典型年选择方法有两种，一种是以符合设计保证率的年水量为控制选择典型年，另一种是以符合设计保证率的水库供水期水量为控制选择典型年。

以年水量为控制的典型年法，其基本假定是调节库容或调节流量完全取决于相应设计保证率的年来水量，这个假定与一般情况不太符合，因为调节库容或调节流量不仅与年水量有关，还与年内分配有关，而且主要受供水期来水影响。只有在特殊情况下，即各年年内分配一致或变化不大的河流，水库的库容才与年水量呈比例关系，年水量的保证率才与调节库容（或调节流量）的保证率一致。相比之下，以供水期水量作控制选择典型年是比较合理的，因为水库库容决定于供水期的亏水量。

三、调节库容、调节流量与设计保证率三者之间的关系

上面主要是针对设计保证率 P 已选定情况下，如何根据需水量来计算设计库容，或根据调节库容来计算可以保证的调节流量。但是在规划设计中更经常遇到的问题是：水库的正常蓄水位即兴利库容没有预先给定，水库所负担的供水任务也不是固定不变的。若水库修建得大一些，则水库的调节流量大，水头高，可以多发电，多灌溉，但水库的工程投资和淹没损失也将相应增大。这就需要通过效益和投资比较从中选择最优方案。

径流调节计算的最一般任务是：在来水确定的情况下，推求调节库容，调节流量和设计保证率三者之间的关系，为选择水利规划方案提供不同组合。

前面已解决在已知某调节流量的情况下，用长系列操作法或典型年法求不同设计保证

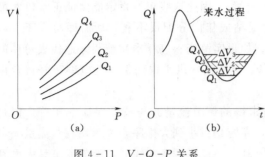

图 4-11　V-Q-P 关系

率 P 与设计库容 V 的关系［图 4-10 (a)］，若假定 n 个不同调节流量，用同样方法便可求得其相应 V-P 关系，把它综合在一起，图 4-11 (a) 即为所求调节库容、调节流量与设计保证率三者之间的关系。

由图 4-11 可见，V-P 并非直线，随着保证率 P 的增加，库容 V 增加很快。如果图中 Q_1、Q_2、Q_3、Q_4 为逐渐增加的等差数列，可以发现当 Q 越大时，图 4-11 (a) 中两条曲线之间的距离越大，即随着调节流量的增加，库容增加更迅速。在图 4-11 (b) 中可以清楚地看出，如果调节流量差值相等，即 $Q_2 - Q_1 = Q_3 - Q_2 = Q_4 - Q_3 = \Delta Q$，则库容差值必然是 $\Delta V_1 < \Delta V_2 < \Delta V_3$。同理，亦可证明在同一保证率的情况下，库容增值一定时，调节流量增加的速度是逐渐减小的。所以设计者应从中找出较为经济合理的库容和调节流量的配合方案。

第四节　时历法多年调节计算

由水量平衡原理可知，当年需水量小于设计保证率所相应的年来水量时，水库不必跨年度蓄水，只需在每年汛期将一部分余水量蓄起来就能够补充枯水期用水之不足。这样的水库就是年调节水库。当需水量提高到刚好等于设计枯水年来水量时，或者需水量不变，随着设计保证率提高，设计枯水年来水随之减少，当减少到来水量与需水量相等时，只有将设计枯水年汛期多余的水量全部蓄起来，才能刚好补充枯水期用水之不足，水库无多余弃水，这时我们称该水库为完全年调节水库。如果需水量或设计保证率再提高，以至于设计枯水年总来水量小于年需水量，这种情况要满足正常供水，必须跨年度调节，把丰水年多余的水量蓄起来，以补充枯水年水量之不足，这就是多年调节水库。

若以 Q_P 表示来水频率曲线 Q-P 上相应于设计保证率 P 的年平均流量，$Q_调$ 表示设计年平均需水流量，则：①$Q_调 < Q_P$ 时，水库为年调节；②$Q_调 = Q_P$ 时，水库为完全年调节；③$Q_调 > Q_P$ 时，水库为多年调节。

多年调节水库往往要经过若干个连续丰水年才能蓄满（蓄到正常高水位），再经过若干个连续枯水年才能使水库放空（消落到死水位），因此完成一次蓄泄循环往往需要很多年。多年调节水库的调节库容或调节流量取决于连续枯水年组的总亏水量，因此用时历法进行多年调节计算时，所需要的水文资料远较年调节为长，一般应具有 30 年以上，且能较好地代表多年变化情况的径流资料，否则所得结果与实际情况会相差较大。

时历法多年调节计算一般也是在已知来水过程的情况下，根据需水要求确定所需兴利库容，或根据已定兴利库容推求能提供的调节流量。

【例 4-12】　假定某水库坝址断面有 35 年流量资料（表 4-8 中只列出了前面 15 年），其多年平均流量 $Q = 51.3\text{m}^3/\text{s}$。设计保证率 $P = 90\%$ 时，相应设计年平均流量 $Q_P = 27.5\text{m}^3/\text{s}$。若全年需水均匀，调节流量 $Q_调 = 40\text{m}^3/\text{s}$，求设计兴利库容。

表 4-8							坝址断面月平均流量					单位：m³/s	
月份 年份	5	6	7	8	9	10	11	12	1	2	3	4	年平均
1937—1938	26.9	101.5	154.4	81.1	126.2	126.1	43.1	17.5	9.1	4.3	25.4	116.4	69.4
1938—1939	46.1	153.0	307.1	30.8	169.2	72.5	23.9	12.1	7.4	7.7	9.9	47.3	73.9
1939—1940	31.8	42.6	55.2	64.3	4.3	2.5	6.5	2.9	1.1	1.1	8.4	17.2	19.8
1940—1941	29.6	13.1	60.9	62.6	39.5	59.5	44.1	21.8	10.0	7.9	22.5	17.4	32.4
1941—1942	62.6	15.7	8.0	54.4	92.6	6.7	14.9	12.7	13.0	2.0	1.4	52.6	28.1
1942—1943	69.6	158.6	8.1	12.7	10.8	59.3	65.1	31.3	5.9	1.5	40.5	54.8	43.2
1943—1944	134.1	80.4	32.8	91.0	2.9	27.3	30.7	21.3	12.6	12.8	4.3	10.9	38.4
1944—1945	33.4	28.3	40.6	11.8	55.9	88.7	71.5	13.6	1.9	22.4	6.2	43.3	34.8
1945—1946	120.2	85.0	101.9	33.8	37.5	62.7	56.5	28.1	7.3	8.1	2.0	8.5	46.0
1946—1947	79.7	189.0	127.5	48.9	43.5	5.9	57.0	18.7	11.0	4.1	17.2	50.7	54.4
1947—1948	138.8	205.8	177.6	55.9	6.6	16.0	17.9	9.8	5.1	7.1	18.5	53.0	59.3
1948—1949	176.5	195.0	38.5	37.5	115.4	79.2	29.0	11.7	11.2	12.7	18.1	71.6	66.4
1949—1950	43.1	73.2	35.0	108.0	15.0	65.6	12.4	9.2	7.2	6.4	10.2	15.5	33.4
1950—1951	116.6	102.7	101.8	52.6	155.5	65.2	36.7	16.7	8.5	5.7	23.5	50.5	61.4
1951—1952	142.2	31.4	14.4	39.6	30.7	44.4	57.4	17.3	10.4	7.9	2.4	17.6	34.7

解：1）首先根据 $Q_{调}=40\text{m}^3/\text{s}$，按简化水量平衡公式将各水利年划分为余水期和亏水期。

2）求各年余水期的余水量 [表4-9第（3）栏] 和亏水期的亏水量 [表4-9第（4）栏]，并依次求其代数和 [表4-9第（5）栏]。

根据表4-9中的资料求各年的兴利库容，有逐年分析法和差积曲线图解法两种，分别介绍如下。

（一）逐年分析方法

1）首先比较本水利年的余水量和亏水量。

如余水量≥亏水量，则兴利库容＝亏水量，例如表4-9中1938—1939年，兴利库容为 139.9(m³/s)·月。

如余水量＜亏水量，则表明本年水量不够，需与前面一年一起分析 [见下一步2）]。

2）分析本年与上一年两年的余水量和亏水量。

如∑余水量≥∑亏水量，则兴利库容＝两年中最大累积亏水量（类似于年调节中的两回运用），例如表4-9中1939—1940年，兴利库容为：139.9＋313.3－42.1＝411.1(m³/s)·月。

如∑余水量＜∑亏水量，则表明两年来水不能满足两年需水要求，需将这两年与再前面一年一起分析 [见下一步3）]。

3）连续三年及多年情况依此类推（类似于年调节中的多回运用），库容均为其中最大累积亏水量。例如1941—1942年库容为：139.9＋313.3＋154.1＋189.3－42.1－66.6－67.0＝620.9(m³/s)·月。

表 4-9　　　　　　　　　　　　　　多 年 调 节 计 算 表

左半部

(1) 年份	(2) 起讫月份	(3) 余水量(+)/[(m³/s)·月]	(4) 亏水量(-)/[(m³/s)·月]	(5) 累积水量/[(m³/s)·月]	(6) 库容/[(m³/s)·月]
1937—1938	6—11	392.4		0	
	12—3		103.7	392.4 / 288.7	103.7
1938—1939	4—10	615.1		903.8	
	11—5		139.9	763.9	139.9
1939—1940	6—8	42.1		806.0	
	9—6		313.3	492.7	411.1
1940—1941	7—11	66.6		559.3	
	12—7		154.1	405.2	498.6
1941—1942	8—9	67.0		472.2	
	10—3		189.3	282.9	620.9
1942—1943	4—6	160.8		443.7	
	7—2		125.3	318.4	125.3
1943—1944	3—8	193.6		512.0	
	9—8		242.7	269.3	634.5
1944—1945	9—11	96.1		365.4	
	12—3		115.9	249.5	654.3

右半部

(1) 年份	(2) 起讫月份	(3) 余水量(+)/[(m³/s)·月]	(4) 亏水量(-)/[(m³/s)·月]	(5) 累积水量/[(m³/s)·月]	(6) 库容/[(m³/s)·月]
1945—1946	4—11	220.9			
	12—4		146.0	470.4 / 324.0	146.0
1946—1947	5—11	301.5		625.9	
	12—3		109.0	516.9	109.0
1947—1948	4—8	428.8		945.7	
	9—3		199.0	746.7	199.0
1948—1949	4—10	415.1		1161.8	
	11—4		117.3	1044.5	117.3
1949—1950	4—10	131.5		1176.0	
	11—4		179.1	996.9	179.1
1950—1951	5—11	354.4		1351.3	
	11—3		108.7	1242.6	108.7
1951—1952	4—5	112.7		1355.3	
	6—4		166.5	1188.8	166.5

（二）差积曲线图解法

差积曲线图解求各年兴利库容的步骤如下。

1）点绘来水差积曲线（图 4-12，图中只绘出 10 年），表 4-9 第（5）栏实际上就是 $Q_0 = Q_调 = 40\,\text{m}^3/\text{s}$ 的来水差积曲线，图 4-12 中横坐标 1937 年、1938 年、……、1946 年分别代表表 4-9 中 1937—1938 年、1938—1939 年、……、1946—1947 年。

2）每年从亏水期末（设为 N 点）向前作水平线到与差积曲线第一次相交（交点设为 A）；此步是为了判别余水量和亏水量，所作水平线与差积曲线交在何处，即表明到此处为止，$\sum$ 余水量已大于 $\sum$ 亏水量，不需再向前考虑。

3）在 AN 之间找最高点 M，M 点与 N 点的纵坐标之差即为该年的兴利库容。因为纵坐标差值就是最大累积亏水量。

例如 1938—1939 年，兴利库容为：$903.9 - 763.9 = 139.9\,(\text{m}^3/\text{s})$·月

1939—1940 年，兴利库容为：$903.9 - 492.7 = 411.1\,(\text{m}^3/\text{s})$·月

1941—1942 年库容为：$903.9 - 282.9 = 620.9\,(\text{m}^3/\text{s})$·月

4）对于 35 年资料每年都可求得所需兴利库容，得到 35 年兴利库容系列，然后根据求得的库容点绘库容频率曲线。由 $P = 90\%$ 查得设计库容 $V_P = 625\,(\text{m}^3/\text{s})$·月（库容频

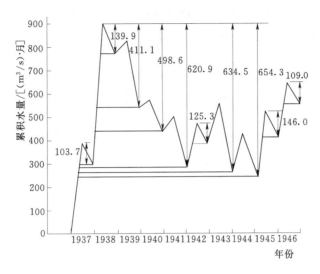

图 4 - 12　多年调节差积曲线

率曲线略）。

　　当然，也可不必像表 4 - 9 那样划分水利年，分析余水期和亏水期，可直接逐月计算余亏水量点绘差积曲线，这样做的优点在于可省去判别和分析，缺点是绘制差积曲线的工作量较大。但可以通过计算机编程，减轻计算工作量。

　　利用计算机编程的关键是在汛枯交替相位不稳定的条件下，正确确定供水期初 M，与供水期末 N，计算流程如下。

　　1）计算来水的差积曲线。

$$W(i) = \sum_{t=0}^{i} [Q(t) - q(t)], i = 1, 2, \cdots, 12 \times n$$

　　2）判断各年的供水期末。

　　在 $W(i)$ 中寻找各年中最大值相应的序号 $M(t)$，$t = 1, 2, \cdots, n$（n 为系列年数）。

　　在 $W(i)$ 中寻找各年供水期末相应的序号

$$N(t) = \min\{W(i)/i \in [M(t), M(t+1)]\}, t = 1, 2, \cdots, n$$

　　3）求各年的兴利库容。寻找第 t 年的晚蓄方案的起蓄点，从 $N(t)$ 起逆时序（$step = -1$）比较 $W(i)$，当首次出现 $W(i) \leqslant W[N(t)]$ 时，比较结束，并记下相应序号 $S(t)$，$S(t)$ 即为第 t 年的晚蓄方案的起蓄点。

　　4）求 $W(i)$ 的区间最大值

$W[M'(t)] = \max[W(i)], i = S(t), \cdots, N(t)$，$M'(t)$ 为第 t 年的供水期初。

　　5）求第 t 年的兴利库容

$$V(t) = W[M'(t)] - W[N(t)]$$

水库的晚蓄方案蓄水量过程：$V(i) = \max\{W(i) - W[N(t)], 0\}, i = S(t), \cdots, N(t)$

在已知需水过程求调节库容时，最好利用 $W(i) = \sum_{t=0}^{i} [Q(t) - q(t)]$ 绘制差积曲线，这样用水差积曲线为水平线，计算库容相对简单。当 $Q_0 \neq Q_调$ 时，需水差积曲线为斜线，见图 4-13 ［图上仅绘出了其中一部分（7 年）］。在图上作已知调节流量的斜切线，则各年所需的相应库容为 V_1、V_2、V_3、$\cdots$。图中 1、2、6 年来水量大于调节流量，仅需当年汛期蓄水即可满足用水需要。3、4、5、7 诸年来水量均小于调节流量，各年均需前一年在水库中留有一定水量。例如就第 3 年来说，需第 2 年末留 ΔV_3 的水量，否则不能保证正常供水。同样如果要保证第 4 年正常供水，那么须在第 3 年末留有 ΔV_4 的水量，然而第 3 年本身也小于调节流量，因此，要在第 2 年末留有 $\Delta V_3 + \Delta V_4$ 的水量以满足第 3、4 年正常供水。由此可见，多年调节所需库容，不仅与各年来水多少有关，而且与各年来水的配合情况有关。

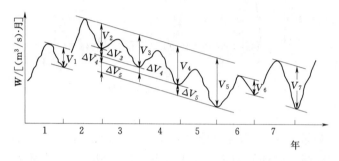

图 4-13　多年差积曲线求库容

按图 4-13，求得各年所需库容 V_1、V_2、V_3、$\cdots$、V_n 诸值后，同样由经验频率公式可作出 $V-P$ 关系曲线，然后根据设计保证率 P，可查得相应的设计库容 V_P。但按图 4-13 原理编写计算机程序不太方便。

对于多年调节水库，解决已知兴利库容、设计保证率求调节流量的问题。可通过试算法解决。一般可先假定某一调节流量，求相应保证率的设计库容，如该值与已知库容相等，则假定的调节流量即为所求。如不等，可假定另一调节流量试算，当求得的设计库容等于已知库容时，则该调节流量即为所求设计调节流量。

为避免试算，对于已知库容、设计保证率求调节流量的问题，通过差积曲线求解要方便一些。例如，图 4-14 中为 39 年径流系列的差积曲线的一部分，所绘出的 24 年径流差积曲线已包含了 39 年中最不利连续枯水年组（图中第 6 年至第 10 年）。

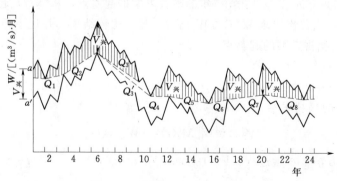

图 4-14　多年差积曲线求调节容量

多年调节求调节流量图解方法步骤如下。

1）将多年来水差积曲线垂直平移兴利库容相应距离（图 4-14 中 aa' 所示）。

2）根据供水设计保证率，从系列中选出最枯的若干年在两平行的差积曲线之间，作调节流量最小的公切线（图 4-14 中虚线所示）。

3）根据各公切线的斜率，按式（4-8）求得各年相应的均匀调节流量。

4）将各年求得调节流量 $Q_调$ 绘成流量频率曲线，然后根据设计保证率 P，便可求得相应设计调节流量 Q_p。

为明确起见，让我们通过经验频率公式 $P=\dfrac{m}{n+1}$ 来说明图 4-14 中的调节计算结果。由于本例总年数 $n=39$ 年，如果保证率 $P=95\%$，对本例而言，就是 $m=38$ 年，即 39 年中应保证 38 年正常供水，只允许破坏一年，允许破坏年数（$T_破$）一般可写成为

$$T_破=T_总-P_设(T_总+1)$$

本例中 $\qquad T_破=n-m=n-P(n+1)=39-0.95\times40=1$ 年

在图 4-14 中 Q_p 应为 Q_3。第十年允许破坏，其余年份调节流量均大于 Q_3。若设计保证率 $P=98\%$，即 39 年中不允许破坏，则 Q_p 应为图 4-14 中最小调节流量 Q_3'。

可以采用试错法编制计算多年调节流量计算机程序，具体流程如下。

1）假定调节流量 $Q_调$（将问题转化为已知用水过程求兴利库容）。

2）调用已知调节流量求兴利库容子程序（见前文），计算各年所需的兴利库容 $V(t)$。

3）计算 $V(t)$ 的经验频率，并根据设计保证率 P，确定设计有效库容 V_P（线性内插）。若 $|V_P-V|<\varepsilon$（V 为已知库容），则 $Q_调$ 即为所求的设计调节流量，计算结束；否则，转步骤 4）。

4）求各年供水期的最大值。$T_m=\max[M'(t)-N(t)]$，$t=1,\cdots,n$，调整 $Q_调\Leftarrow Q_调+\dfrac{V-V_P}{T_m}$，转步骤 2）。

上面已经说明，对于年调节水库而言，影响库容或调节流量的是供水期的水库损失水量。而对于多年调节水库来说，则是整个设计供水期的损失水量，其数值有时颇为可观。多年调节水量损失具体计算方法与年调节水库类似，不过一般很少采用详细试算法，而较多地采用简化法或近似方法估算，求出损失水量后再增加兴利库容或减小调节流量。

【例 4-13】 某多年调节水库，死库容为 $98(m^3/s)\cdot$月，设计供水期共 52 个月，不考虑损失时求得当调节流量为 $330m^3/s\cdot$时，兴利库容 $V_兴=3650(m^3/s)\cdot$月。已知各月蒸发和渗漏水量损失约为水库月平均蓄水量的 1.3%，用近似法估算水量损失对调节流量或兴利库容的影响。

解：1）求水库平均蓄水量为：$\overline{V}=98+\dfrac{3650}{2}=1923(m^3/s)\cdot$月。

2）平均每月损失水量为：$\Delta W=1923\times1.3\%=25(m^3/s)\cdot$月。

3）设计枯水期总水量损失为：$\Delta V=\Delta W\times52=1300(m^3/s)\cdot$月。

4）如兴利库容不变，考虑水量损失其调节流量为：$330-25=305m^3/s$；如调节流量不变，则兴利库容应为：$3650+1300=4950(m^3/s)\cdot$月。

第五节　数理统计在径流调节中的应用

径流调节计算是为了预估水利工程未来的工作情况，主要任务在于确定调节流量、调节库容和保证率三者间的关系。对于年调节水库，由于调节周期为一年，因此如有几十年的水文资料，就可以得到几十个水库蓄满、放空的调节循环状况，一般能用以判断水利设施未来的工作情况。对于多年调节水库，由于调节循环周期长达几年，即使有较长期的水文资料，多年调节中水库蓄满、放空的次数也不够多。因此，用时历法根据不太长时间的实测系列进行计算，其结果难免会有偶然性。特别是当用水保证率和调节性能较高时，用时历法来考虑稀遇的径流变化和组合情况更为困难。

从获得水利计算成果的途径来看，时历法是先调节计算后频率统计；而数理统计法则相反。对时历法调节计算的结果（供水量、水库水位变化、弃水量等）进行统计分析，是存在困难的，因为经过人工调节后的这些水利要素变化的频率往往服从于复杂而又难以用数学式子来表示的统计规律。例如水库水位只在一定范围内变化，上限为满库，下限为空库，且多年中放空与蓄满的概率都不等于零。一年内供给用户的水量、电量同样受到渠道、水轮机等设计容量的限制。因此用时历法根据有限系列计算所得的成果，一方面难以用数理统计的理论来处理和概括，往往不能求得水库多年工作的一般情况；另一方面由于在不同河流上，不同水库间的计算成果，也无法予以综合或推广应用。

大量资料表明，河川径流变化可认为是随机事件，它的统计规律可用适当的线型和统计参数加以描述，于是利用这种统计规律根据概率组合理论，可推求水库的供水保证率、水库多年蓄水量变化和弃水情况等。

一、基本思路

在应用数理统计法时，由于先利用径流多年变化的统计规律性，对来水进行数理统计的概括，然后再进行调节计算，因此就可大致解决时历法的计算结果难以用数理统计的理论来处理和概括问题。其次，由于径流变化的频率曲线可以概括为几个统计参数，如 Q_0（均值）、C_v（变差系数）、C_s（偏态系数），因此，在水库水量平衡的调节计算中可采用一组相对系数，如径流调节系数 α，库容系数 β 及模比系数 K。

径流调节系数 α 为调节流量 Q_H 与多年平均流量 Q_0 的比值：

$$\alpha = \frac{Q_H}{Q_0} \tag{4-15}$$

库容系数 β 为有效（兴利）库容 V 与多年平均径流量 W_0 的比值：

$$\beta = \frac{V}{W_0} \tag{4-16}$$

模比系数 K 为各年平均流量 Q_i 与多年平均流量 Q_0 的比值，即

$$k_i = \frac{Q_i}{Q_0} \tag{4-17}$$

用相对系数表示后，对于来水量、需水量、库容等绝对值大小不同的水库，其水利计算的成果便可进行综合和相互比较。例如当 $\overline{K} = 1$，C_s 与 C_v 倍比一定时，任一 C_v 值即代表一条频率曲线，C_v 就可表示来水，因此可以根据不同 C_v 值综合出一套 $\beta - \alpha - P$ 的关系

图，这种图在设计其他水库时，就可以直接移用，因而解决了时历法计算结果无法予以综合或推广应用之不足。

由于上述原因，在多年调节计算中，数理统计的理论便成了一种有力的工具。但是，根据实测资料作为样本，对总体的统计特征值，如 Q_0、C_V、C_S、相关系数及线型等作出估计，同样也存在着相应的抽样误差。

二、频率曲线组合

为了研究两种随机变量合成影响下某一现象的概率分布情况，需要进行频率曲线组合。例如来水与用水组合计算，干流与支流径流的组合，水库蓄水量与来水量的组合以及上游水库泄水与区间来水的组合等。

进行频率曲线组合常用计算方法有 3 种，即频率组合公式法、图解法和理论分析法。二变量间可以是互相独立的，也可以存在一定的相关关系。现在先从无相关关系的频率组合着手，讨论求解过程。

设 x、y 为二独立变量，例如 x 表示甲支流的年水量，y 表示乙支流的年水量 [图 4 - 15（a）]，x、y 的多年变化可分别用频率曲线表示 [图 4 - 15（b）及图 4 - 15（c）]，试求二独立随机变量之和 $Z = x + y$（即两河汇合后的年水量）频率曲线。

为了便于计算，可首先将其中一条频率曲线，例如 y 频率曲线加以概化，用若干个阶梯来近似，见图 4 - 15（c）中 y'、y''。当然阶梯分得越多，近似程度越好，精度越高，但计算工作量越大。为了说明方法和原理，这里只取二个阶梯来近似地代表 y 频率曲线。

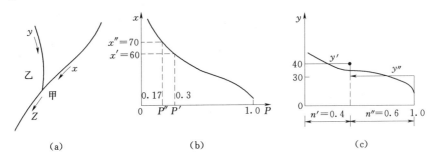

图 4 - 15　公式法频率组合示意图

假定 Z 的频率曲线为 Z-P，在 Z-P 上任取一点 z_1，先研究如何推求 $Z \geqslant z_1$ 的频率，例如 $z_1 = 100$，由于 y 只可能出现两种情况：$y' = 40$，其出现的概率（即阶梯宽）$n' = 0.4$；$y'' = 30$，其出现的概率 $n'' = 0.6$。因此所有出现 $Z \geqslant 100$ 的事件也只可能有两种：第一种是，当 y 出现 $y' = 40$ 时，x 出现 $x' \geqslant 60$；第二种是，当 y 出现 $y'' = 30$ 时，x 出现 $x'' \geqslant 70$。由 x 频率曲线查得 $x' \geqslant 60$ 的相应概率为 $P' = 0.30$，$x'' \geqslant 70$ 的相应概率为 $P'' = 0.17$。根据《概率论》中独立事件概率相乘和互斥事件概率相加定理可得

出现 $Z \geqslant 100$ 的第一种情况的概率为

$$n'P' = 0.4 \times 0.30 = 0.12$$

出现 $Z \geqslant 100$ 的第二种情况的概率为

$$n''P'' = 0.6 \times 0.17 = 0.10$$

因此 $Z \geqslant z_1$ 总的出现概率为

$$P(Z \geqslant z_1) = n'P' + n''p'' = 0.12 + 0.10 = 0.22$$

上面我们求得了 Z 频率曲线上一点的频率，显然在 Z 的可能变化范围内，用同样方法一定也能求出 Z 大于等于其他 z 值出现的频率，于是便可绘出组合后 $Z = x + y$ 的频率曲线。

类似地可以求得 x 与 y 两频率曲线之差、积、商的频率曲线。

上面的计算也可以用简单的作图方法来完成。先将 x 频率曲线上各点横坐标乘以 0.4，纵坐标不变叠加到 $y' = 40$ 的 y 频率曲线阶梯上，得一条新的频率曲线 $Z' - P$，该曲线上各点 $Z' = x + y'$［图 4-16（a）中 $Z' - P$ 线］，再将 x 频率曲线各点横坐标乘以 0.6，纵坐标不变叠加到 $y'' = 30$ 的 y 频率曲线阶梯上，又得到一条新的频率曲线 $Z'' - P$，该曲线上各点 $Z'' = x + y''$［图 4-16（a）中 $Z'' - P$ 线］。在纵坐标 $Z = z_1 = 100$ 处作一水平线，在 $Z' - P$ 和 $Z'' - P$ 上分别获得水平截距 ab 和 cd，在 $z_1 = 100$ 的水平方向上取 $ae = ab + cd$，则 ae 就是 $Z \geqslant 100$ 的概率［图 4-16（b）］，由于 z_1 是任意假定的一点，因而用同样方法也能求出其他 z 值出现的频率，于是便可绘出组合后的 $Z = x + y$ 频率曲线［图 4-16（b）中 $Z - P$ 线］。

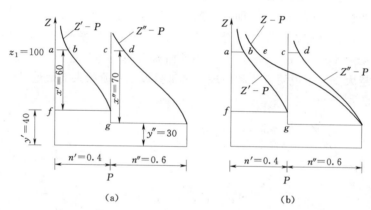

图 4-16 图解法频率组合示意图

由上述作图方法可知，因为 $Z' = x + y'$，$y' = 40$，所取 $z_1 = 100$，所以 $af = x' = 60$。同理，因为 $Z'' = x + y''$，$y'' = 30$，所以 $cg = x'' = 70$［图 4-16（a）］。

由于 $x' = 60$ 和 $x'' = 70$ 在 x 频率曲线上相应频率分别为 $P' = 0.3$ 和 $P'' = 0.17$，因此根据作图方法可知：

$$ab = n'p' = 0.4 \times 0.30 = 0.12$$
$$cd = n''p'' = 0.6 \times 0.17 = 0.10$$

$Z \geqslant z_1 (z_1 = 100)$ 的频率 $ae = ab + cd = 0.12 + 0.10 = 0.22$。由此可见，作图法所求得结果与上述分析法结果完全相同。

一般情况下，整个图解法步骤归纳如下。

1）将 y 频率曲线用若干个阶梯近似。

2）将 x 频率曲线横坐标根据 y 值的阶梯宽度压缩。将 x 频率曲线的横坐标比尺按阶梯宽度缩小，即进行概率相乘运算。

3）将横坐标压缩后的 x 频率曲线分别叠加到相应的 y 频率曲线阶梯上，即作 $Z = x +$

y 运算。

4）将叠加后的诸频率曲线横坐标水平相加即得组合后 Z 频率曲线。图 4-16（b）中 $ae=ab+cd$，即进行概率相加运算。

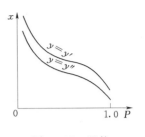

图 4-17　X 的条件频率曲线

这种图解法虽然简单，但只适用于求二频率曲线之和或差。

当 x、y 间有相关关系，并设 x 倚 y 相关时，那么 x 的频率曲线不是一条而是一簇以 y 为参数的条件频率曲线，见图 4-17。x 条件频率曲线的绘制方法如下。

设 x 与 y 成线性相关，其回归方程为

$$\overline{x_y}=x_0+r\frac{\sigma_x}{\sigma_y}(y-y_0) \qquad (4-18)$$

式中：$\overline{x_y}$ 为相应于一定 y 值的一组 x 的条件均值；x_0、y_0 分别为随机变量 x、y 的均值；σ_x、σ_y 分别为随机变量 x、y 的均方差；r 为 x、y 的相关系数。

x_y 的条件均方差 σ_x^y 为

$$\sigma_x^y=\sigma_x\sqrt{1-r^2} \qquad (4-19)$$

其变差系数为

$$C_{ux}^y=\frac{\sigma_x^y}{\overline{x_y}}=\frac{\sigma_x}{x_y}\sqrt{1-r^2} \qquad (4-20)$$

至于条件偏态系数通常假定为 $C_{sx}^y=mC_{ux}^y$（m 为常数），至此，$\overline{x_y}$，C_{ux}^y 及 C_{sx}^y 已知，于是就可以绘制出 x 倚某个 y 值的频率曲线。

考虑相关关系的频率组合方法基本与上述相同。所不同的只是根据所发生的 y 值来选用相应的 x 条件频率曲线而已。图 4-17 中，在组合时，将相应于 y' 的那条 x 频率曲线的横坐标，乘 y' 的阶梯宽 n' 后迭加到 y' 的阶梯上。同理将相应于 y'' 的那条 x 频率曲线的横坐标，乘 y'' 的阶梯宽 n'' 后迭加到 y'' 的阶梯上，以后步骤完全与前述相同。如 y 频率曲线简化为 n 个阶梯，则图 4-17 中 x 的条件频率曲线为 n 条，其组合原理和方法一样。

频率曲线组合是多年调节数理统计法的基础，目前国内外常用的多年调节数理统计计算方法大致可分成三大类。

第一类，将总库容划分成多年库容和年库容两部分，先分别计算两部分库容然后再组合得总库容，称为组合（或合成）总库容法（这里所谓总库容是总兴利库容的简称，并非校核洪水位之下的总库容）。

第二类，直接总库容法（不划分年库容和多年库容）。

第三类，径流系列生成。先根据实测径流资料和统计参数，随机生成较长的人工径流系列，然后再进行长系列时历法调节计算。

第六节　数理统计法多年调节计算

一、合成总库容法

图 4-18 中实线为月径流差积曲线，由此可看出每年洪枯期的径流变化。如果不考虑年内径流的变化，以一年为一个计算时段，用年平均流量或年水量来绘差积曲线，则如图

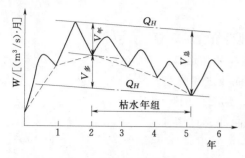

图 4-18　年库容和多年库容示意图

中虚线所示。假定要求水库均匀供水，其调节流量为 Q_H，按上述时历法多年调节计算，求得满足图 4-18 中 6 年正常供水，所需总兴利库容为图中 $V_总$。其中用以调节年际径流的多年库容为 $V_多$，用以调节年内季节性径流变化的库容为 $V_年$，若用库容系数表示，则多年库容为 $\beta_多$，年库容为 $\beta_年$。

下面分别讨论 $\beta_多$ 和 $\beta_年$ 的计算方法及这两部分库容的组合。

1. 克-曼（C. H. Крицкии—М. Ф. Менкелъ）第二法计算多年库容

设已知径流频率曲线、多年库容 β（为了描述方便省略 $\beta_多$ 的下标）及年需水量 α，求水库供水保证率 P。

首先研究年径流相互独立的情况。先将各年平均流量 Q_1、Q_2、$\cdots$、Q_n 除以多年平均流量 Q_0 得模比系数 k_1、k_2、$\cdots$、k_n，然后绘制 K 的频率曲线（图 4-19 中的 K_1-P）。对于来水特别枯的年份，当来水 $K<(\alpha-\beta)$ 时，即使年初水库处于蓄满状态，该年也不能保证用水需要，这些年份称为绝对断水年，多年中出现这种年份的概率为 $S_1=1-P_{\alpha-\beta}$，见图4-19。

另一些来水较多的年份，当来水 $K\geq\alpha$ 时，表示即使年初水库处于库空，也能保证正常供水，故称为绝对足水年，其出现概率为 P_α。其余 $\alpha>K\geq\alpha-\beta$ 为中等水量年，这些年份正常供水量是否会保证，需视年初水库蓄水情况而定，

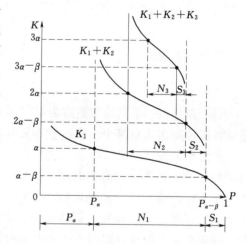

图 4-19　克-曼第二法示意图

而年初蓄水情况与前一年来水丰、枯有关。若遇到前一年为丰水年，那么该年年初水库可能有较多的蓄水，因而可保证该年正常供水。若遇到前一年为枯水年，那么该年年初水库蓄水不多，就不能保证该年正常供水。所以这些年份称为条件断水年，其出现概率见图4-19 中 N_1。

至此，我们可以得出这样一个结论，在给定的多年库容 β 和年需水量 α 的情况下，水库正常供水的保证率一定在 P_α 和 $P_{\alpha-\beta}$ 之间。但这显然不是最后答案，因为 P_α 和 $P_{\alpha-\beta}$ 之间的区间较大。

条件断水年能否保证供水，取决于该年前一年来水情况，为此需将 N_1 这一段曲线与前一年来水量频率曲线求和，即求 N_1 这段频率曲线 K_2-P 与天然年径流频率曲线之和的组合频率曲线。因为假定年径流间是相互独立的，各年的频率曲线相同，都是 K_1-P，所以前一年来水频率曲线仍旧为 K_1-P，于是用第五节介绍的 $Z=x+y$ 的频率曲线组合方法，便可求得两年来水的组合频率曲线 $(K_1+K_2)-P$。图 4-19 中之 K_1+K_2，这条曲线的宽度只有 N_1。现在我们再来研究条件断水年连续两年的水量平衡。两年总来水量为

K_1+K_2，两年总用水量为 2α，如果 $K_1+K_2<2\alpha-\beta$，那么即使两年前水库是蓄满的话，也不能保证后两年的正常供水，此为绝对断水年，其发生概率为 S_2。同理，$K_1+K_2\geqslant2\alpha$ 的那些年份为绝对足水年，因为即使两年前水库处于库空状态，这两年也能保证正常供水。另外一些年份 $2\alpha>K_1+K_2\geqslant2\alpha-\beta$ 则为条件断水年，其发生概率为 N_2。

通过连续两年水量平衡分析，供水保证率所在的区域范围已进一步缩小到 N_2。

用同样的方法，取 N_2 这段频率曲线再与年来水频率曲线组合得连续三年水量频率曲线，此时又可将 N_2 分成绝对断水年（其发生概率为 S_3），条件断水年（其发生概率为 N_3）及绝对足水年。

依次类推，不确定区间越来越小，最后收缩到精度允许范围，于是水库供水破坏概率为

$$S=S_1+S_2+S_3+S_4+\cdots \tag{4-21}$$

水库供水保证率为

$$P=1-S_1-S_2-S_3-S_4-\cdots=1-S \tag{4-22}$$

利用克-曼第二法可以根据已知来水、用水及多年库容求供水保证率。当问题是已知来水、用水及保证率 P 求所需多年库容时，可采用试算法或插值法，计算步骤如下。

1）假定几个不同的多年库容 β，求出相应的供水保证率 P。

2）然后绘制 β 和 P 关系曲线。

3）由设计保证率 P 查出所对应的多年库容值。

上面我们假定河川径流量年间相互独立，无相关关系。但从某些河流的资料中出现的连续枯水年组说明，年径流量间有时存在一定的相关关系，不考虑这点，便可能使所得库容偏小，偏于不安全。

在计算过程中考虑年径流序列之间的相关，会使计算变得非常复杂，所以往往采用一些近似的办法，即先按年径流序列不相关来进行计算，然后再对计算成果作修正。一种修正的办法是增加库容来弥补由于忽略序列相关的影响；另一种是减小供水量来弥补这一影响。

2. 线解图

上述克-曼第二法计算相当烦琐（主要为频率曲线组合工作），为应用方便，已有人将计算结果归纳为线解图，表明了各种常用保证率下 β、α、C_v 之间的关系，此种线解图最早由普莱希可夫（Я. Ф. Плещков）于 1939 年作成（图 4-20），该图假定来水服从 P-Ⅲ 型分布，$C_s=2C_v$，相关系数 $r=0$。

如果年水量用相对值模比系数 K 表示，假设相邻年径流量相互独立不考虑其年际相关，并假定 K 的频率曲线为 P-Ⅲ 型分布，$C_s=2C_v$，则任一 C_v 即对应一条年水量频率曲线（$\overline{K}=1$），因而 C_v 就代表了来水的分布规律。

如果先任意假定 C_v 值（例如等于 0.5），再假定不同 α 值，然后对于每一 α 值再相应假定一组 β 值，具体数值见表 4-10 中（1）、（2）、（3）栏。由于任一 C_v 值代表一条 K 频率曲线，因此只要知道 α、β 值便可由上述克-曼第二法求得相应的保证率 P〔表 4-10 中（4）栏〕，再根据计算结果，对于假定的 C_v（本例为 0.5）便可绘出以 α 为参数的 β-α-P 关系曲线（图 4-21）。

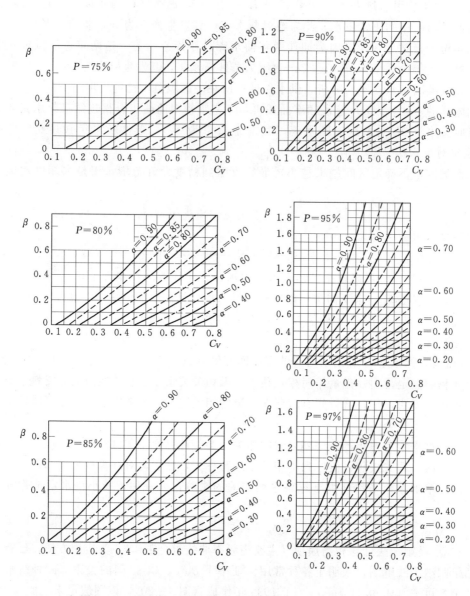

图 4-20　求多年库容的普莱希可夫线解图（$C_s = 2C_v$，$r = 0$）

假定不同 C_v 值可绘出类似的 β-α-P 关系曲线。为便于使用，常取保证率 P 为常用值（如 75%、80%、85%、90% 等），将 β-α-P 关系曲线转换为 β-α-C_v 关系曲线，这就是图 4-20 中普莱希可夫线解图。

明确普莱希可夫线解图与克-曼第二法关系之后，便可知道一般并不需要去用克-曼第二法求解，只需直接查用普莱希可夫线解图即可。

如已知 C_v、α 和 P，给定的 P 值无相应线解图（例如 $P = 92\%$），则可由相近的两张图，即 $P = 90\%$ 及 $P = 95\%$，分别求其 β，然后再以直线内插法求相当于 $P = 92\%$ 的多年库容。

表 4-10　　　　　　　　　　　克-曼第二法计算结果

(1)	(2)	(3)	(4)	(1)	(2)	(3)	(4)
C_V	α	β	P	C_V	α	β	P
0.5	0.7	0.1	0.76	0.5	0.9	0.6	0.78
		0.2	0.82			0.8	0.83
		0.4	0.91			1.0	0.87
		0.6	0.96			1.2	0.89
	0.8	0.3	0.77			1.4	0.91
		0.4	0.82			1.6	0.93
		0.6	0.88			1.8	0.95
		0.8	0.93				
		1.0	0.95				
		1.2	0.97				

同样，利用普莱希可夫图可由已给 C_V、α、β 求保证率 P，或由 C_V、β、P 求供水量 α。

当 $C_S \neq 2C_V$ 时，可通过下列公式将原来的 α、β 和 C_V 换算成 α'、β' 和 C_V'，然后再用线解图求解各种问题。

$$\left.\begin{array}{l} \alpha' = \dfrac{\alpha - a_0}{1 - a_0} \\[2mm] \beta' = \dfrac{\beta}{1 - a_0} \\[2mm] C_V' = \dfrac{C_V}{1 - a_0} \end{array}\right\} \qquad (4-23)$$

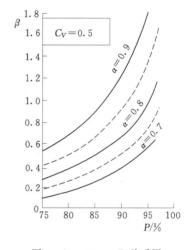

图 4-21　β-α-P 关系图

式中：a_0 为流量频率曲线中最小模比系数值。

设 m 为 C_S 与 C_V 之比值，则

$$a_0 = \frac{m-2}{m} \qquad (4-24)$$

【例 4-14】　已知 $C_V = 0.7$，$C_S = 2C_V$，$\beta = 0.4$，$P = 85\%$，求 α。

解：本题可直接由图 4-20 普莱希可夫线解图求解，查得 $\alpha = 0.62$。

【例 4-15】　已知 $C_V = 0.3$，$C_S = 3C_V$，$\alpha = 0.8$，$\beta = 0.25$，求 P。

解：因为 $C_S \neq 2C_V$，故需先用式（4-23）、式（4-24）变换参数。

$$a_0 = \frac{3-2}{3} = 0.33$$

$$\alpha' = \frac{0.8 - 0.33}{1 - 0.33} = 0.70$$

$$\beta' = \frac{0.25}{1 - 0.33} = 0.37$$

$$C_V' = \frac{0.3}{1 - 0.33} = 0.45$$

先在 $P=90\%$ 的图上，由 $C_V'=0.45$ 及 $\alpha'=0.7$ 查得 $\beta'=0.29$，由于查得的 β 值小于 $\beta'=0.37$，故下一次查图时应选 $P=95\%$，按照同样的 C_V' 和 α' 查得 $\beta'=0.42$，根据两次求得的 β' 值由直线内插求得供水保证率为

$$P=90\%+\frac{5\%\times(0.37-0.29)}{(0.42-0.29)}=93\%$$

1959 年古戈里（И. В. Ггли）对 $C_S=2C_V$，相关系数 $r=0.3$ 的情况，作出了类似的线解图，见图 4-22。

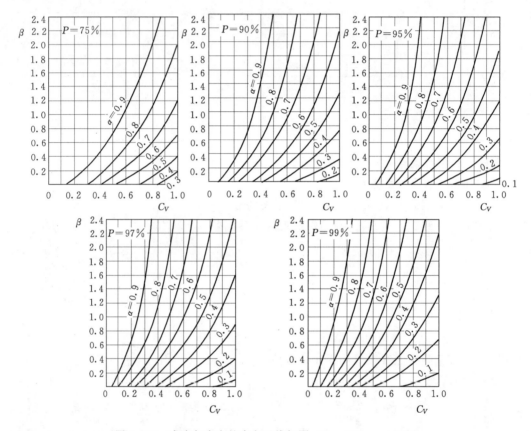

图 4-22　求多年库容的古戈里线解图（$C_S=2C_V$，$r=0.3$）

3. 年库容（或称季库容）计算

以上计算多年库容是以一年为计算时段，没有考虑年内来水与需水的变化。实际上由于洪枯期径流季节变化的存在，仅多年库容是不够的。图 4-18 中，若仅有多年库容 $V_{多}$，则枯水年组第 1 年（图中第 3 年）汛期余水量将无法再蓄，这就影响该年枯季用水的需要。从另一方面看，当仅有多年库容时，枯水年组前一年（图中第 2 年）枯水期的缺水将无法获得满足。因此，除了调节年际间水量变化所需的多年库容外，还必须要有调节年内径流变化所需的年库容。$V_{年}$ 与 $V_{多}$ 两部分组合起来才是所需的总调节库容。

由图 4-18 及上述讨论可知，多年调节水库中的年库容取决于枯水年组第一年（年来水量小于需水量）汛期之多余水量，或枯水年组前一年丰水年（年来水量大于需水量）枯季缺水量。应该选择怎样的年份来确定库容呢？选择原则如下。

1) 就年水量而论，如果从枯水年组第一年汛期余水量来看，一般说来汛期余水量大小与年水量大小有关。年水量越大汛期余水量越大，要求年库容越大，为安全起见，应选取典型年年水量尽可能大些，但由于它属枯水年，所以其年水量最大不应超过年需水量。再从枯水年前一年的枯季水量来看，年水量越小枯季缺水量越多，要求年库容越大，为安全起见，应选取典型年年水量尽可能小些，但由于是丰水年，其年水量不应小于年需水量，否则就不属于丰水年了。综合上述两方面的考虑，应选取年来水量刚好等于需水量的那些年份作为典型年较为安全，因为这些年份需要的年库容较大。

2) 年内分配可取平均情况。由于连续枯水年组出现机会不多，且其第一年遇到来水与需水很接近的年份机会更少，因而年内分配不宜再考虑不利的情况。

一般可选年水量最接近需水量的几个典型年通过同倍比缩放使年水量正好等于需水量，用前面介绍的列表法、图解法或简化水量平衡公式法进行调节计算求出几个年库容，然后取其均值作为多年调节水库的年库容。

多年调节水库的总兴利库容为

$$\beta_{总} = \beta_{多} + \beta_{年} \tag{4-25}$$

将总库容人为地划分成多年库容和年库容两部分，虽然给计算带来很多方便，在多年库容计算中，来水、需水、库容和保证率四者之间的关系比较明确，但是由于年库容保证率概率不清楚，所以，对于总调节库容而言，来水、需水、库容和保证率这四者之间的关系不明确，也就是说，总兴利库容放空的概率等于设计保证率难以保证。因为在实际水库运用中，总兴利库容并不是按硬性划分的年库容与多年库容来起调节作用的。

为了克服把总库容硬性划分为年库容和多年库容这一缺陷，除了下面将要介绍的直接总库容法和随机资料生成法外，在如何把年库容与多年库容组合成总库容的方法上，有人提出了改进。其基本思路是：在多年运行期间，年库容和多年库容并非固定不变，不同的枯水年组具有不同的年库容和多年库容，而总兴利库容应考虑各种不同的年库容与多年库容的组合，使得总兴利库容放空的概率等于设计保证率。

为此首先需分别作出在供水量固定的情况下，$\beta_{多} - P$ 及 $\beta_{年} - P$ 关系曲线。$\beta_{多} - P$ 关系曲线，前面已经介绍，此处不再赘述。

$\beta_{年} - P$ 关系曲线，则取决于设计枯水年组第一年汛期多余水量 β' 或设计枯水年组前一丰水年枯期缺水量 β''（图 4-18）。若假定实测资料中每一枯水年在今后都有可能成为枯水年组之第一年，因而可将所有枯水年汛期余水量 β' 计算出来并绘成频率曲线 $\beta' - P$。同理，若假定实测资料中每一丰水年在今后都有可能成为枯水年组前一之丰水年，因而可将所有丰水年的枯期缺水量 β'' 计算出来并绘成频率曲线 $\beta'' - P$。

根据年库容的概念，即每次从 β' 和 β'' 随机变量中各取一值，并取其中较大者作为 $\beta_{年}$，那么 $\beta_{年} - P$ 频率曲线可由 $\beta' - P$ 和 $\beta'' - P$ 组合而得，组合的函数关系为

$$\beta_{年} = \max(\beta', \beta'')$$

假定 β' 和 β'' 互相独立，$\beta' - P$ 和 $\beta'' - P$ 组合成 $\beta_{年} - P$ 的方法如下。

欲求 $\beta_{年} \geqslant C$ 之概率，它有三种可能性：①$\beta' \geqslant C$，$\beta'' < C$，其出现概率为 $P'(1-P'')$。②$\beta'' \geqslant C$，$\beta' < C$，其出现概率为 $P''(1-P')$。③$\beta' \geqslant C$，$\beta'' \geqslant C$，其出现概率为 $P'P''$。

故 $\beta_{年} \geqslant C$ 之概率为 $P = P'(1-P'') + P''(1-P') + P'P'' = P' + P'' - P'P''$

用上式可以将 $\beta'\text{-}P$ 及 $\beta''\text{-}P$ 组合成 $\beta_{年}\text{-}P$。

求得 $\beta_{年}\text{-}P$ 及 $\beta_{多}\text{-}P$ 后，用前述频率组合的方法将这两条频率曲线相加，即得 $\beta_{总}=\beta_{年}+\beta_{多}$ 的频率曲线。

求得 $\beta_{总}$ 频率曲线后，根据设计供水保证率 P 可由图上查得所需设计总兴利库容。

二、直接总库容法

为了克服把总库容硬性地划分成年库容和多年库容的缺陷，以及为了在计算中可以详细地考虑水库操作方式及需水量、损失水量随时间及水库蓄水量的变化，Gould（1961）在莫兰水库存储理论及其模型的基础上提出直接总库容法，基本思路如下。

（1）划分蓄水状态。

将水库库容划分成 K 种状态，其中第 0 种状态为库空，第 $K-1$ 种状态为库满。在空库与满库之间，把总兴利库容 V 划分成相等的 $K-2$ 份，每份的库容增量为

$$\Delta V = \frac{V}{K-2} \tag{4-26}$$

状态与库容划分的对应关系如下：

水库状态　　　　　0　　1　　　2　　　…　　$K-2$　$K-1$

水库蓄水量区间　0　$0\sim\Delta V$　$\Delta V\sim\Delta 2V$　…　$V-\Delta V$　V

代表蓄量　　　　0　$\dfrac{\Delta V}{2}$　$\dfrac{3}{2}\Delta V$　…　$V-\dfrac{\Delta V}{2}$　V

显然，K 越大，状态越多，精度越高，但计算工作量越大，有人建议可参考年径流的 C_V 值选用 K，C_V 小者，取小值。Teoh（1977）建议：

$$C_V<0.5 \qquad K=10$$
$$0.5\leqslant C_V<1.0 \qquad K=20$$
$$1.0\leqslant C_V<1.5 \qquad K=30$$
$$0.5\geqslant 1.5 \qquad K=40$$

（2）计算状态转移概率矩阵。

1）假定年初水库的状态，每种状态水库的蓄水量用水库蓄水量区间均值（即代表蓄量）表示。

2）对每一种状态用本章前面所讲的径流调节计算列表法、图解法等进行调节计算，可求得各年年末水库蓄水量。

3）对于每一种年初状态（状态 0、状态 1、状态 2、……）统计年末状态及其出现概率（年末出现某种状态的年数与总年数的比值），将计算结果汇总在一起，就是状态转移概率矩阵。

（3）求水库初始状态与供水破坏率的关系。

状态转移概率矩阵取决于来水特征、需水要求及水库操作方式等，需水要求及水库操作方式对于每年来说是固定不变的。

在用径流调节方法计算水库状态转移的同时，可以求得正常供水破坏的情况，即供水破坏概率（年末状态为 0 的概率）与水库初始状态的关系。

（4）求水库稳定状态概率。

根据状态转移概率矩阵，先任意假定第 1 年初水库的状态，例如从状态为 0 开始，进行概率演算，即由状态转移概率矩阵与年初库位状态概率矩阵相乘便可计算第 1 年末水库的状态概率。第 1 年末水库状态概率即为第 2 年初水库状态概率，用同样方法计算第 2 年末水库状态概率。依次类推，可求得第 3、4、…年末的水库状态概率。当水库年末状态概率固定不变时，则称为稳定状态概率。

计算结果表明稳定状态概率与开始演算时假定的水库初状态无关，即不管从哪一个初状态出发，稳定状态概率相同。

（5）计算水库供水保证率。

由于水库供水破坏的概率只与年初水库所处状态有关，而稳定的水库状态概率代表水库正常运行时年末（初）水库蓄水情况，故只要将前面所计算年初水库状态与破坏概率的关系和水库稳定状态概率相乘，即可求得正常供水遭受破坏的概率，进而求得水库供水保证率。

【例 4-16】　某水库坝址处有 15 年实测流量资料（表 4-8），已知总兴利库容为 400 (m^3/s)·月，水库均匀供水，调节流量为 $40m^3/s$，试用直接总库容法求水库供水保证率。

解：（1）选取状态。

为了便于说明问题，本例仅取 $K=4$（取 K 为较大值时计算方法相同），状态与库容划分如下：

水库状态　　　 0　　　 1　　　　 2　　　　　 3

蓄水量区间　 0　 0～200　 200～400　　 400

代表蓄量　　 0　　 100　　　 300　　　　 400

（2）供水破坏率与水库初始状态的关系。

【例 4-12】中已计算出各年余水量和亏水量（表 4-9 中 3 栏和 4 栏），本例直接借用其结果（表 4-11 中第 2 列和第 3 列），因而假定各种年初水库蓄水状态，即可求得各年年末水库蓄水量和相应状态。现以 1937—1938 年为例，将计算过程简要说明如下：

$$V_{末}=V_{初}+\Delta V_{余}-\Delta V_{亏}$$

当年初蓄水量 $V_{初}=0(m^3/s)$·月时，则 $V_{末}=0+392.4-103.7=288.7(m^3/s)$·月。

当 $V_{初}=100(m^3/s)$·月时，由于 $V_{初}+\Delta V_{余}=100+392.4=492.4$，而总兴利库容只有 $400(m^3/s)$·月，因此供水期初水库蓄满，所以 $V_{末}=400-103.7=296.3(m^3/s)$·月。

同理，当 $V_{初}=300(m^3/s)$·月时，$V_{末}=296.3(m^3/s)$·月。

当 $V_{初}=400(m^3/s)$·月时，$V_{末}=296.3(m^3/s)$·月。

其他年份可仿照以上步骤逐年计算，计算结果列于表 4-11 中。

表 4-11 中年末处于 0 状态包含两种情况：①水库蓄水量恰好为零，正常供水能够保证，实际计算中遇上这种情况的机会极少；②由于不能保证正常供水，水库不容许低于死水位，因而水库蓄水量为零，$V_{末}=0$，一般都属于这种情况。

表 4-11 中倒数第二行，列出了 15 年中各种年初状态相应的破坏年数。破坏年数除以总年数（15 年），即为相应破坏概率（表 4-11 中最后一行）。

（3）求状态转移概率矩阵。

根据表 4-11 中计算结果，先对年初为 0 状态的一列进行统计，求得 15 年中年末为 0

状态、1 状态、2 状态、3 状态的年数分别为 7 年、3 年、5 年、0 年，将它们除以总年数 15 年，求得由 0 状态转移为各种状态的相应转移概率为 0.467、0.200、0.330、0，然后依次对表 4-11 中年初为 1 状态、2 状态、3 状态各列进行类似统计，于是可求得状态转移概率矩阵见表 4-12。

表 4-11   年末状态计算表   单位：$(m^3/s)\cdot$月

年份	余水量	亏水量	年初状态（蓄水量）							
			0(0)		1(100)		2(300)		3(400)	
			年末蓄水量	年末状态	年末蓄水量	年末状态	年末蓄水量	年末状态	年末蓄水量	年末状态
1937—1938	392.4	103.7	288.7	2	296.3	2	296.3	2	296.3	2
1938—1939	615.1	139.9	260.1	2	260.1	2	260.1	2	260.1	2
1939—1940	42.1	313.3	0	0	0	0	28.8	1	86.7	1
1940—1941	66.6	154.1	0	0	12.5	1	212.5	2	245.9	2
1941—1942	67.0	189.3	0	0	0	0	177.7	1	210.7	2
1942—1943	160.8	125.3	35.5	1	135.5	1	247.7	2	274.7	2
1943—1944	193.6	242.7	0	0	50.9	1	157.3	2	157.3	1
1944—1945	96.1	115.9	0	0	80.2	1	280.2	2	284.1	2
1945—1946	220.9	146.1	74.9	1	174.9	1	254.0	2	254.0	2
1946—1947	301.5	109.0	192.5	1	291.0	2	291.0	2	291.0	2
1947—1948	428.8	199.0	201.0	2	201.0	2	201.0	2	201.0	2
1948—1949	415.1	117.3	282.7	2	282.7	2	282.7	2	282.7	2
1949—1950	131.5	179.1	0	0	52.4	1	220.9	2	220.9	2
1950—1951	354.4	108.7	245.7	2	291.3	2	291.3	2	291.3	2
1951—1952	112.7	166.5	0	0	46.2	1	233.5	2	233.5	2
破坏年数			7		2		0		0	
破坏概率			$\frac{7}{15}=0.467$		$\frac{2}{15}=0.133$		0		0	

表 4-12   状态转移概率

年末状态（蓄水量区间）	年初状态（蓄水量）							
	0(0)		1(100)		2(300)		3(400)	
	年数	概率	年数	概率	年数	概率	年数	概率
0($V=0$)	7	0.467	2	0.133	0	0	0	0
1($0<V\leqslant200$)	3	0.200	7	0.467	3	0.200	2	0.133
2($200<V<400$)	5	0.333	6	0.400	12	0.800	13	0.867
3($V=400$)	0	0	0	0	0	0	0	0

（4）计算水库稳定状态概率。

由于稳定状态概率与水库初始状态无关，因此可任意假定第 1 年初水库所处的状态，假定从 0 状态（库空）开始，即 0 状态概率为 1，其余状态概率为 0。于是由状态转移概率矩阵乘年初状态概率矩阵即可得年末状态概率，依次逐年计算，直至状态概率稳定为止，本例计算过程如下。

先求第 1 年末水库状态概率：

$$\begin{pmatrix} 0.467 & 0.133 & 0 & 0 \\ 0.200 & 0.467 & 0.200 & 0.133 \\ 0.333 & 0.400 & 0.800 & 0.867 \\ 0 & 0 & 0 & 0 \end{pmatrix} \begin{pmatrix} 1 \\ 0 \\ 0 \\ 0 \end{pmatrix} = \begin{pmatrix} 0.467 \\ 0.200 \\ 0.333 \\ 0 \end{pmatrix}$$

具体计算过程为

$$0.467 \times 1 + 0.133 \times 0 + 0 \times 0 + 0 \times 0 = 0.467$$
$$0.200 \times 1 + 0.467 \times 0 + 0.200 \times 0 + 0.133 \times 0 = 0.200$$
$$0.333 \times 1 + 0.400 \times 0 + 0.800 \times 0 + 0.867 \times 0 = 0.333$$

因第 1 年末即第 2 年初，所以可求得第 2 年末水库状态概率：

$$\begin{pmatrix} 0.467 & 0.133 & 0 & 0 \\ 0.200 & 0.467 & 0.200 & 0.133 \\ 0.333 & 0.400 & 0.800 & 0.867 \\ 0 & 0 & 0 & 0 \end{pmatrix} \begin{pmatrix} 0.467 \\ 0.200 \\ 0.333 \\ 0 \end{pmatrix} = \begin{pmatrix} 0.225 \\ 0.253 \\ 0.502 \\ 0 \end{pmatrix}$$

按同样方法求得第 3 年末至第 10 年末水库状态概率，现将各年所求结果汇总于表 4 - 13 中。

表 4 - 13　　　　　　　　　　年 末 水 库 状 态 概 率

状态	计 算 年 数									
	1	2	3	4	5	6	7	8	9	10
0	0.467	0.245	0.148	0.104	0.085	0.076	0.072	0.070	0.069	0.069
1	0.200	0.253	0.268	0.272	0.272	0.272	0.273	0.273	0.273	0.273
2	0.333	0.502	0.584	0.624	0.624	0.652	0.656	0.657	0.658	0.658
3	0	0	0	0	0	0	0	0	0	0

由表中数据可以看出，第 9 年和第 10 年两列数字完全相同，说明这就是要求的水库稳定状态概率。

由于稳定状态概率与水库初始状态无关，为了加速达到稳定，可根据达到稳定时，年初和年末概率不变的条件，建立线性方程组，直接解出稳定状态概率，如果 0、1、2、3 状态概率分别以 P_0、P_1、P_2、P_3 表示，则可写成：

$$(\text{状态转移概率矩阵}) \begin{pmatrix} P_0 \\ P_1 \\ P_2 \\ P_3 \end{pmatrix} = \begin{pmatrix} P_0 \\ P_1 \\ P_2 \\ P_3 \end{pmatrix}$$

同时应满足总概率为 1，即

$$P_0+P_1+P_2+P_3=1$$

用这两种方法计算，可求得同样结果，具体步骤不详述。

（5）求水库供水保证率。

由于水库供水破坏率只与年初水库所处状态有关，其结果已在步骤（2）中求出，而步骤（4）中所求的稳定状态概率代表水库在多年运行中各种状态出现的概率，根据全概率公式，将两者相应概率相乘，然后再将各种不同状态的乘积相加，即可求得水库在多年运行中正常供水遭受破坏的概率，计算结果见表 4-14。

表 4-14　　　　　　　　　　　水库供水破坏率计算表

状态	0	1	2	3	总和
破坏率	0.467	0.133	0	0	0.600
稳定状态概率	0.069	0.273	0.658	0	1
乘积	0.032	0.036	0	0	0.068

水库供水破坏率 $R=0.467\times0.069+0.133\times0.273+0\times0.658+0\times0=0.068\approx7\%$。

水库供水保证率 $P=1-R=1-7\%=93\%$。

上例说明了已知来水过程、调节流量、兴利库容求供水保证率的步骤。如果问题为已知来水、调节流量、保证率求库容，或已知来水、库容、保证率求调节流量，则可先假定某一待求值，按同样步骤试求保证率。如果所求保证率不等于已知值，可假定另一待求值重新试求，直至保证率为已知值为止。当然，亦可根据试算结果，通过插值确定。

直接总库容法的优点：①不必将总库容划分成年库容和多年库容；②可以计入需水量、水量损失和水库蓄水量的随时间变化及水库操作方式；③计算起讫时间可以任意选择，不一定按水利年。

直接总库容法的缺点：①状态划分较多时，计算工作量大；②假定年径流间相互独立。

三、随机资料生成

1. 基本思路

首先把实测径流资料的多年变化特性概化为若干个统计特征值（如均值、C_V、C_S 和相关系数等），然后利用各种随机变量数学模型，随机地生成任意长的年径流或月径流序列供调节计算应用，而这些随机生成的径流资料仍保持着实测资料的统计特征值。

实测径流过程如按年、月取离散数值，就是年、月径流序列。径流序列一般可假定由三部分组成，即趋势项、周期项和随机项，用公式表示为

$$Q(t)=T(t)+P(t)+\varepsilon(t) \tag{4-27}$$

式中：$Q(t)$ 为实测径流序列；$T(t)$ 为趋势项；$P(t)$ 为周期项；$\varepsilon(t)$ 为随机项。

趋势项是由于大范围气象因素的变化或人类活动的渐近性影响所致。周期项，有人认为它与太阳黑子的周期性变化及地球的自转、公转有关。例如松花江哈尔滨站、黄河陕县站从图 4-23 所示年径流差积曲线中均可以清楚地看到连续十多年的枯水年组和周期性变化的趋势。式（4-27）右端前两项不仅可以从径流序列中分离出来，而且可以用明确的数学式表示，例如趋势项可用线性方程或多项式逼近，周期项可通过不同周期不同振幅的

周期函数的线性组合来描述，它们只是时间 t 的函数，因此是径流中的确定性部分。然而，实际上径流变化是比较复杂的，许多影响因素现在还没有认识清楚，因而除了可确定部分外，其余均归入随机项 $\varepsilon(t)$。许多河流径流量的趋势变化、周期变化不甚明显，一般可不必分项研究，往往直接分析实测径流资料多年变化的统计特征值（如均值、离差系数、偏态系数、相关系数等）。

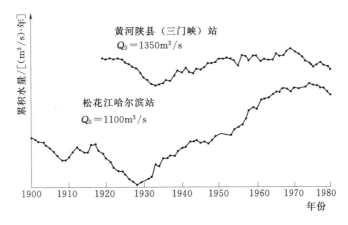

图 4-23　年径流差积曲线

随机资料生成的目的，就是根据实测径流资料的统计特征值（或分离后随机项的统计特征值），利用一定的数学模型，随机地生成任意长的年径流或月径流序列，所生成的径流序列一般应尽可能保持与原实测资料统计特征值相同。因此人工生成的径流序列只能增加资料的长度，更多地反映各种资料出现的可能性和不同的组合，并不能提高序列的可信程度。足够长的序列生成以后，用前面介绍的时历法，便可求得库容、供水量和保证率三者之间的关系。

2. 生成模型

随机序列生成模型已出现许多种，例如线性平稳模型有自回归模型、滑动平均模型、自回归滑动平均模型等。非平稳模型有自回归积分滑动平均模型、分数高斯噪声模型等。

下面只介绍随机模型中比较基本的一种模型——自回归模型，其基本形式为

$$x_t = a_0 + a_1 x_{t-1} + a_2 x_{t-2} + \cdots + a_n x_{t-n} + \varepsilon_t \tag{4-28}$$

式中：x 为变量；a_0，a_1，…，a_n 为回归系数；t，$t-1$，…，$t-n$ 为时序数；n 为自回归模型的阶数；ε_t 为随机项。

如果只考虑前一时段 x_{t-1} 对 x_t 的影响，不考虑 x_{t-2}，x_{t-3}，…，这时就是一阶自回归模型，也就是最常用的马尔可夫单链，其数学表达式可写成：

$$x_t = \bar{x} + r_1(x_{t-1} - \bar{x}) + \varepsilon_t \tag{4-29}$$

式中：$\bar{x}$ 为 x 的均值；r_1 为相邻时段径流相关系数；ε_t 为随机分量。

如果 x 序列为正态分布，则 ε 也是正态分布，而且可以证明随机分量与年径流均方差之间有以下关系：

$$\sigma_\varepsilon^2 = \sigma_x^2(1 - r_1^2) \tag{4-30}$$

一般正态分布序列 ε_t 与标准正态分布序列 ξ_t 之间的关系为

$$\varepsilon_t = \bar{\varepsilon} + \sigma_\varepsilon \xi_t$$

当 $\bar{\varepsilon} = 0$ 时，将式（4-30）代入上式可得

$$\varepsilon_t = \sigma_x (1 - r_1^2)^{\frac{1}{2}} \xi_t$$

这时式（4-29）可写成：

$$x_t = \bar{x} + r_1 (x_{t-1} - \bar{x}) + \xi_t \sigma_x (1 - r_1^2)^{\frac{1}{2}} \tag{4-31}$$

式中：ξ_t 为均值为 0，方差为 1 的标准正态随机变量，可简写成 N（0，1）。

若 X 序列为对数正态分布，可令 $y = \ln(x - c)$，先用上述方法生成 Y 序列，然后再将生成的 Y 序列变换成 X 序列。

若 X 序列为偏态，服从 Gamma 分布，其偏态系数为 C_{sx}，则可通过下式先求随机变量 ε 的偏态系数 C_ε：

$$C_\varepsilon = \frac{1 - r_1^3}{(1 - r_1^2)^{\frac{3}{2}}} C_{sx} \tag{4-32}$$

再由下式求偏态随机分量：

$$\varepsilon_t = \frac{2}{C_\varepsilon} \left(1 + \frac{C_\varepsilon \xi_t}{6} - \frac{C_\varepsilon^2}{36} \right)^3 - \frac{2}{C_\varepsilon} \tag{4-33}$$

然后用 ε_t 代替式（4-31）中 ξ_t 得

$$x_t = \bar{x} + r_1 (x_{t-1} - \bar{x}) + \varepsilon_t \sigma_t (1 - r_1^2)^{\frac{1}{2}} \tag{4-34}$$

便可由此生成具有近似 Gamma 分布的径流序列。

3. 年、月径流生成

由式（4-34）生成径流的步骤是如下。

1）根据实测年径流资料，计算多年平均流量 $\bar{x}$，年径流均方差 σ_x，相邻年径流相关系数 r_1，年径流偏态系数 C_{sx} 以及随机分量的偏态系数 C_ε。

2）根据实测资料任意假定某一年径流初始值 x_0，然后可按随机数的生成方法，产生正态分布随机数 ξ_1、ξ_2、ξ_3、…、ξ_m。

3）利用式（4-33）和式（4-34）生成 m 年年径流系列 x_1、x_2、x_3、…、x_m。

上述模型也可用以生成月径流系列，但由于各月径流均值、方差不同，月与月径流之间的相关系数也不一样，所以各月都有一个方程，类似方程有 12 个。

$$x_2 = \bar{x}_2 + b_1 (x_1 - \bar{x}_1) + \varepsilon_2 \sigma_2 (1 - r_1^2)^{\frac{1}{2}}$$
$$x_3 = \bar{x}_3 + b_2 (x_2 - \bar{x}_2) + \varepsilon_3 \sigma_3 (1 - r_2^2)^{\frac{1}{2}}$$
$$\vdots \tag{4-35}$$
$$x_{12} = \bar{x}_{12} + b_{11} (x_{11} - \bar{x}_{11}) + \varepsilon_{12} \sigma_{12} (1 - r_{11}^2)^{\frac{1}{2}}$$
$$x_1 = \bar{x}_{1x_i} + b_{12} (x_{12} - \bar{x}_{12}) + \varepsilon_1 \sigma_1 (1 - r_{12}^2)^{\frac{1}{2}}$$

式中：x_i 为第 i 月月径流值；$\bar{x}_i$ 为第 i 月月径流多年平均值；σ_i 为第 i 月月径流均方差；r_i 为第 i 月与第 $i+1$ 月月径流相关系数；b_i 为回归系数，可由下式算得

$$b_i = r_i \frac{\sigma_{i+1}}{\sigma_i} \tag{4-36}$$

生成步骤与年径流类似，计算可从任一月某一初值开始，然后生成逐月的月径流资

料。一年完成后，下一年1月径流根据本年12月已产生的径流资料生成。

由于初值为任意给定值，为消除初值的影响，生成年、月径流系列后，一般可将最初生成的若干项舍去。

不论用什么方法生成的径流序列，都必须加以检验，然后才能使用。主要是比较随机生成资料的各种统计特征值、历时曲线是否与实测资料一致。

随机生成资料的依据是实测资料，当实测资料本身不精确或代表性不够时，即样本不能代表总体时，生成再多的资料也无济于事。

如果根据实测资料已能完成工程设计任务，一般无需生成人工径流系列。

参 考 文 献

[1] 叶秉如．水利计算及水资源规划 [M]．北京：水利电力出版社，1995．

[2] 鲁子林．水利计算 [M]．北京：河海大学出版社，2003．

[3] 中华人民共和国水利部．SL 104—95 水利工程水利计算规范 [S]．北京：中国水利水电出版社，1996．

[4] 周之豪，沈曾源，施熙灿，等．水利水能规划 [M]．2版．北京：中国水利水电出版社，1997．

[5] 叶守泽．水文水利计算 [M]．北京：水利电力出版社，1992．

[6] 钟平安，李伟，李兴学．差积曲线径流调节计算程序设计与应用 [J]．水利水电技术，2003 (11)：1-3．

[7] 长江流域规划办公室水文处．水利工程实用水文水利计算 [M]．北京：水利电力出版社，1980．

[8] 张永平．在 $C_s \neq 2C_v$ 情况下，应用 Я. Ф. 普莱希可夫线解图进行多年调节计算的方法 [J]．水力发电，1957 (10)：27-29．

第五章 灌溉工程水利计算

第一节 概　　述

我国西北部地区以及青藏和云贵高原部分地区，降雨量稀少，绝大部分地区年降雨量在 $100\sim200$mm 之间，有的地方甚至终年无雨，而蒸发量大，年蒸发量平均为 $1500\sim2000$mm，大部分地区没有灌溉就没有农业。华北平原、黄河中游黄土高原、东北松辽平原、淮北平原以及内蒙古南部和东部地区，这些地区大部分年平均降雨量在 $500\sim700$mm 之间，降雨量虽然可以满足作物大部分需要，但由于年变差大和年内分布不均，因而经常出现干旱年份和干旱季节，来水与作物需水不相适应（表 5-1），需要采取适当水利措施解决农业缺水问题。秦岭山脉和淮河以南地区雨量丰沛，年降雨量为 $800\sim2000$mm，但年内雨量分布不均，由于降雨过程分配与作物生长季节的田间需水不相适应，该地区经常会遭受不同程度的春旱或秋旱，故也需要灌溉。由此可见，为了实现农业高产稳产，在全国范围内，都有通过灌溉来补充作物需水的要求。

表 5-1　　　　　　　　华北地区几种作物需水量与降水量对照表　　　　　　　　单位：mm

月　份	1	2	3	4	5	6	7	8	9	10	11	12	合计
降水量	2.9	5.8	6.7	14.5	29.6	59.0	166.6	158.7	38.2	18.3	11.9	4.0	516.2
有效利用降水量	2.0	4.1	4.7	10.2	20.7	41.3	116.6	111.0	26.7	12.8	8.3	2.8	361.2
小麦田间需水量	17.7	16.4	42.0	114.3	152.9	21.0				80.0	27.6	28.1	500.0
小麦缺水量	15.7	12.3	37.3	104.1	132.2	—				67.3	19.3	25.3	413.4
棉花田间需水量				9.9	35.3	68.3	75.7	103.2	94.5	26.7	16.4		430.0
棉花缺水量				—	14.6	27.0	—	—	67.8	13.9	8.1		131.4
水稻田间需水量						95	252.5	338.0	74.4				760.0
水稻缺水量						53.7	135.9	227.0	47.7				464.3

注　生长期总缺水量为：小麦 $413.4\text{m}^3/\text{hm}^2$、棉花 $131.4\text{m}^3/\text{hm}^2$、水稻 $464.3\text{m}^3/\text{hm}^2$。

第一次全国水利普查资料显示，我国共有灌溉面积 10.02 亿亩，其中耕地灌溉面积 9.22 亿亩，园林草地等非耕地灌溉面积 0.8 亿亩。共有设计灌溉面积 30 万亩及以上的灌区 456 处，灌溉面积 2.8 亿亩；设计灌溉面积 1 万（含）～30 万亩的灌区 7316 处，灌溉面积 2.33 亿亩；50（含）～1 万亩的灌区 205.82 万处，灌溉面积 3.42 亿亩；灌溉机电井 5383 万眼，取水量 1040 亿 m^3。

我国灌溉水利事业虽然已取得很大成绩，但与世界先进国家相比仍存在较大差距。例如我们灌溉总面积大约只有耕地面积的半数。即使在已灌溉的面积内，发展也不平衡，有些地区抗御自然灾害的能力还很不高。一些发达国家随着工农业生产的发展和科学技术的进步，已实行灌溉、发电、防洪等水利资源的全面综合开发，对地表水与地下水进行统一安排；田间灌溉技术的机械化与自动化已逐步扩大，电子计算机技术在灌溉中的应用已较为广泛；灌溉方法方面，喷灌已获得迅速推广，滴灌也发展起来，有些国家并已实施地面及地下管道浸润灌溉；在水源利用方面已探索向大气层要水，从事开发和兴建地下水库、淡化海水等新途径的研究。我国对于全面规划、综合治理、重视生态平衡与环境保护、加强配套管理、提高灌溉工程经济效益等，只是近几年才比较重视；关于合理排灌和适当控制地下水位，爱惜水土资源，改善灌溉系统，对渠道进行衬砌，将明渠改为地下管道，发展喷灌、滴灌技术等也还处于初步阶段或试验阶段。从目前情况看，现有灌溉设施还远远不能适应农业生产的需要。因此，实现农业现代化，把农田水利事业推向新的高度，仍然是水利工作者面临的重要任务。

一、灌溉设计标准

灌溉设计保证率 P 是当前灌溉工程规划设计采用的主要标准。它的含义是：在干旱期作物缺水的情况下，由灌溉设施供水抗旱的保证程度，即灌溉工程供水的保证率。

灌溉设计保证率常以正常供水的年数或供水不被破坏的年数占总年数的百分数来表示。例如 $P = 80\%$，表示在平均每 100 年中，有 80 年可由灌溉设施保证正常供水。目前对灌溉设计保证率选用的情况是：南方地区较北方为高；远景较近期为高；自流灌溉较提水灌溉为高；大型工程较中小型工程为高。灌溉设计保证率可参照规范选用，参见表 2 - 7。

二、灌溉水源与水质要求

1. 灌溉水源

灌溉水源主要有河川径流、当地地面径流、地下水及城市污水等。

河流、湖泊来水，为我国最主要的灌溉水源。这种水源集水面积在灌区以外，引用这种水源灌溉时，应尽可能考虑水电、航运与给水等各方面的要求，使河流水利资源得到合理的综合利用。

当地地面径流是指由当地降雨产生的径流。我国南方地区利用当地地面径流进行灌溉十分普遍，不仅小型灌溉工程（如塘坝、小水库）利用它，而且大、中型灌区，往往也尽量利用它，充分发挥其灌溉作用。

地下水一般指浅层地下水。我国广大地区地下水资源丰富，特别是西北、华北平原等地面径流不足的地区，开发利用地下水，对发展农业生产尤为重要。

城市污水一般包括工业废水和生活污水。污水经过净化处理以后，可作为灌溉水源。利用污水灌溉，不仅是解决灌溉水源的重要途径，而且也是防止水质污染的有效措施，现在我国已有一些大中城市开始利用城市废污水灌溉郊区农田。

2. 水质要求

灌溉对水质的要求，主要指水中所含泥沙、盐类、其他有害物质及水源的温度。灌溉水源的水质应能满足和有利作物生长，维护生态平衡，防止环境污染等要求。

1）关于泥沙，一般粒径小于 0.0001～0.0005mm 的泥沙，常具有一定的肥分，应适量输入田间，但不宜太多，因细泥沙大量淤积在地面，会减少土壤透水性与通气条件。粒径 0.005～0.1mm 的泥沙，可少量输入田间，以减少土壤的黏结性和改良土壤的结构，但肥分价值不大。至于河中粒径大于 $0.1\sim0.15mm$ 的泥沙，由于容易淤积在渠道中，而且对农田有害，一般不允许引入渠道和送入田间。

2）关于含盐量，各地试验与观测资料表明，矿化度（水中可溶性盐类的总量）小于 $1.7g/L$，一般对作物无害。当矿化度为 $1.7\sim3.0g/L$，则应对其中盐类进行分析化验，以判断其是否适宜灌溉。当矿化度大于 $5g/L$ 的水，不宜用于灌溉。钙盐对作物影响较小，钠盐危害性最大，几种钠盐极限含量为：$NaCO_3$——$1g/L$，$NaCl$——$2g/L$，Na_2SO_4——$5g/L$。如果这些盐类同时存在于水中，其极限值还应降低。

3）关于有害物质，随着现代工业的发展，废水、废气、废渣日益增多，水源极易受到污染。如果对水中所含微量危害物质，没有进行分析测定和净化处理，而直接用于灌溉，其结果不仅会影响作物产量，而且会破坏土壤，污染环境，危及人民身体健康。

4）关于水温，灌溉对水温也有一定要求。如三麦根系生长适宜温度为 $15\sim20℃$，最低允许温度为 $2℃$；水稻生长的适宜温度一般不低于 $20℃$，灌溉水温应尽量适应作物正常生长的要求，以增加产量。

三、取水方式和灌溉计算任务

1. 灌溉取水方式

就灌溉而言，常见的取水方式和工程措施有下面几种。

1）引水灌溉工程。①无坝引水。如河流水量丰富，且水位也能满足灌溉引水要求，则仅需在河段适宜位置修建引水渠，即可引水自流灌溉。②有坝引水。如河流水量丰富，但水位不能满足自流灌溉要求，则要在河道上修建壅水建筑物（坝或闸），抬高水位以便引水入渠。

2）提水灌溉工程。当河流水位不能满足自流灌溉要求时，也可修建抽水站将河水抽入引水渠。

3）蓄水灌溉工程。①水库取水。当河流水位、水量均不能满足灌溉引水要求时，则要在河流上修建水库进行水位、水量调节，以满足灌溉需要。②小型塘坝。利用灌区当地径流作为灌溉水源，是各地最普遍的灌溉措施。但小型塘坝一般集水面积较小，容积和来水量有限，干旱年份常不能满足农田缺水要求，因此常需与其他方式相结合。

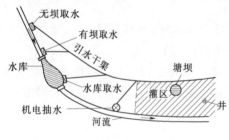

图 5-1 各种取水方式示意图

4）地下水灌溉工程。我国北方大部分地区地面水不足，需打井挖泉，利用地下水进行灌溉。

对于一个确定的灌区，可以选用上述某种取水方式，也可根据具体情况选用两种或多种方式和水源组成综合灌溉系统（图 5-1）。

2. 灌溉工程水利计算任务

灌溉工程措施是多种多样的，应根据当地实际情况、特点和具体条件，进行规划并通过水利计算进行方案比较，选用其中最合理、最经济的一种方案。具体步骤如下。

1）灌溉计算的主要任务是根据地区具体情况（包括灌区面积、农作物组成、地形及水源情况），规划安排各种可能取水方式与合理的灌溉工程措施方案。

2）运用径流调节的基本原理与方法，对规划中各种灌溉工程措施进行分析，从而计算出所要求的水工建筑物参数（如水库库容、抽水机容量、拦河坝高、进水闸孔宽、渠道高程与断面等）与工程效益（如灌溉面积）。

3）对各种方案进行技术经济比较和综合分析，根据当地具体情况选用最佳方案。

3. 灌溉系统供水次序

本章主要讨论，以引进灌区外水量的骨干工程为主，配之以灌区内小型塘坝，共同满足灌区需水的常见灌溉系统（俗称长藤结瓜式灌溉系统）。对于这种灌溉系统，其灌溉计算任务主要可归纳为两种。①已知灌区需水面积、作物种类、灌区内塘坝库容，求解满足灌区在设计保证率年份内的需水要求，以及需要兴建的骨干工程规模；②已知骨干工程规模及灌区内塘坝库容，求解在设计保证率年份内能满足需水要求的灌溉面积。

长藤结瓜式灌溉系统供水、蓄水的先后次序往往与骨干工程的类型有关。对有坝或无坝引水工程，一般是先用外水后用塘水，外水闲时灌塘，忙时灌田；最紧张时外水与塘水同时灌田，塘坝起反调节作用。这样运用，可减轻在用水高峰时引用外水的水量，从而可减小引水渠道的断面。

对抽水工程，一般是先用塘水后抽外水，塘坝不起反调节作用。这样，在用水高峰时抽引外水较多，从而增加了抽水机容量及渠道断面面积，但因充分利用了塘坝来水量，总的抽引外水量较少，减小了经常性的机电费用开支。

对水库蓄水工程，先库后塘，可减小引水渠道断面，但多用库水增加了所需库容。反之，先塘后库可减小所需库容，但将增加引水渠断面面积。因此，究竟如何运用需经详细比较。

第二节　引水灌溉工程水利计算

引水灌溉工程没有调蓄径流的能力，只能将河川径流引到其他地区，在空间上重新调配，以满足灌溉的需要，有坝引水与无坝引水的水利计算任务和方法基本相同，其任务主要是推求符合一定保证率的设计引水流量和保证灌溉面积。对于中小型工程一般采用固定灌溉用水量法与典型年法；规模较大的工程可考虑采用长系列法。

一、固定灌溉用水量法

一般可根据灌区附近灌溉试验站分析资料，确定某一灌溉保证率 P 的水稻及各种旱作物的综合灌溉定额（详见第三章第二节），按下式估算引水流量：

$$Q_{引} = \frac{M_{毛}\,\omega}{86400t} \tag{5-1}$$

式中：$Q_{引}$ 为灌区一定保证率的灌溉引水流量，m^3/s；$M_{毛}$ 为灌区一定保证率的毛灌溉定额，m^3/hm^2；ω 为灌溉面积，hm^2；t 为灌溉期中灌水总天数。

对于中等干旱年（灌溉保证率 $P=75\%$ 左右），一般水田每万公顷灌溉引水流量为 $9\sim15m^3/s$，旱地为 $3\sim6m^3/s$，具体数值视土壤情况而定。

二、典型年法

如果已知灌区需要灌溉的面积，作物组成及灌区内现有塘坝库容 $V_{塘}$，采用典型年法可求出满足一定设计保证率的灌溉引水流量，现将该法计算步骤说明如下。

1）灌区综合需水过程计算。具体方法见第三章第二节。

2）来水过程计算。

3）引水流量计算。

前面已讲过引水工程与塘坝配合时，供水次序一般为忙时灌田，闲时充塘，先用外水后用塘水，塘坝起反调节作用。灌水高峰的时候，由外水与塘坝共同供水，因此引水流量 $Q_引$ 计算公式为

$$Q_引 = \frac{W_灌 - W_地 - W_塘}{t} \qquad (5-2)$$

式中：$W_灌$ 为调节时段 t 内灌区总灌溉用水量，m^3；$W_地$ 为调节时段 t 内可利用的当地径流，m^3；$W_塘$ 为灌区内可用以灌溉的塘坝蓄水量，m^3，可通过实地调查决定。

显然，在径流调节计算中这是已知库容求调节流量的问题，其中调节时段 t，一般要通过试算确定。

【例 5-1】 求引水工程引水流量。计算条件如下。

1）表 5-2 中（2）栏，灌区单位面积综合灌溉定额按第三章第二节所介绍方法计算，该项数据引自表 3-16 中（10）栏的数据（假定该年为所选典型年）。

2）表中（3）栏数据，由（2）栏数据乘以耕地面积 1960hm² ，经单位换算求得。

3）表中（4）栏中为本灌区可用以灌溉的当地径流。

4）表中（5）、（6）栏数据为塘坝来水量与净用水量之差值。

5）灌区现有可用以灌溉的塘坝容积为 $V_塘 = 200$ 万 m^3 ，因此 7 栏数据中的最大值为 200 万 m^3 。

解： 根据表 5-2 中数据，按径流调节计算中已介绍的方法（参见第四章），经试算求得本年度最大旬净引水量为 111.0 万 m^3 ，调节时段为 7 月下旬至 8 月下旬，因此，$t = 42 \times 86400s$ 。调节时段 t 内灌区总灌溉用水量为 681.6 万 m^3 ，当地可利用径流量为 37.6 万 m^3 。

现在补充说明一下试算过程。试算的目的在于根据表 5-2 中（6）栏中缺水过程，充分发挥塘坝容积的调节作用，使表中（8）栏的最大引水流量尽可能减小。因为引水工程的规模取决于最大引水流量，该值越小，表示在满足灌溉引水要求的前提下，灌溉工程投资越小。怎样才能使最大引水流量尽可能减小呢？即应使控制时段内的引水流量尽可能均匀，同时引水开始前塘坝应处于蓄满状态。针对本例具体情况，7 月下旬至 8 月下旬缺水量最多，4 旬共缺水 644 万 m^3 。考虑充分利用塘坝蓄水量 200 万 m^3 ，使 7 月中旬末塘坝处于蓄满状态。这样 4 旬必须共引水 444 万 m^3 ，因而每旬约为 111 万 m^3 ，这是一个极限值，引水量小于该值即不能满足灌溉要求。7 月下旬至 8 月下旬引水量确定后，便可根据表 5-2 中（6）、（8）两栏数据按水量平衡公式计算（7）栏塘坝蓄水量过程。由于各旬塘坝蓄水量均在 0～200 万 m^3 之间，它表示每旬引 111 万 m^3 能满足灌溉需要。经检验全年中其余各旬引水量均可小于 111 万 m^3 。因此 7 月下旬至 8 月下旬为对最大引水流量起控制作用的时段，111 万 m^3 即为本典型年最大旬引水量。

表 5-2   **灌溉引水量计算表**

时间		灌区综合定额 /mm	净用水量 /万 m³	塘坝来水量 /万 m³	余水 /万 m³	缺水 /万 m³	塘坝蓄水量 /万 m³	净引水量 /万 m³
		(1)	(2)	(3)	(4)	(5)	(6)	(7)	(8)
11月中下旬		1.0	2.0	24.5	22.5		22.5	
12月		0	0	49.2	49.2		71.7	
1月		8.6	16.9	41.1	24.2		95.9	
2月		6.8	13.3	42.7	29.4		125.3	
3月		0	0	160.7	160.7		200.0	
4月	上中旬		0	143.0	143.0		200.0	
	下旬	83.8	164.3	116.3		48.0	152.0	
5月	上旬	34.0	66.7	71.7	5.0		157.0	
	中旬	31.6	62.0	59.8		2.2	154.8	
	下旬	39.6	77.7	12.0		65.7	89.1	
6月	上旬	91.0	178.4	6.2		172.2	20.9	104.0
	中旬	63.7	124.9	0		124.9	0	104.0
	下旬	0	0	91.6	91.6		91.6	
7月	上旬	0	0	222.9	222.9		200	
	中旬	32.9	64.5	141.4	76.9		200.0	
	下旬	103.0	202.0	37.4		164.6	146.4	111.0
8月	上旬	68.3	133.9	0.2		133.7	123.7	111.0
	中旬	71.6	140.4	0		140.4	94.3	111.0
	下旬	104.7	205.3	0		205.3	0	111.0
9月	上旬	0	0	13.8	13.8		13.8	
	中旬	68.4	134.1	39.0		94.2	19.6	100.0
	下旬	68.0	133.3	25.0		108.3	11.3	100.0
10月	上旬	54.5	106.9	2.3		104.6	6.7	100.0
	中旬	53.4	104.7	0		104.7	2.0	100.0
	下旬	39.7	77.9	0		77.9	0	75.9
11月	上旬	23.8	46.7	0		46.7	0	46.7

由式（5-2）求得灌溉净引水流量为

$$Q_引 = \frac{W_灌 - W_地 - W_塘}{t}$$

$$= \frac{(681.6 - 37.6 - 200) \times 10^4}{42 \times 86400}$$

$$= 1.22 \text{m}^3/\text{s}$$

考虑引水渠输水损失，取渠系利用系数为 0.75，故毛引水量 $Q_毛$ 为

$$Q_{毛} = \frac{1.22}{0.75} = 1.63 \text{m}^3/\text{s}$$

引水流量确定后，尚需进一步分析引水处河道各时段来水能否满足灌溉引水要求。如果不能满足，则需缩小灌溉面积或降低保证率，否则需另找水源或修建水库调节径流。

当工程规模较大，资料较多，需要采用比较详细的方法进行逐年计算时，可采用长系列法。

三、长系列法

所谓长系列法，就是首先计算历年渠首河流来水过程和灌区灌溉用水过程，将两者逐年进行比较，求出河流来水满足灌溉用水的保证年数及相应保证率。如果计算得到的灌溉保证率大于该灌区所要求的灌溉设计保证率，则可根据设计保证率选择引水渠道的设计过水能力；如果求得的保证率小于要求的设计保证率，则需调整灌溉面积或改变作物种植比例，重复以上计算，直到计算保证率与要求的设计保证率一致，由此可求得设计引水流量。长系列法考虑了历年引水流量的实际变化及配合，能较好地反映灌区多年水量平衡情况和设计保证率，其成果一般比较可靠，缺点是计算工作量较大。

四、灌区渠首水位计算

灌溉引水工程设计为了确定引水渠断面与水闸孔径需要计算引水流量，此外为了确定引水口的位置或拦河坝的高度，还要进行灌区渠首水位 $H_{首}$ 计算，其计算式为

$$H_{首} = h_{田} + \Delta h_{灌} + \Delta h_{渠} + \Delta h_{闸} \tag{5-3}$$

式中：$h_{田}$ 为灌区内最高田面高程，m；$\Delta h_{灌}$ 为田面上的灌水深度，即适宜水深，一般取 $0.02 \sim 0.05$m；$\Delta h_{渠}$ 为引水渠道上的水头损失，m，为渠道长度 L 与渠底坡降的乘积；$\Delta h_{闸}$ 为水流通过进水闸及渠道上其他建筑物的水头损失，m。

第三节　蓄水灌溉工程水利计算

一、塘坝产水量估算

塘坝是散布在流域面上的小型蓄水工程，塘坝蓄水是当地径流利用的主要形式，本节只对用于灌溉的塘坝产水量，即当地径流补充作些说明。

塘坝产水量计算一般采用以下几种方法。

（1）复蓄指数法。

可用于灌溉的塘坝产水量为

$$W = nV \tag{5-4}$$

式中：W 为可用于灌溉的塘坝产水量，m^3；n 为塘坝一年内的复蓄次数，一般通过灌区调查获得；V 为可用于灌溉的塘坝库容，m^3，等于总库容减去养鱼、种植水生作物等所需的死库容，V 值也可通过调查确定。

（2）按"抗旱天数"计算。

塘坝的抗旱天数综合反映了塘坝供水量的大小，即反映了塘坝的抗旱能力。通过对干旱年份的调查，可收集灌区内塘坝的抗旱天数 t 及作物耗水强度 e(mm/d)，由此可按下式计算塘坝产水量：

$$W = 10teF_{水田} \qquad\qquad (5-5)$$

式中：W 为塘坝产水量，m^3；$F_{水田}$ 为灌区内水田面积，hm^2；10 为单位换算系数，$1hm^2$ $= 10000m^2$。

湖北省丘陵地区的塘坝抗旱天数一般为 30d 左右，但有些塘坝少的地区，只达 10～20d，塘坝多的地区可达 40～50d。湖南省作物耗水强度按 9mm/d 计算（即相当于每天每公顷水田耗水 $90m^3$）。

【例 5 - 2】　某灌区水田面积为 $800hm^2$，经调查得出干旱年中灌区塘坝抗旱天数 $t = 30d$，作物（水田）耗水强度 $e = 10mm/d$，试求该灌区塘坝产水量 W。

解：采用式（5-5）计算，即

$$\begin{aligned} W &= 10teF_{水田} \\ &= 10 \times 30 \times 10 \times 800 \\ &= 2.40 \times 10^6 \, m^3 \end{aligned}$$

（3）按塘坝集雨面积计算。

各时段塘坝供水量可用下式推求：

$$W_i = 10\alpha_i P_i F \eta_i \qquad\qquad (5-6)$$

式中：W_i 为某一时段的塘坝产水量，m^3；P_i 为同一时段降雨量，mm，根据灌区内或灌区附近降雨观测资料得出；F 为塘坝集雨面积，hm^2，常以每公顷水田的集雨面积表示，或以每个塘坝平均集雨面积表示；η_i 为塘坝有效利用系数，它与塘坝渗漏、蒸发、水量废泄等有关，一般采用 0.5～0.7；α_i 为同一时段的径流系数。

径流系数可根据灌区附近的径流站观测资料分析确定。例如湖北省汉北地区上年 9 月至次年 5 月的 $\alpha_i = 0.2～0.4$，6—8 月的 $\alpha_i = 0.4～0.6$。丰水年、山丘区用较大数值；枯水年、平原区用较小数值。

塘坝是很分散的，可假定其均匀分布在灌区内，计算时可概化作为一个"水库"，"水库"库容为灌区塘坝的容积之和，其容积一般可通过调查和测量求得。

有调蓄库容的灌溉工程，主要任务在于研究来水、调蓄库容、供水量或灌溉面积及设计保证率之间的关系。关于径流调节计算的原理和方法在第四章已作过较详细的介绍。尽管在研究灌溉问题时，灌溉用水过程变化较大，不可能像第四章讨论时，假定全年用水均匀，在时段选取方面，灌溉期一般需按句或候（5d）进行水量平衡计算，但其调节计算的原理和方法基本上是相同的。

蓄水灌溉一般以水库为蓄水工程。当水库入流较多，超过水库供水时，将多余的水量蓄在库内；在作物需水量较大，干旱少雨的季节，水库将存蓄的水通过输水渠道送入田间，以补充有效降雨与塘坝供水的不足部分，保证农作物所需水量。灌溉水库调节计算任务主要有两种类型：①已知来水、灌溉用水、设计保证率，求灌溉库容；②已知来水、灌溉库容、设计保证率，求灌溉供水量或灌溉面积。

按水库调节周期划分，可分为年调节和多年调节，现分述如下。

二、年调节灌溉水库调节计算

年调节水库是以一年作为调节周期，将一年内天然来水按灌溉用水要求由水库进行调蓄，因而水库必须有一定灌溉库容。年调节水库灌溉调节计算一般采用时历法。对于大型水库，应采用长系列法进行计算，中小型水库可采用典型年法。

1. 长系列法

我们先研究上述第一种类型问题，即已知来水、灌溉用水、设计保证率，求所需灌溉库容。为此，必须求每年所需库容，绘制库容频率曲线，最后方可根据设计保证率，求得所需设计灌溉库容。而在推求每年所需库容时，必须进行逐时段（月或旬）的水量平衡计算。

水量平衡计算公式为

$$\Delta V = (Q_来 - q_用 - q_损 - q_弃)\Delta t \tag{5-7}$$

式中：ΔV 为计算时段（月或旬）内水库蓄水量变化值，m^3，ΔV 为"＋"时，表示水库蓄水，ΔV 为"－"时，表示水库放水；$Q_来$ 为计算时段内入库平均流量，m^3/s；$q_用$ 为计算时段内毛灌溉用水流量，m^3/s（参见第三章第二节）；$q_损$ 为计算时段内的水库水量损失，m^3/s；$q_弃$ 为计算时段内的水库弃水量，m^3/s；Δt 为计算时段长，s。

【例 5-3】 某灌溉水库共有 30 年水文资料，其中某一年水库来水量、水库水量损失、灌区综合毛灌溉用水量，见表 5-3，试用列表法求该年所需灌溉库容。

表 5-3　　　　　　　　　　　灌溉水库水量平衡计算表　　　　　　　　　单位：万 m³

月份	水库来水量	水库水量损失	净来水量	毛灌溉用水量	ΔV	
					＋	－
(1)	(2)	(3)	(4)	(5)	(6)	(7)
3	14.9	2.12	12.78	0.12	12.66	
4	152.6	2.51	150.09	62.1	87.99	
5	210.2	2.60	207.60	73.2	134.4	
6	110.3	3.01	107.29	54.9	52.39	
7	19.6	3.32	16.28	68.7		52.42
8	25.2	3.20	22.00	56.2		34.20
9	21.7	2.81	18.89	59.6		40.71
10	6.24	2.61	3.63	21.4		17.77
11	20.3	2.16	18.14	0.09	18.05	
12	15.4	2.03	13.37	0	13.37	
1	7.1	1.92	5.18	4.24	0.94	
2	7.9	2.03	5.87	3.33	2.54	
总计	611.44	30.32	581.12	403.88	322.34	145.10

解：计算步骤如下。

1）计算净来水量。净来水量＝河川来水量－水库损失量［表 5-3 中（4）栏＝（2）栏－（3）栏］。

2）计算 ΔV。ΔV＝净来水量－毛灌溉用水量。$\Delta V > 0$（为"＋"值）时，将数字填入表中（6）栏；$\Delta V < 0$（为"－"值）时，将数字填入表中（7）栏。

3）计算灌溉库容 $V_灌$。从表中 ΔV 计算结果可知，3—6 月和 11 月—次年 2 月，ΔV

为"＋"值，表示净来水量大于毛灌溉用水量；而 7—10 月，ΔV 为"－"值，表示净来水量小于毛灌溉用水量，其差值 ΔV 的总和为 145.1 万 m³，应由水库供水，因此水库的灌溉库容 $V_{灌}＝145.1$ 万 m³。

该年只有一个亏水期，计算比较简单。如果有两个或三个亏水期，这时确定本年所需库容要复杂一些，但第四章中差积曲线法可以较好地解决多回运用问题。

以上只说明了推求某灌溉库容的水量平衡计算方法，对于本例而言，30 年中的每年均可按同样方法求得所需库容，将 30 个库容由小到大排队，并绘成库容保证率曲线，由设计保证率在该曲线上查得相应库容值，就是长系列法所要求的设计灌溉库容。

对于第二种类型的问题，即已知来水、库容、设计保证率，求灌溉面积。一般可在一定范围内先假定几种可能的灌溉面积方案，每一方案在灌溉面积确定后，即可求出相应的综合灌溉用水过程，这时，可按第一类问题的求解步骤，求出相应的库容保证率曲线。由于每一个方案均可绘制一条库容保证率曲线，将其汇总在一起，可点绘成以灌溉面积为参数的库容保证率曲线（图 5-2），图中 ω 为灌溉面积。由图 5-2，可得到已知设计保证率条件下的库容与灌溉面积的关系，然后根据已知库容便可求得保证的灌溉面积。

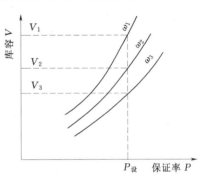

图 5-2　$V-\omega-P$ 关系

2. 典型年法

长系列法一般能较好地反映灌溉用水、库容及设计保证率之间的关系，但计算工作量较大。典型年法采用一个或几个典型年代替长系列计算，以节省工作量，而两者水量平衡计算方法相同。

1）当各年灌溉用水量和来水量之间关系比较密切时，可选取水库年来水量接近设计保证率但年内分配不同的几个典型年。灌溉用水量采用同年用水过程，进行逐时段水量平衡计算，求得各典型年所需库容，然后取其偏大值作为设计值。

2）当各年灌溉用水量和来水量关系不密切时，可先在年来水量频率曲线上，选择年水量保证率在设计保证率左右的几年，灌溉用水量采用同年用水过程，分别计算各典型年所需库容，再将所求库容按大小重新排列，根据设计保证率求其库容值。然后在用水量频率曲线上，选择用水量保证率在设计保证率左右的几年，来水过程采用同年资料，计算这几年所需库容，再将所求库容按大小重新排列，根据设计保证率求其库容值。最后，可在两个库容中，选其大者作为设计值。

3）如果已对一个方案进行过长系列调节计算，为了比较更多方案而采用典型年法，应选灌溉库容符合设计保证率的年份为典型年，因为这样的典型年与长系列法计算结果最接近。

【例 5-4】　某水库有 30 年资料，经分析年灌溉用水量和来水量关系不密切，灌溉工程设计保证率 $P＝80\%$，试用典型年法求所需灌溉库容。

解：1）根据年来水量大小选择年水量接近设计保证率 $P＝80\%$ 的 4 年，列于表 5-4

中第（1）、（2）行。

2）灌溉用水过程也选 1974 年、1967 年、1962 年、1979 年这 4 年，对每年进行水量平衡计算，求各年所需库容，列于表 5-4 中第（3）行。

3）将求得的 4 个库容值，由小到大重新排列，填入表中第（4）行，由第（1）行和第（4）行求得 $P=80\%$ 时之所需库容 $V_1=0.95$ 亿 m^3。

4）根据灌溉用水量大小，另选用水量保证率接近 $P=80\%$ 的 4 年，来水采用新选 4 年的同年过程。

5）按上述 2）、3）两个步骤，又可每年求出相应库容，并重新排列求得另一个 $P=80\%$ 的库容 $V_2=0.93$ 亿 m^3（表略）。

6）综合以上两种成果，取其大者 $V=0.95$ 亿 m^3，为灌溉库容设计值。

表 5-4　　　　　　　　　　　　典 型 年 法 库 容 频 率

（1）保证率 $P/\%$	74.7	78.0	81.2	84.5
（2）年来水量相应年份	1974	1967	1962	1979
（3）该年所需灌溉库容 $V_1/$亿 m^3	0.97	0.86	1.04	0.91
（4）重新排列后的库容 $V_1/$亿 m^3	0.86	0.91	0.97	1.04

3. 抗旱天数法

抗旱天数法一般适用于资料缺乏的中小型灌溉工程。首先要对灌区过去的旱情和抗旱天数进行调查和统计分析；其次选择几个实际旱情接近设计抗旱天数的年份作为典型年，然后对选出的典型年进行水量平衡计算，求每年所需灌溉库容；最后，选用偏于安全的库容作为设计值。

三、多年调节灌溉水库调节计算

1. 时历法

当具有较长系列的来水和用水过程时（一般要求具有 30 年以上资料），大多采用时历法进行长系列水量平衡计算。计算方法与年调节水库相同，这里不再重复。但有一点必须注意，即起始条件应选取适当，一般可从连续丰水年蓄水期末库满开始，或从连续枯水年供水期末库空开始。

2. 数理统计法

（1）固定用水量法。

若设计灌区以旱作物为主，历年灌溉用水定额变化很小，这种情况可作为固定用水量处理，即可用第四章介绍的数理统计法推求多年库容。年库容可采用年调节灌溉水库典型年法确定。设计灌溉库容等于多年库容与年库容之和。

（2）变动用水量法。

这里只介绍一种简化的数理统计法——总来水量保证率曲线法。

该法基本思路是：将水库天然来水量 Y 的频率曲线与灌区有效降雨量 R 的频率曲线，按频率组合原理进行相加，求得总来水量 Z 的频率曲线；另外将灌溉用水量 X 加上相应有效降雨量 R 当做作物生长期的极限耗水量，或称最大灌溉需水量 M。对于一定灌溉面积、作物组成和一定气候条件的灌区，最大灌溉需水量 M 可认为是固定值，这样就将由水库调节天然来水量 Y，满足变动灌溉用水量 X 的调节计算，转化为由水库调节总来水量 Z，满足固定最大灌溉需水量 M 的调节计算。此时，便可用第四章介绍的数理统计法求解。

由于作物生长期的天然来水量 Y 和有效降雨量 R，这两种随机变量的分布，一般均可认为服从 Γ 分布，因而总来水量频率曲线可根据水库天然来水量和灌区有效降雨量资料推求，其统计参数之间关系为

$$\overline{Z} = \overline{Y} + \overline{R} \tag{5-8}$$

$$\sigma_z = \sqrt{\sigma_Y^2 + \sigma_R^2 + 2r_{RY}\sigma_Y\sigma_R} \tag{5-9}$$

$$C_{VZ} = \frac{\sigma_z}{\overline{Z}} \tag{5-10}$$

$$C_{SZ} = \frac{C_{SY}}{C_{VY}}C_{VZ} \tag{5-11}$$

式中：$\overline{Z}$、σ_z、C_{VZ}、C_{SZ} 分别为总来水量的均值、均方差、变差系数和偏态系数；$\overline{Y}$、σ_Y、C_{VY}、C_{SY} 分别为水库天然来水量的均值、均方差、变差系数和偏态系数；$\overline{R}$、σ_R 分别为水库灌区有效降雨量的均值和均方差；r_{RY} 为水库来水量和灌区有效降雨量相关系数。

第四节　提水灌溉工程水利计算

引水灌溉系采用自流的方式将高处的水量输送到田面较低的灌区。与此相反，提水灌溉则系采用提水的方法将低处的水量输送到田面较高的灌区。提水灌溉工程的主体为抽水站。

提水灌溉工程水利计算主要任务是制定抽水站的规划、确定抽水站的水泵设计扬程、计算设计流量、选择机组机型、确定装机容量。

一、抽水站规划

提水灌区的划分，主要应根据当地的地形、水源、能源和行政区划等条件，同时应考虑建站投资、渠道占地、土石方量、管理运用等各方面的因素。在确定本灌区内采用集中建站还是分散建站时，必须首先分析一个抽水站控制多大灌溉面积较为适宜。集中建站与分散建站相比，集中建站每千瓦装机的造价低，输电线路短，便于集中管理，年费用少，但渠道土方量和占地较大，交叉建筑物数量多；分散建站可以减少渠道工程量和占地面积，也可减少交叉建筑物的数量，但分散站过多，建站的总投资将加大，运行管理不便，年费用增加。采用集中分散相结合的建站方式，其优缺点介于两者之间。确定合理的抽水站布局的方法是建立各种可行方案，通过技术经济比较，找出抽水站和渠系工程投资较省、运行费用较小、受益较快的方案。

根据灌区的不同特点，灌区划分常有以下几种形式。

（1）一级提水，一区灌溉。

由一条干渠控制全部灌溉面积，抽水站将全灌区的灌溉用水先提升到灌区的最高点，然后由各级渠道供全区灌溉。这种形式适用于面积较小，地面高差不大的灌区。

（2）多级提水，分区灌溉。

当灌区面积较大，地面高差也较大时，如采用一级提水，一区灌溉的方式，则灌区低处的用水也要提升到灌区的最高点，然后再经渠道送回低处灌溉，这样，不仅浪费动力，加大了抽水站的装机容量和能源消耗，而且还要增加压力管道和渠系的投资。在这种情况下，应根据地形条件，分级设站，分级提水，分区灌溉。

（3）分区一级提水，一区灌溉。

当灌区地形平坦，水系密集时，可根据河流分布情况，将全灌区划分为若干个小灌区，每个小灌区由单独的抽水站和渠系供水。

分级设站的站址高程一般可按水泵总功率最小的原则确定。水泵总功率可由下式计算：

$$N = \frac{\gamma q \omega}{102\eta} H_p = 9.8 \frac{q\omega H_p}{\eta} \qquad (5-12)$$

式中：N 为水泵总功率，kW；γ 为水的容重，kg/m^3；q 为灌区设计毛灌溉模数（单位灌溉面积上所需的设计毛灌溉流量），m^3/s/hm^2；ω 为保证灌溉面积，hm^2；η 为水泵装置效率；H_p 为水泵设计扬程，m。

根据水泵的设计扬程，可先假定提水级数分别为一级、二级、三级、……，对于每一种提水级数方案，再假定各级抽水站的高程，按式（5-12）分别计算其总功率，选择总功率最小的方案来决定分级设站的站址高程。

二、设计流量计算

设计流量应对每一级分别计算。第一级设计流量，其确定方法与引水灌溉工程确定设计引水流量的方法相同，不再赘述。第二级计算来水量时，应扣除第一级灌区灌溉用水量；第三级计算来水量时，应扣除第一级和第二级灌区灌溉用水量，如此类推。

有些地区，采用典型年毛灌溉用水量过程中的时段最大灌溉用水量，计算提水灌溉工程的设计流量，其计算公式为

$$Q = \frac{10M\omega}{t} \qquad (5-13)$$

式中：Q 为灌溉保证率为 P 的设计提水流量，m^3/s；M 为典型年内时段最大毛灌溉用水量，mm；ω 为灌溉面积，hm^2；t 为时段内提水时间，s，一般每天开机时间约 15~22h。

【例 5-5】 设某灌区灌溉面积 $\omega = 1960$hm^2，最大综合净灌溉用水量 $M_{净} = 104.7$mm（8 月下旬，11 天），假定灌区田面高程较高，需采用一级提水灌溉，试求设计流量。

解：考虑渠道输水损失取利用系数为 0.75，则最大毛灌溉用水量为

$$M = \frac{M_{净}}{\eta} = \frac{104.7}{0.75} = 139.6 \text{mm}$$

每天开机时间假定为 20h，则设计流量为

$$Q = \frac{10M\omega}{t} = \frac{10 \times 139.6 \times 1960}{11 \times 20 \times 3600} = 3.46 \text{m}^3/\text{s}$$

取 $Q = 3.5$m^3/s。

三、水泵设计扬程计算

水泵的设计流量和扬程是选择水泵的主要依据，设计流量与扬程确定是否合理，直接影响装机大小与抽水站的建站投资。

水泵设计扬程采用下式计算：

$$H_p = H'_p + \Delta H \tag{5-14}$$

式中：H_p 为水泵设计扬程，m；H'_p 为水泵设计净扬程，m，它表示设计条件下的水泵实际提水高度；ΔH 为总水头损失，m，其中包括吸水管、压力水管的沿程水头损失及局部水头损失。

（1）水泵设计净扬程 H'_p 计算。

水泵设计净扬程为压力水池水位 Z_1 与前池设计水位 Z_2 之差，即

$$H'_p = Z_1 - Z_2 \tag{5-15}$$

式中：Z_1 为压力水池的水位，m，一般可根据灌区渠首灌溉水位高程确定；Z_2 为前池设计水位，m，可按下式计算：

$$Z_2 = Z_3 + \Delta h \tag{5-16}$$

式中：Z_3 为灌溉水源处，灌溉保证率为 P 的河流设计水位，m；Δh 为引水渠沿程水头损失及过闸水头损失，m。

Z_3 确定方法为根据灌溉保证率 P 选择典型年，以旬为计算时段，确定典型年内各旬毛灌溉用水量，选择旬毛灌溉用水量较大而旬平均水位较低的水位，作为河流设计水位 Z_3。

（2）总水头损失 ΔH 计算。

总水头损失计算可用下式：

$$\Delta H = H_1 + H_2 = S_0 Q_1^2 L + \sum \zeta \frac{V^2}{2g} \tag{5-17}$$

式中：ΔH 为总水头损失，m；H_1 为吸水管及压力水管管路水头损失，m；H_2 为局部水头损失，m；S_0 为单位阻力，与粗糙系数 n、水管直径 D 有关，可参阅水力学等有关书籍；Q_1 为水泵出水流量，m^3/s；L 为管路长度，m；ζ 为局部阻力系数，可查阅水力学等有关书籍；V 为吸水管或压力水管中的流速，m/s；g 为重力加速度（$g=9.81 m/s^2$）。

对于中小型提水灌溉工程，也可参考表 5-5 估算总水头损失 ΔH。

表 5-5　　　　　　　　　　总水头损失 ΔH 估算表　　　　　　　　　　%

设计净扬程 H'_p/m ＼ 水管直径 D/mm	$\Delta H/H'_p$		
	<250	250~350	>350
<10	30~50	20~40	10~25
10~30	20~40	15~30	5~15
>30	10~30	10~20	3~10

第五节　地下水灌溉工程水利计算

地下水是埋藏在地表以下土壤和岩石孔隙中的水，它包括土壤水和饱和带中的地下水。饱和带水又可分潜水和承压水。

土壤水处于地下水面以上，可直接与大气相通，它是地表水与地下水相互转化的过渡带，又称包气带水。潜水处于地下水面以下，它是地表以下第一区域性弱透水层之上的饱和地下水。自由潜水面通过包气带与地表相通，属无压水。承压水处于地下水面以下，任意两个弱透层之间，它是具有承压性质的饱和承压水。

灌溉开采利用的地下水主要系指潜水。要确定地区可以开发利用的地下水量，首先必须估算其补给量和消耗量。

一、地下水补给量计算

地下水补给项有降雨入渗补给、河渠渗漏补给、灌溉回归水补给、越层补给、人工回灌和区外侧向补给等。

（1）降雨入渗补给。

雨降到地面后，一部分形成径流，一部分渗入土壤。渗入土壤的雨水在重力作用下，一部分继续下渗，补给地下水。形成的坡面流和洼地积水，也会有一部分渗入地下，补给地下水。

如果当地具有地下水位的长期观测资料，可由下式估算降雨的补给量：

$$P_r = \mu \Delta Z \tag{5-18}$$

式中：P_r 为降雨对地下水的补给量，mm；μ 为地下水面以上土层的给水度；ΔZ 为雨后地下水位上升值，mm。

$1m^3$ 饱和土中能排出重力水的体积称为给水度，其值等于排出水的体积与饱和土体积之比。不同土层的给水度见表 5-6。

表 5-6　　　　　　　　　各种土层的给水度 μ

岩层（土质）	给水度 μ	岩层（土质）	给水度 μ
黏土	0.01~0.02	粉砂	0.07~0.11
亚黏土（壤土）	0.02~0.04	细砂	0.12~0.16
粉质亚黏土（粉砂壤土）	0.02~0.05	中砂	0.18~0.22
亚黏土（砂壤土）	0.05~0.07	粗砂	0.22~0.26

如地下水位观测资料较少，降雨量的观测年份较长，可由下式估算降雨的补给量：

$$P_r = \alpha(P + P_a) \tag{5-19}$$

式中：α 为降雨入渗补给系数；P 为一次降雨量，mm；P_a 为该次降雨的前期影响雨量，mm，其反映降雨前土壤的含水量。

规划设计中如选用计算时段较长，则式（5-19）中的 P_a 可以略去。北京水文地质一大队根据试验资料，求得不同土质、不同地下水埋深的降雨入渗补给系数 α，见表 5-7。

表 5-7　　　　　　降雨入渗补给系数 α（以占降雨的百分数计）

地下水埋深/m 土质（岩性）	0.5	1.0	1.5	2.0	3.0
黄土质黏砂（亚砂）	56.9	42.6	34.1	28.7	25.2
黏砂（亚砂）	46.4	36.9	31.4	28.0	

续表

地下水埋深/m 土质（岩性）	0.5	1.0	1.5	2.0	3.0
粉细砂	56.6	48.7	43.7	39.0	
砂砾石	65.7	67.6	68.7	69.0	64.4
砂黏（亚黏土）	47.0	35.1	28.1	23.7	20.8

（2）河渠渗漏补给。

河流和大型骨干沟渠，其渗漏损失流量就是对地下水的补给量，如果河渠有实测流量资料，则其区间损失量可由河渠首尾实测流量差值确定。无水文测验资料，也可根据河渠两侧地下水观测井资料估算，其计算公式为

$$q = K \bar{h} J \qquad (5-20)$$

式中：q 为河渠单位长度向一侧的渗漏量，$(m^3/d)/m$；K 为地下水含水层平均渗漏系数，m/d；$\bar{h}$ 为地下含水层平均厚度，m；J 为地下水水力坡降。

（3）灌溉水回归。

灌溉水入渗补给地下水，与降雨入渗补给相似，它与土质、灌水定额、土壤含水量及灌水前地下水的埋深等因素有关。表 5-8 系北京水利水电科学研究院与河南省引黄人民胜利渠忠义灌溉试验站所取得的资料，其中数据表明，在灌水适量，地下水埋深大于 2m 的情况下，田面灌水对地下水的补给量较小。

表 5-8　　　　　不同灌水定额对地下水补给量　　　　　单位：mm

灌水定额/(m³/hm²) 地下水埋深/m	300	450	600	750	900	1050	1200
1.0	4.0	10	17	25	34	49	72
1.5		1.5	4.0	9.0	16	25	38
2.0				2.0	5.0	10	20

灌溉对地下水的补给主要来源于灌溉渠系的渗漏，其渗漏量一般可根据渠系有效用系数用下式进行估算：

$$W_s = W(1 - \eta) \qquad (5-21)$$

式中：W_s 为灌溉渠系补给量，m^3；W 为灌溉渠系引用水量，m^3；η 为渠系水量有效利用系数。

（4）越层补给。

上层潜水与下部承压水层间尽管有弱透水层隔开，但仍有一定补排关系。由于相邻含水层具有不同压力水头差，因而承压水可通过对弱透水层顶托渗漏补给浅层潜水。越层补给强度可按达西公式计算：

$$\varepsilon = K \frac{\Delta H}{m} \qquad (5-22)$$

式中：ε 为越层补给强度，m/d；K 为弱透水层的渗透系数，m/d；m 为弱透水层的厚度，

m；ΔH 为承压水与潜水位的水头差，m。

（5）侧向补给。

地下含水层往往是相互连通的，当规划区开发利用地下水时，由于地下水位下降，会使规划区外产生水头差，从而增加水力坡度，这时便会产生周边对规划区的侧向补给，其补给流速可按达西公式计算。

（6）人工回灌。

人工回灌是指当灌区外的地表水或其他水源有余时，将其通过渠道引入灌区，经过沉淀和过滤，再注入井中，以便灌溉需水时取用。地下含水层作为地下水库，起调蓄作用。

二、地下水消耗量计算

地下水消耗项有农业用水、潜水蒸发、越层排泄、地下补给河流、侧向流出等。

（1）农业灌溉用水。

对于灌区来说，地下水消耗项中，农业用水是最重要的项目，灌溉用水量等于灌区毛综合灌水定额 $M_{毛}$（m^3/hm^2）乘以灌溉面积 ω（hm^2）。$M_{毛}$ 由下式计算：

$$M_{毛}=\frac{M_{净}}{\eta}$$

式中：$M_{净}$ 为灌区净综合灌水定额，m^3/hm^2，其具体计算方法见第三章第二节；η 为渠系水量利用系数。对于井灌区因一般渠系较短，质量较高，η 可选用较高数值，如 $0.85\sim0.9$。

（2）潜水蒸发。

地下水埋深较浅的地区，潜水蒸发可达相当数量。潜水蒸发强度与土壤输水性能、地下水埋深和气候条件有着密切关系。根据山东省打渔张灌区 6 户试验站资料，在轻质土（粉砂壤土）情况下，潜水蒸发强度 ε 与地下水埋深和水面蒸发强度 ε_0 之间的关系见表 5-9。

表 5-9　　　　　　　　　　轻质土潜水蒸发　　　　　　　　　　单位：mm

地下水埋深/m 水面蒸发/mm	0.50	0.90	1.40	1.80	2.20	2.50
2.0～3.0			1.62	1.36	1.21	0.38
3.1～4.5	4.18	3.85	2.08	1.97	1.22	0.34
4.6～6.0	4.26	3.38	3.13	2.62	1.12	
6.1～7.5	6.13	4.04	3.31	2.76	1.10	
7.6～9.0	6.30	5.12	2.39	2.77	0.73	
9.1～10.5	7.09	5.35	2.29	2.80	0.42	
>10.5	7.47		3.71	2.66	0.01	

根据各地资料，一般潜水蒸发强度 ε 与水面蒸发强度 ε_0 的关系如下：

$$\varepsilon=\varepsilon_0\left(1-\frac{\Delta}{\Delta_0}\right)^n \qquad (5-23)$$

式中：Δ 为地下水埋深，m；Δ_0 为地下水蒸发极限深度（或潜水停止蒸发的深度），m；n 为指数，与土壤性质有关。

（3）其他消耗项。

其他消耗项，如越层排泄、流入河沟及侧向流出等分别与上述越层补给、河渠渗漏补给、侧向补给等计算方法类似，只是流向不同，不再重复。

井灌区民用饮水量相对较小，可不考虑，但如城镇、工矿区以地下水为水源，则应考虑其需水量，折合成水深作为消耗项。

三、地下水均衡计算

地下水均衡区的水量平衡方程可用下式表示：

$$W_1 - W_2 = \mu \Delta Z \qquad (5-24)$$

式中：W_1 为时段内地下水补给总量，m；W_2 为时段内地下水消耗总量，m；ΔZ 为时段始末地下水位的变化，m，上升为正，下降为负；μ 为给水度。

地下水均衡时，计算时段不宜取得太短，如太短，则许多数据难以确定，误差较大，计算工作繁重。一般可按作物生长期划分为若干计算时段，有时也可以灌溉年（例如安徽淮北取 10 月至次年 9 月）作为时段。

地下水均衡计算，可采用典型年调节法和长系列操作法，典型年可按降雨量和灌溉需水量选取，可分别以保证率为 80%、50%、20% 的年份作为枯水年、平水年和丰水年 3 种典型。

四、井灌区规划

1. 井型选择

农用机井按其构造，一般可分为管井、筒井和筒管井 3 种类型。在管井中又分为敞开管井和封闭管井两种。

井型主要根据水文地质条件和当地实际情况而定。含水层厚、分选性好的浅层地区和有数层含水层的中深层地区，一般均应选管井。地下水埋藏浅的地区（包括承压水位高的地区）可选用封闭管井。含水层埋藏深度浅，含水层厚度尚能满足农田灌溉需水量时可选用筒井或筒管井。当含水层薄，含水层分选性较差，满足农田供水有困难时，一般可选用大口井。

2. 井深的确定

井深应根据含水层的性质和厚度决定。规划区如有数层含水层，一般应考虑采用不同井深相结合，以防止机井过密而引起抽水干扰。井深除考虑利用含水层的层数和厚度外，还应考虑沉淀管的长度。终孔的深度，应尽量位于非含水层中，这样既可增加滤水管下入长度，加大机井出水量，又可避免因井底处理不善而引起井孔涌砂。根据设计单井出水量（一般要求出水量大于 $30\text{m}^3/\text{h}$）和当地各种砂层的出水率，可先计算出需要取用砂层的厚度，然后结合地层情况，再加上沉淀管的长度，即为机井的深度。

3. 井距的确定

（1）单井灌溉面积法。

在大面积水文地质条件差异不大，地下水补给比较充足，地下水水源丰富，地下水水位降深在一定时间内可达到相对稳定时，机井的间距主要决定于井的出水量和所能灌溉的面积，其计算公式为

$$\omega = \frac{QTt\eta}{m} \quad\quad\quad (5-25)$$

式中：ω 为单井控制的灌溉面积，hm^2；Q 为单井流量，m^3/h；T 为整个灌溉面积一次灌水所需要的天数，d；t 为每天灌水时间，h；η 渠系水量有效利用系数；m 为灌水定额，m^3/hm^2。

如果按正方形网状布井，则机井间距可用下式计算：

$$D = 100\sqrt{\omega} \quad\quad\quad (5-26)$$

式中：D 为机井间距，m。

（2）水位削减法。

群井同时抽水时，由于水位下降，相互干扰，使出水量减少，如用 α 表示出水量减少系数，则总出水量减少系数 $\sum\alpha$ 可用下式表示：

$$\sum\alpha = \frac{\sum h}{S + \sum h} \quad\quad\quad (5-27)$$

式中：S 为单井抽水降深，m；$\sum h$ 为周围井同时抽水时本井总水位削减值，m。

干扰后的出水流量 Q' 为

$$Q' = Q(1 - \sum\alpha) \quad\quad\quad (5-28)$$

在相互干扰的情况下，每眼机井实灌面积 ω' 为

$$\omega' = \frac{Q'Tt\eta}{m}$$

井间距离可根据 ω' 确定。

参 考 文 献

[1] 鲁子林.水利计算 [M].南京：河海大学出版社，2003.

[2] 中华人民共和国水利电力部.SDJ 217—84 灌溉排水渠系设计规范 [S].北京：水利电力出版社，1984.

[3] 季山，周偶.水利计算及水利规划 [M].北京：中国水利电力出版社，1998.

[4] 武汉水利电力学院.农田水利学 [M].北京：水利电力出版社，1980.

[5] 施成熙，粟宗嵩.农业水文学 [M].北京：农业出版社，1984.

[6] 沈阳农业院.农田水利学 [M].北京：农业出版社，1980.

[7] 扬州水利学校.抽水站 [M].北京：水利电力出版社，1982.

[8] 山东省水利学校，等.地下水开发利用 [M].北京：水利电力出版社，1983.

[9] 中华人民共和国水利部，SL 104—95 水利工程水利计算规范 [S].北京：中国水利水电出版社，1996.

第六章 水电站水能计算

第一节 概　述

能源是实现社会现代化的重要物质基础。电力是保证国民经济发展，改善人民生活的基本条件。而以水流动力为原料的水力发电，不像煤和石油受储存量的限制，它是取之不尽，用之不竭的再生性清洁能源。

我国水力资源极其丰富，水能蕴藏量 6.76 亿 kW，技术可开发容量 5.4 亿 kW，经济可开发容量 4.0 亿 kW，居世界第一。据第一次全国水利普查成果，截至 2011 年，我国共有水电站 46758 座，装机容量 3.33 亿 kW（表 6-1）。其中：在规模以上水电站中，已建水电站 20866 座，装机容量，2.17 亿 kW；在建水电站 1324 座，装机容量 1.1 亿 kW。我国水电事业发展仍有着广阔的前景。

表 6-1　　　　　　　　　不同规模水电站数量和装机容量汇总表

水电站规模		数量/座	装机容量/万 kW
合计		46758	33288.93
规模以上 （装机容量≥500kW）	小计	22190	32729.79
	大（1）型	56	15485.50
	大（2）型	86	5178.46
	中型	477	5242.00
	小（1）型	1684	3461.38
	小（2）型	19887	3362.45
规模以下（装机容量＜500kW）		24568	559.14

一、水能计算基本方程

天然河道中的水流，在重力作用下不断从上游流向下游，它所具有的能量，在流动过程中消耗于克服沿程摩阻、冲刷河床及挟带泥沙等。

天然河道水流能量可用伯努里方程来表示。河段纵剖面见图 6-1，水量从断面 1-1 流到断面 2-2 所耗去的能量可用下式计算：

$$E=\left[\left(Z_1+\frac{p_1}{\gamma}+\frac{\alpha_1 v_1^2}{2g}\right)-\left(Z_2+\frac{p_2}{\gamma}+\frac{\alpha_2 v_2^2}{2g}\right)\right]W\gamma$$

式中：E 为河段中消耗的能量，J；Z 为断面的水面高程，m；$\frac{p}{\gamma}$ 为断面的压力水头，m；v 为断面平均流速，m/s；α 为断面流速不均匀系数；γ 为水的容重，通常取 1000kg/m³；g 为重力加速度；W 为水体体积，m³。

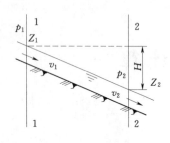

图 6-1　河段纵剖面图

在实际计算时，当河段较短，两个断面上的大气压强相差甚微，可认为 $p_1 = p_2$。如流量一定，两断面面积相差不大，则 $\dfrac{\alpha_1 v_1^2}{2g}$ 与 $\dfrac{\alpha_2 v_2^2}{2g}$ 之差值所占比重很小，可以忽略，因而，上式可写成为

$$E = (Z_1 - Z_2)W\gamma = HW\gamma \qquad (6-1)$$

式中：H 为断面 1-1 至断面 2-2 的水位差，亦称水头或落差，m，$H = Z_1 - Z_2$。

式（6-1）表示水量 W 下落 H 距离时所做的功，单位时间所做的功称为功率，在水能利用中通常称为出力，一般用 N 表示。由于 Δt 时段内流过某断面的水量 $W(\mathrm{m}^3)$，等于断面流量 $Q(\mathrm{m}^3/\mathrm{s})$ 与时段 $\Delta t(\mathrm{s})$ 之乘积；$1\,\mathrm{kgf \cdot m/s}$ 的功率等于 $0.00981\,\mathrm{kW}$，由式（6-1）可得到：

$$N = \frac{E}{\Delta t} = H\left(\frac{W}{\Delta t}\right)\gamma = \gamma QH = 1000 \times 0.00981QH$$

即
$$N = 9.81QH \qquad (6-2)$$

式中：N 为出力，kW。

电力工业方面，习惯用 "kW·h"（俗称 "度"）为能量单位，因 $T(\mathrm{h}) = \dfrac{1}{3600}\Delta t(\mathrm{s})$，于是能量公式可写成：

$$E = NT = 9.81QH\left(\frac{\Delta t}{3600}\right)$$

即
$$E = 0.00272WH \qquad (6-3)$$

式中：E 为电能，kW·h。

当一条河流各河段的落差和多年平均流量为已知时，就可利用式（6-2）估算这条河流各段蕴藏的水力资源。如果知道可利用的水量和落差，就可利用式（6-3）估算其具有的电能。

由上述公式可以看出，水头和流量（或水量）是构成水能的两个基本要素，它们是水电站动力特性的重要参数。

由于河流能量在一般情况下是沿程分散的，为了利用水能，就必须根据河流各河段的具体情况，采用经济有效的工程措施，如水坝、引水渠、隧洞等，将分散的水能集中起来，让水流从上游通过压力引水管、经水轮机、再由尾水管流向下游。当水流冲击水轮机时，水能就变为机械能，再由水轮机带动发电机，将机械能变为电能。

水能转变为电能的过程中，经历了集中能量、输入能量、转换能量、输出能量 4 个阶段，不可避免地会损失一部分能量，这种损失表现在两个方面。

1）在水流自上游到下游的过程中，水流要通过拦污栅、进水口、引水管道流至水轮机，并经尾水管排至下游河道，在整个流动过程中，由于摩擦和撞击会损失一部分能量，这部分损失通常用水头损失来表示，即从水头 H 中扣除掉水头损失 ΔH，才是作用在水轮机上的有效水头，有效水头又称为净水头，以 $H_净$ 表示：

$$H_净 = H - \Delta H$$

2）水轮机、发电机和传动设备在实现能量转换和传递的过程中，由于机械摩擦等原因，也将损失一部分能量，其有效利用的部分，分别用水轮机效率 $\eta_{水机}$、发电机效率 $\eta_{电机}$ 及传动设备效率 $\eta_{传动}$ 来表示，如以 η 表示水电机组的总效率，则

$$\eta=\eta_{水机}\times\eta_{电机}\times\eta_{传动}$$

由于上述两方面的能量损失，所以水电站的实际出力总是小于由式（6-2）计算出的理论出力。水电站的实际出力和电能计算公式应分别为

$$N=9.81\eta QH_{净} \tag{6-4}$$
$$E=0.00272\eta WH_{净} \tag{6-5}$$

η 值的大小与设备类型、性能、机组传动方式、机组工作状态等因素有关，同时也受设备生产和安装工艺质量的影响。在进行水电站规划或水电站初步设计方案比较时，由于机电设备资料不全或者没有，可近似地认为总效率 η 是一个常数，则式（6-4）可改写为

$$N=KQH_{净} \tag{6-6}$$

式中：K 为出力系数，等于 9.81η。

对于大中型水电站，K 值可取为 $8.0\sim8.5$，甚至更高；对于小型水电站的同轴或皮带传动水电机组一般取为 $6.5\sim7.5$，两次传动的水电机组 K 值可取为 6.0。

净水头 $H_{净}=H-\Delta H$，水头 $H=Z_{上}-Z_{下}$ 比较容易确定，而水头损失 ΔH 则与流道的长度、截面形状和尺寸、构造材料、敷设方式、施工工艺质量等因素有关，一般须在电站总体布置完成后才能作出比较精确的计算。在初步计算时，可参照已建成的同类型电站估计 ΔH 值，然后再作校核。根据一些工程单位的经验，ΔH 约为 H 的 $3\%\sim10\%$，输水道短的取小值，输水道长的取大值；还需指出，若在初步计算中用 H 代替 $H_{净}$，亦即略去水头损失 ΔH 不计，这时出力系数 K 值应相应减小，否则会使计算成果偏大。

二、水电站开发方式

由上述可知，水电站的出力主要取决于落差和流量两个因素。在大多数情况下，天然河流的落差往往分散在各河段上，只有在少数急滩瀑布处，落差才比较集中。因此，为了获得一定的水头发电，就必须通过适当的工程措施将分散的落差集中起来。根据集中落差的方式不同，水电站的基本开发方式可分为坝式、引水式和混合式 3 种。

1．坝式水电站

坝式水电站就是在河道中修建拦河坝，抬高上游水位，形成坝上下游的水位差。坝式水电站又分为坝后式和河床式 2 种类型。

（1）坝后式。

坝后式又称坝下式，这种形式的水电站的厂房修建在拦河坝后（拦河坝的下游侧），它不承受上下游水位差的水压力，全部水压力由坝承受，因而适合于高水头的水电站。坝后式水电站往往具有较大的调节库容。如我国的丹江口、新安江和龚咀等水电站就是这种类型。坝后式水电站见图 6-2 和图 6-3。

（2）河床式。

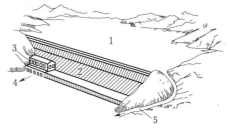

图 6-2　坝后式水电站布置图
1—水库；2—大坝；3—厂房；
4—下游河道；5—溢洪道

河床式水电站一般修建在河流中、下游河道比较平缓的河段中，其适用水头范围，大中型水电站一般在25m以下，小型水电站约为10m以下。中、下游河段由于受地形限制，只能建造不太高的拦河坝，否则会造成过多的淹没损失。河床式水电站的厂房往往和坝（或闸）并列直接建造在河床中，厂房本身承受上游的水压力而成为挡水建筑物的一部分。河床式水电站引用流量一般较大，通常是低水头大流量径流式水电站，如富春江、葛洲坝等水电站都是这种类型。图6-4为河床式水电站示意图。

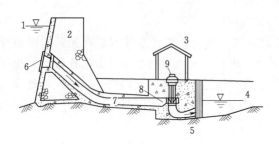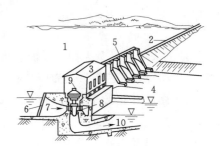

图6-3 坝后式水电站剖面图
1—水库；2—大坝；3—厂房；4—下游河道；
5—尾水管；6—拦污栅；7—压力水管；
8—水轮机；9—发电机

图6-4 河床式水电站示意图
1—水库；2—大坝；3—厂房；4—下游河道；
5—溢流坝；6—拦污栅；7—进水口；8—水
轮机；9—发电机；10—尾水管

2. 引水式水电站

在河流上游坡度比较陡峻的河段上，筑一低坝，通过引水建筑物（如明渠、隧洞、管道等）集中河段的落差，形成发电水头，这种开发方式称为引水式。引水式水电站按其引水建筑物中水流状态，又可分为无压引水式和有压引水式2种。

由于引水式水电站通常不受淹没和筑坝技术上的限制，因而在小型水电站中，引水式比坝式使用更为普遍。引水式水电站一般有较高的水头，没有或仅有很小的调节库容。我国南方许多省都有这种水电站，图6-5为引水式水电站示意图。

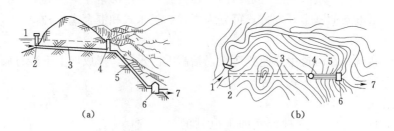

(a)　　　　　　　　(b)

图6-5 引水式水电站示意图
(a) 引水式水电站剖面图；(b) 引水式水电站平面图
1—上游河道；2—进水口；3—隧洞；4—调压井；5—引水管；6—厂房；7—下游河道

3. 混合式水电站

这种类型的水电站是前两种开发方式的结合，故称混合式水电站。图6-6中，在河段上游筑一拦河坝集中一部分落差，并形成一个调节水库；再用压力引水道引水至河段下游，又集中一部分落差，然后通过压力管将水引入厂房发电。当河段上游坡降平缓而淹没又小，下游坡降较大或有瀑布时，采用这种开发式往往比较经济。江西龙潭水电站，天生桥二级水电站等都是这种形式。

在进行河流或河段的规划设计中，究竟采用哪种开发方式为宜，应根据水文、地形、地质等情况及施工条件，全面考虑各用水部门要求，进行技术、经济分析和综合比较，从而选择技术经济指标最优越的开发方式。

三、水电站的设计保证率

由于水电站的出力与流量和水头有关，而河川径流各年各月都是变化的，这就使水电站各年各月的出力和发电量也不相同。水电站在多年工作期间正常工作得到保证的程度，称为水电站的设计保证率。即

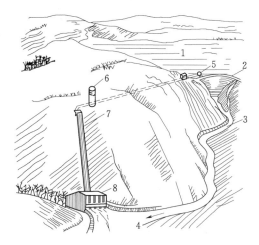

图 6-6 混合式水电站示意图
1—水库；2—大坝；3—溢洪道；4—下游河道；
5—进水口；6—调压塔；7—引水管；
8—厂房

$$P_设 = \frac{正常供电时间}{总供电时间} \times 100\%$$

年调节和多年调节水电站保证率一般用保证正常供电年数占总年数百分数表示，无调节和日调节水电站则用保证正常供电的相对日数表示。

水电站的设计保证率，主要根据水电站所在电力系统的负荷特性、系统中水电容量的比重并考虑水库的调节性能、水电站的规模、水电站在电力系统中的作用，以及设计保证率以外的时段，出力降低程度和保证系统用电可能采取的措施等因素，参照表 2-6 选用。

对担负一般地方工业或农村负荷的小型水电站，其装机容量为 1000～12000kW 时，设计保证率可取 80%～85%；如装机容量为 100～1000kW，则设计保证率一般可取 75%～80%。对于更小的水电站，如只负担农村照明和农副产品加工，其设计保证率可以更低。

四、设计代表年及设计代表段的选择

在水能调节计算中，一般应根据长系列的水文资料进行计算，但在规划或初步设计阶段，要反复进行多方案比较时，计算工作量很大。此时，为了简化计算，可选择设计代表年或代表段来进行计算。

1. 设计代表年的选择

在规划及初步设计阶段，对于无调节、日调节及年调节水电站，一般选 3 个设计代表年来进行计算，即设计枯水年、设计平水年和设计丰水年。有时还须再选一个特别枯水年，因为从这种年份的水能调节计算成果中，可以分析水电站及电力系统在特别枯水年的破坏历时和程度。对于低水头河床式水电站，还须选一个特别丰水年来校核水电站的工作情况，因为低水头河床式水电站，在丰水年的洪水期由于坝下水位猛涨水头降低，也可能使正常工作遭到破坏。选择设计代表年的方法主要有以下两种。

（1）按年水量选择设计代表年。

先根据本枢纽历年径流资料，绘制（水利年的）年水量频率曲线 $W_{年}-P$。再按照水电站的设计保证率 $P_{设}$ 在 $W_{年}-P$ 曲线上查得 W_P，在径流系列中找出年径流与 W_P 相近的一年，作为设计枯水年。同样，按 $P_{平}=50\%$ 及 $P_{丰}=100\%-P_{设}$ 选出设计平水年及设计丰水年。3 个设计代表年的平均年水量、平均洪水期水量及平均枯水期水量应分别与其多年平均值接近。

（2）按枯水期水量选择设计代表年。

绘制枯水期水量频率曲线 $W_{枯}-P$，然后用 $P_{设}$、$P_{平}$ 及 $P_{丰}$ 在 $W_{枯}-P$ 曲线上选出与之相应的年份作为设计枯水年、设计平水年及设计丰水年；当然这 3 个设计代表年的平均水量也应与多年平均年水量接近。

实际工作中，也有人采用将枯水年按枯水期和全年水量同时控制选择代表年，平水年和丰水年只需按年水量控制进行选择。

2. 设计代表段的选择

在规划阶段及初步设计方案比较阶段，当用时历法求多年调节水库水电站的保证出力和多年平均年发电量时，为了简化计算，也可在长系列水文资料中选取一个设计枯水段（或叫设计枯水年组）和一个设计代表段来计算保证出力和多年平均年发电量。设计枯水年组一般根据水电站设计保证率选择。设计代表段应满足下列条件。

1）在设计代表段内水库至少充满一次，放空一次。

2）设计代表段内必须包括有丰水年、平水年及枯水年。

3）设计代表段的平均年水量应与多年平均年水量接近。

第二节　电力系统的负荷及其容量组成

一、电力系统与负荷图

（一）电力系统及其用户特点

所有大中型电站一般都不单独地向用户供电，而是把若干电站（包括水电站、火电站及其他类型的电站）联合起来，共同满足各类用户的需电要求。在各电站之间及电站与用户之间用输电线连成一个网络，该网络称为电力系统。各种不同特性的电站联在一起，可以互相取长补短，改善各电站的工作条件，提高供电的可靠性。规划设计水电站时，应首先了解电力系统中各类用户的需电要求以及其他电站组成等情况。

电力系统中有各种用户，它们有着不同的用电要求，通常按其特点，可将用户分为工业用电、农业用电、交通运输用电及城镇用电 4 种类型。

（1）工业用电。

在一年之内负荷变化不大，而年际之间则由于工业的发展而增长。在一天之内，三班制生产的工矿企业用电也比较均匀。从产品种类来看，化学及冶金工业的负荷比较平稳，而机械制造工业及炼钢中的轧钢车间的负荷则是间歇性的，需电状况在短时间内有着剧烈的变动。

（2）农业用电。

主要指农业排灌用电，农业耕作用电及农副产品加工用电，其次为农村生活、照明用电。它们都具有明显的季节性变化，特别在排灌季节用电较多，其余时间用电较少。

（3）交通运输用电。

目前主要指电气火车用电，随着铁路运输电气化的发展，其用电量不断增长，这种负荷在一年之内和一天之内都很均匀，仅在电气火车启动时，负荷突然增加，才会出现瞬时的高峰负荷。

（4）城镇用电。

包括市内电车、给排水用电和生活、照明用电等。其中照明负荷在一天内和一年内均有较大变化，如冬季气温低、夜长，则用电较夏季较多；一天内晚间又比白天用电多。

（二）负荷图

如上所述，电力系统的负荷在一日、一月及一年之内都是变化的，其变化程度与系统中的用户组成情况有关。将系统内所有用户的负荷变化过程迭加起来，再加上线路损失和本厂用电，即得系统负荷变化过程线。

一日的负荷变化过程线叫日负荷图，一年的负荷变化过程线称年负荷图。

1. 日负荷图

图 6-7 为一般大中型电力系统的日负荷图。在一天中，一般是 2 时至 4 时负荷最低；清晨照明负荷增加，随后工厂陆续投入生产，在 8 时左右形成第一用电高峰；12 时左右午休，负荷下降；傍晚到入夜时出现第二用电高峰；深夜以后，某些工厂企业结束生产，负荷再次下降。一日内峰谷大小和出现时间与系统内的生产特性及系统所处的纬度有关，通常用电的第二高峰大于第一高峰。至于各地区的小型电力系统，其日负荷的变化则可能是各式各样的。

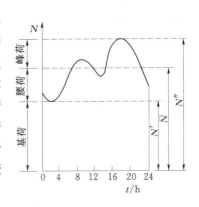

图 6-7　日负荷图

（1）日负荷图的分区及特征值。

日负荷图的三个特征值为日最大负荷 N''、日平均负荷 $\overline{N}$ 及日最小负荷 N'。日平均负荷图所包围的面积就是日用电量。

$$E_{日}=24\,\overline{N} \qquad\qquad (6-7)$$

式中：$E_{日}$ 为日用电量，$kW\cdot h$；$\overline{N}$ 为日平均负荷，kW；24 为一天的小时数。

N''、$\overline{N}$ 及 N' 3 个特征值将日负荷图划分成 3 个部分。在最小负荷 N' 以下的部分称为基荷；最小负荷 N' 与平均负荷 $\overline{N}$ 之间称为腰荷；$\overline{N}$ 以上至 N'' 部分称为峰荷。

（2）日负荷特征系数。

为了表明日负荷图的变化情况以及便于各日负荷图之间的比较，一般用以下 3 个特征系数来表示日负荷特性。

1）基荷指数 α 　　　　　　　$\alpha=N'/\overline{N}$

2）日最小负荷率 β 　　　　　$\beta=N'/N''$

3）日平均负荷率 γ 　　　　　$\gamma=\overline{N}/N''$

α 越大，表示基荷所占比重越大，说明用电户的用电情况比较稳定。β、γ 越大，表示日负荷变化越小，系统负荷比较均匀。大耗电工业占比重较大的系统，一般日负荷变化较均匀，γ 值往往较大；照明负荷占比重较大的系统，γ 值较小。

（3）日电能累积曲线。

电力系统日平均负荷曲线下面所包含的面积，代表系统全日所需要的电量 $E_日$。如将日负荷曲线下的面积自下而上分段叠加，如图 6-8 中 ΔE_1，ΔE_2，$\cdots$，ΔE_n 等。如果图 6-8 中右图纵坐标与左图相同，右图横坐标为电能，取 $oa = \Delta E_1$，$ab = \Delta E_2$，$\cdots$，$cd = \Delta E_n$。则右图中 oFG 线称为日电能累积曲线，显然 F 点以下为基荷，因而 oF 为直线。基荷以上，随着负荷的增长，相应供电时间越短，电能增量逐渐减小，所以日电能累积曲线，越向上越陡。

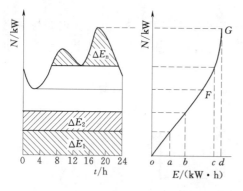

图 6-8　日电能累积曲线示意图

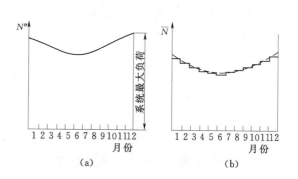

图 6-9　年负荷图
（a）年最大负荷；（b）年平均负荷

2. 年负荷图

年负荷图表示一年内负荷的变化过程，通常以日负荷特征值的年内变化来表示。日最大负荷（N''）的年变化曲线称为年最大负荷图，见图 6-9（a）。年最大负荷反映系统负荷对各电站最大出力或发电设备容量的要求。显然，系统内各电站装机容量的总和至少应等于电力系统的最大负荷 N''，否则就不能满足系统负荷的要求。日平均负荷（$\overline{N}$）［图 6-9（b）中虚线］或各月平均负荷［图 6-9（b）中实线］年过程称为年平均负荷图，它反映系统负荷对各电站平均出力的要求。显然，年平均负荷图所包含的面积相当于系统用户的年需电量，也是系统内各电站年发电量的总和。

需要指出，图 6-9 只是年负荷图的一种典型形式，夏季处于一年的用电低谷，实际上由于经济发展和人民生活水平的提高，近年来夏季用电大幅增长，一些电力系统呈现夏季为负荷高峰的特征。

二、电力系统容量组成

电站每台机组都有一个额定的发电机铭牌出力，电站的装机容量就是该电站全部机组铭牌出力的总和。电力系统中如果包含有若干个水电站，若干个火电站和其他电站（如核电站、地热电站、抽水蓄能电站、潮汐电站等），则电力系统的装机容量为系统中所有各电站装机容量的总和，即

$$N_{系装} = N_{火装} + N_{水装} + N_{他装} \qquad (6-8)$$

式中：$N_{系装}$ 为电力系统的装机容量；$N_{火装}$ 电力系统中火电站装机容量；$N_{水装}$ 电力系统中水电站装机容量；$N_{他装}$ 电力系统中水火电站之外的其他电站装机容量。

以任意一天为例，为了保证系统中各用户用电，必须同时满足 2 个条件：①电力系统中各电站当天能够随时投入运行的机电设备容量不小于该天最大的日负荷（图 6-7 中 N''）；②电力系统中各电站每天储备的水量以及燃料所能发出的电能，必须不小于日负荷图所要求的电量。

同样，在一年内各时刻，也必须满足年负荷图年内各时刻容量和电量要求，这两个条件分别称为容量平衡和电量平衡（也称电力电量平衡）。年负荷图是确定电力系统中各电站装机容量的主要依据之一。根据机电设备容量的目的和作用，可将整个电力系统的装机容量划分如下几个部分。

（1）工作容量。

为了满足最大负荷要求而设置的容量称为最大工作容量，以 $N_{工}$ 表示。它承担负荷图的正常负荷。

（2）负荷备用容量。

由于用电户负荷的突然投入和切除（如冶金工厂中大型轧钢机的启动和停机），都会使负荷突然跳动，所以系统的实际负荷是时刻波动而呈锯齿状变化。故除工作容量外，还要增设一定数量的容量，来应付突然的负荷跳动。此部分容量称负荷备用容量。

（3）事故备用容量。

任何一个电站工作过程中，都可能有一个甚至几个机组发生故障而停机。就全系统而言，也可能在某一时刻有几个电站若干个机组同时发生事故。为了避免因机组发生故障而影响系统正常供电，必须在电力系统中设置一定数量的事故备用容量。

（4）检修备用容量。

为了保证电站机组正常运行，减少事故及延长设备的使用寿命，必须有计划地对所有机组进行定期检修。在停机检修时，为了代替检修机组工作而专门设置的容量叫检修备用容量。

在电力系统中，各电站的工作容量和备用容量都是保证系统正常供电所必需的。因而，这两部分容量之和，称为系统的必需容量。

（5）重复容量。

水电站必需容量是保证系统正常供电所必需的，它是以设计枯水年的水量作为设计依据的。水电站在丰水年和平水年的全年或汛期若仅以必需容量工作会产生大量弃水。为了利用此部分弃水量来发电，只需要增加一部分机电容量，而可不增加大坝等水工建筑物的规模。显然，此部分容量在枯水期或枯水年组是得不到保证的，其作用完全在于利用部分弃水量来替代和减少火电站煤耗。由于这部分容量并非保证电力系统正常供电所必需的，故称为重复容量。重复容量为水电站所特有。

在设置有重复容量的电力系统中，系统的总装机容量组成如下：

$$装机容量 \begin{cases} 必需容量 \begin{cases} 最大工作容量 \\ 备用容量 \end{cases} \\ 重复容量 \end{cases}$$

从运行的观点看，整个系统并不是所有装机任何时候都能投入运行，由于某种原因（如火电站缺乏燃料，或水电站的水量、水头不足）不能投入工作的容量，称为受阻容量，以 $N_{阻}$ 表示。除受阻容量之外，其余称为可用容量。可用容量一般并非都投入工作，对于某一时刻来讲，实际运行的只是当时的工作容量，其余的容量称为待用容量，待用容量中一部分是计划中的备用容量，另一部分称之为空闲容量，以 $N_{空}$ 表示。从运行角度看，系统总装机容量组成如下：

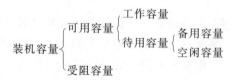

在实际运行时，这些容量的状态和数值是随时间和条件而变的，它们可在不同电站和机组间互相转换，不一定固定在某些机组上。

水火电组成的电力系统中上述各种容量的组成，见图 6-10。

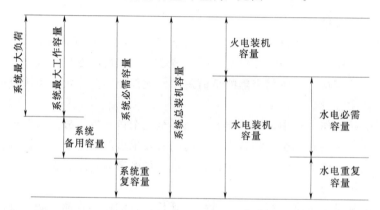

图 6-10 电力系统容量组成示意图

三、水电站的工作特点

由于各类电站均有各自特点，电力系统中的不同电站可以相互取长补短，提高供电的可靠性。鉴于目前我国电力系统，大多以水、火电站为主要电源，因此现以火电站为比较对象，将水电站的工作特点介绍如下。

1）水电站出力和发电量随天然径流情况而变化，一般变化较大，有时甚至会因流量或水头不足，而使正常工作遭到破坏。火电站只要有充足的燃料，供电可靠性较高。

2）水电站由于受地形、地质、水文等自然条件的限制，站址和规模常受到制约。火电站可直接兴建在负荷中心。

3）水电站除修建电厂外，尚需修建一系列水工建筑物，同时还要解决水库区的淹没移民问题，一般工程投资较大，施工期较长。火电站投资较少，收效较快。

4）水电站的能源是取之不尽、用之不竭的天然再生能源，不像火电站那样需要燃料，水电站厂内用电也比较少，运行费较低，而且几乎与生产的电能数量无关。

5）水电站水轮发电机组启动和停机迅速，增减负荷灵活，一般从启动到满负荷工作只需几分钟。而火电站从启动到满负荷运行一般要 2～3h，火电站发电机组"惯性"很大，不易适应负荷的急速变化，而且当它担任变动负荷时，会增加每度电的燃料消耗，因此水电站在电力系统中比较适应担负峰荷、负荷备用和调节周波的任务。

6）水电站对环境污染较小，而火电站存在较严重的环境污染问题。

第三节 保证出力和多年平均年发电量计算

一、水电站保证出力

水电站在长期工作中，供水期所能发出相应于设计保证率的平均出力，称之为水电站的保证出力。例如某水电站设计保证率为 95%，保证出力为 3 万 kW，就表明在多年运行期间平均 100 年中，有 95 年该水电站供水期的平均出力大于 3 万 kW。保证出力是确定水电站装机容量的重要依据，也是水电站运行的一个重要指标。

（一）年调节水电站的保证出力

在水库正常蓄水位和死水位已定的情况下，可用以下方法计算年调节水电站的保证出力。

1. 长系列操作法

对于年调节水电站来说，比较精确的计算方法是利用已有的全部水文资料，通过水能调节计算求出每年供水期的平均出力，然后将这些出力值按大小次序排列，绘成供水期的平均出力频率曲线，见图 6-11。由设计保证率 P 在该曲线上查得相应平均出力值 N_P，即为欲求的保证出力。

2. 设计枯水年法

在规划阶段，或进行大量方案比较时，为减少计算工作量，也可只计算设计枯水年的供水期平均出力，作为年调节水电站的保证出力，关于如何选择设计枯水年，已在第一节中介绍，这里不再重复。

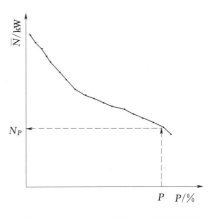

图 6-11 供水期平均出力频率曲线

长系列操作法和设计枯水年法都可采用简化等流量法、逐时段等流量法和等出力法计算供水期平均出力，现以设计枯水年法为例，将 3 种方法分别介绍如下。

（1）简化等流量法。

年调节水电站的保证出力，如用设计枯水年供水期的平均出力表示，则可根据设计枯水年供水期的调节流量 Q_P 和供水期的平均水头 $\overline{H}_{供}$ 由下式估算：

$$N_P = KQ_P\overline{H}_{供} \tag{6-9}$$

设计枯水年供水期的调节流量可由下式计算：

$$Q_P = \frac{W_{供} + V_{兴}}{T_{供}} \tag{6-10}$$

式中：Q_P 为设计枯水年供水期的调节流量，$\mathrm{m^3/s}$；$W_{供}$ 为设计枯水年供水期的天然来水量，m^3 或（m^3/s）· 月；$V_{兴}$ 为水库的兴利库容，m^3 或（m^3/s）· 月；$T_{供}$ 为设计枯水年供水期历时，s 或月。$\overline{H}_{供}$ 可由下式计算：

$$\overline{H}_{供}=Z_{上}-Z_{下}-\Delta H$$

式中：$\overline{H}_{供}$ 为设计枯水年供水期平均水头，m；$Z_{上}$ 为设计枯水年供水期水库上游平均水位，m，可由 $\left(V_{死}+\dfrac{1}{2}V_{兴}\right)$ 之值查水库水位容积曲线求得；$Z_{下}$ 为设计枯水年供水期水电站下游平均水位，m，可由 Q_P 查下游水位流量关系曲线求得；ΔH 为水头损失，m，可根据同类水电站或水力学手册估算。

【例 6 - 1】 某水电站是一座以发电为主的年调节水电站，正常蓄水位为 112.0m，死水位为 91.5m，兴利库容 $V_{兴}=29.7$（m^3/s）· 月，死库容 $V_{死}=7.0$（m^3/s）· 月，水电站的设计保证率为 $P=90\%$，坝址流域面积为 1311km²，有 30 年水文资料，坝址处多年平均流量为 26.1m³/s，选定的设计枯水年为 1960 年 4 月到 1961 年 3 月，流量过程见表 6 - 2，试确定该水电站的保证出力 N_P。

表 6 - 2　　　　　　　　　　　　　设计枯水年流量过程　　　　　　　　　　　单位：m³/s

月份	4	5	6	7	8	9	10	11	12	1	2	3
月平均流量	15.2	42.1	54.4	30.8	2.8	27.7	9.6	8.4	4.7	2.8	3.3	18.3

解： 1）经试算（具体见第四章第一节相关内容）求得供水期为 10 月至次年 2 月，供水期调节流量为

$$Q_P=\frac{W_{供}+V_{兴}}{T_{供}}=\frac{28.8+29.7}{5}=11.7\text{m}^3/\text{s}$$

2）$V_{死}+\dfrac{1}{2}V_{兴}=7.0+\dfrac{29.7}{2}=21.8$（$m^3/s$）· 月，由此值通过库容曲线（库容曲线略）查得 $Z_{上}=106$m。

3）由 $Q_P=11.7$m³/s，在下游水位流量关系曲线（下游水位流量关系曲线略）上查得 $Z_{下}=59.5$m。

4）根据该水电站的具体情况取出力系数 $K=8.0$，水头损失 $\Delta H=1.0$m。

5）供水期平均水头为：$\overline{H}_{供}=Z_{上}-Z_{下}-\Delta H=106-59.5-1.0=45.5$m。

6）供水期平均出力为：$N_P=KQ_P\overline{H}_{供}=8.0\times11.7\times45.5=4260$kW。

（2）逐时段等流量法。

简化等流量法，将整个供水期当作一个时段进行水能调节计算，逐时段等流量调节计算原理与简化等流量法基本相同，区别在于逐时段等流量法，考虑了不同时段的水头差别。计算步骤如下。

1）按式（6 - 10）计算供水期平均流量 Q_P，各时段（月）的发电流量 $Q_t=Q_P$。

2）从供水期初 $V_0=V_{兴}+V_{死}$ 开始，逐时段（顺算）求时段出力 N_t。

3）计算供水期平均出力：

$$N_P=\overline{N}_{供}=\frac{1}{T_{供}}\sum_{t=1}^{T_{供}}N_t$$

（3）等出力法。

对于水电站来说，实际上并不要求供水期各月流量相等，而是希望出力相等或接近。等出力法在每一时段（前例中为一个月）进行计算时，不像等流量操作那么简单，因为只知道时段初蓄水位、本时段来水以及所假设的供水期平均出力还不够，还需知道本时段平均发电流量和平均水头，而时段平均发电流量直接影响着时段末水库蓄水量，因此与平均水头又密切相关，所以需要试算。在已知正常蓄水位和死水位，等出力操作方式包含着两步试算：①各时段出力等于预先假定值；②供水期末的最低水位为死水位。

双重试算步骤如下：

1）假定供水期的平均出力 N'。

2）各时段出力为 $N_t = N'$。

3）从供水期初 $V_0 = V_兴 + V_死$ 开始，逐时段顺算求解 V_t。单时段（第 t 时段）试算步骤：①假定发电流量 q'；②求出 $V_t = V_{t-1} + (Q_t - q') \Delta t$；③由 $\overline{V} = \dfrac{V_t + V_{t-1}}{2}$ 查库容曲线得 $Z_{上,t}$，由 q' 查下游水位流量关系曲线得 $Z_{下,t}$；④计算 $N'_t = Kq_t(Z_{上,t} - Z_{下,t} - \Delta H)$；⑤若 $|N'_t - N_t| < \varepsilon$，转下时段；否则：$q' \Leftarrow q' - (N'_t - N_t)/K/(Z_{上,t} - Z_{下,t} - \Delta H)$，转②。

4）在整个供水期计算结束后，求供水期末的最低水位 $V_{\min} = \min\limits_{t \in T_供} \{V_t\}$。

5）若 $|V_{\min} - V_死| < \varepsilon$，计算结束，输出供水期平均出力；否则 $N' \Leftarrow N' + K \cdot \dfrac{V_{\min} - V_死}{T_供}(\overline{Z_上} - Z_下)$，转步骤2）。

其中：$T_供$ 为供水期的时段数；$\overline{Z_上}$ 为供水期平均库水位，由 $\left(\dfrac{1}{2}V_兴 + V_死\right)$ 查库容曲线确定；$Z_下$ 为供水期发电尾水位，由 $\dfrac{V_兴 + W_供}{T_供}$ 查尾水水位流量关系曲线确定。

以上试算过程工作量大，但计算精度高，可借助计算机完成。

手工计算时，一般算出几点后即可不再试算，而由计算结果根据已知死水位用插值法确定保证出力。为避免每一时段内的试算，减少手工计算工作量，前人已研究出许多水能计算的图解法和半图解法，下面介绍一种较为简便的半图解法，半图解法包括工作曲线绘制与工作曲线应用两步。

a. 绘制水能计算工作曲线。

设以 V_1、V_2 代表时段初、时段末水库蓄水量，V 代表时段平均蓄水量，Q 代表入库流量，则水量平衡方程可写成：

$$Q - q = \frac{V_2}{\Delta t} - \frac{V_1}{\Delta t} = \frac{V_2 + V_1}{\Delta t} - \frac{2V_1}{\Delta t} = \frac{2}{\Delta t}(V - V_1)$$

将上式中已知变量移向左端，未知变量移向右端得

$$\frac{V_1}{\Delta t} + \frac{Q}{2} = \frac{V}{\Delta t} + \frac{q}{2} \qquad\qquad (6-11)$$

式（6-11）中 V 和 q 为未知量，但其和 $\dfrac{V}{\Delta t} + \dfrac{q}{2}$ 可以求得，因式（6-11）中左端 V_1

和 Q 均为已知量，如果能求得 $\dfrac{V}{\Delta t}+\dfrac{q}{2}$ 和 q 的关系，即可通过 $\dfrac{V}{\Delta t}+\dfrac{q}{2}$ 直接求 q，避免试算。

$\left(\dfrac{V}{\Delta t}+\dfrac{q}{2}\right)-q$ 关系曲线称为水能计算工作曲线。

b. 计算保证出力。

工作曲线绘出后，可从供水期初正常蓄水位开始进行调节计算，计算前先假定供水期平均出力，然后用半图解法逐月计算，至供水期末，如果水库水位正好为死水位，则所假定的平均出力，就是欲求的保证出力；如供水期末库水位不是死水位，则另假定一个供水期平均出力重新计算，直至正好到达死水位为止。

等流量法的供水期与等出力法的供水期有可能不相同，等出力法的供水期初可能滞后等流量法，供水期末也可能滞后等流量法，在计算过程中，特别是在编程计算时应加以注意。

【例 6-2】 用等出力半图解法求［例 6-1］的保证出力。水电站所选设计枯水年不变。水库容积曲线和下游水位流量关系已知，出力系数仍取用 $K=8.0$，水头损失仍为 $\Delta H=1.0\text{m}$，其余条件可见［例 6-1］的说明。

解：（1）计算工作曲线。

1）先根据电站实际情况，假定一组出力值［表 6-3 中第（1）栏］；

2）对每一个出力，再假定若干个不同的 H 值［表 6-3 中第（2）栏］，于是可由出力公式 $q=\dfrac{N}{KH}$ 计算各 H 相应的 q 值（出力系数 K 已预先给定）；

3）由 q 查下游水位流量关系，可得相应下游水位 $Z_{下}$，记入表 6-3 中第（4）栏，同时可根据 $Z_{上}=Z_{下}+H+\Delta H$ 求 $Z_{上}$，并记入表 6-3 中第（5）栏；

4）由 $Z_{上}$ 在库容曲线上可查出相应的蓄水量 V；

5）据表中第（3）栏和第（6）栏，便可求得第（7）栏相应的 $\dfrac{V}{\Delta t}+\dfrac{q}{2}$ 值；

6）将表 6-3 中对应的 q 和 $\dfrac{V}{\Delta t}+\dfrac{q}{2}$ 绘制关系点图，就是欲求的水能计算工作曲线（图 6-12）。

表 6-3　　　　　　　　　　　　水能计算工作曲线计算表

出力 N /kW	落差 H /m	发电流量 q /(m³/s)	下游水位 $Z_{下}$ /m	上游水位 $Z_{上}$ /m	水库蓄水量 $\dfrac{V}{\Delta t}$ /(m³/s)	$\dfrac{V}{\Delta t}+\dfrac{q}{2}$ /(m³/s)
（1）	（2）	（3）	（4）	（5）	（6）	（7）
	30	16.7	59.73	90.73	6.8	15.2
	35	14.3	59.62	95.62	9.2	16.4
4000	40	12.5	59.54	100.54	13.8	20.0
	45	11.1	59.46	105.46	20.8	26.4
	50	10.0	59.39	110.39	32.2	37.2
	55	9.1	59.32	115.32	47.2	51.8

续表

出力 N /kW	落差 H /m	发电流量 q /(m³/s)	下游水位 $Z_下$ /m	上游水位 $Z_上$ /m	水库蓄水量 $\dfrac{V}{\Delta t}$ /(m³/s)	$\dfrac{V}{\Delta t}+\dfrac{q}{2}$ /(m³/s)
(1)	(2)	(3)	(4)	(5)	(6)	(7)
5000	30	20.8	59.85	90.85	6.8	17.2
	35	17.9	59.76	95.76	9.3	18.2
	40	15.6	59.68	100.68	14.1	21.9
	45	13.9	59.60	105.60	21.2	28.2
	50	12.5	59.54	110.54	32.7	39.0
	55	11.4	59.47	115.47	47.9	53.6

（2）计算保证出力。

表 6-4 表示半图解计算保证出力的过程。表 6-4 中第（2）栏为设计枯水年供水期天然入库流量（表 6-2）；第（3）栏第一行数字 36.70 为正常蓄水位相应的蓄水量［兴利库容为 29.7（m³/s）·月，死库容为 7.0（m³/s）·月］；第（4）栏系根据第（2）栏和第（3）栏逐月求得，例如 $41.50=36.70+\dfrac{9.6}{2}$［见式（6-11）］；第（5）栏为假定供水期平均出力，第一次假定 $N=4000\text{kW}$；第（6）栏系根据第（4）栏和第（5）栏数值，由工作曲线查得（图 6-12）。

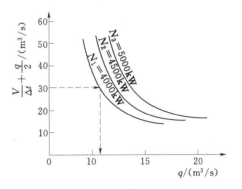

图 6-12　水能计算工作曲线

表 6-4　　　　　　　等 出 力 计 算 表

月份	Q /(m³/s)	V_1 /[(m³/s)·月]	$\dfrac{V_1}{\Delta t}+\dfrac{Q}{2}$ /(m³/s)	N /kW	q /(m³/s)	$\dfrac{V}{\Delta t}$ /(m³/s)
(1)	(2)	(3)	(4)	(5)	(6)	(7)
		36.70				
10	9.6	36.60	41.50	4000	9.70	36.65
11	8.4	35.24	40.80	4000	9.75	35.92
12	4.7	29.96	37.59	4000	9.98	32.60
1	2.8	22.26	31.36	4000	10.50	26.11
2	3.3	14.02	23.91	4000	11.55	18.14
		36.70				
10	9.6	35.38	41.50	4500	10.92	36.04
11	8.4	32.70	39.58	4500	11.08	34.04
12	4.7	25.94	35.05	4500	11.46	29.32
1	2.8	16.24	27.34	4500	12.50	21.09
2	3.3	3.94	17.89	4500	15.60	10.09

由于 $\dfrac{V}{\Delta t}+\dfrac{q}{2}=\dfrac{V_1}{\Delta t}+\dfrac{Q}{2}$，因此，表中第（7）栏可由第（4）栏和第（6）栏求得，即

$$\frac{V}{\Delta t}=\left(\frac{V_1}{\Delta t}+\frac{Q}{2}\right)-\frac{q}{2}$$

例如，10 月的水库平均蓄水量为：$36.65=41.50-9.70/2$，因为时段平均蓄水量为时段初与时段末蓄水量之均值，所以表中第（3）栏：

$$V_2=V\times2-V_1$$

例如，10 月底的水库蓄水量为：$36.60=36.65\times2-36.70$。

由于本时段末就是下一时段初，因而可逐时段连续演算。

第一次假定 $N=4000\text{kW}$，求得供水期末蓄水量为 14.02（m^3/s）·月，大于死库容 7.0（m^3/s）·月。

第二次假定 $N=4500\text{kW}$，求得供水期末蓄水量为 3.94（m^3/s）·月，小于死库容。

通过直线内插求得保证出力为

$$N_P=4000+\frac{14.02-7.00}{14.02-3.94}\times500=4350\text{kW}$$

长系列操作法与设计枯水年法不同之处在于，长系列操作法需每年按等流量法或等出力法求其供水期平均出力，然后点绘供水期平均出力频率曲线，最后再根据设计保证率查得水电站的保证出力。

（二）无调节和日调水电站保证出力

前面介绍的主要是针对有较高调节能力的水电站的水能计算方法。这类水电站由于需要有较大的库容和相应的地形、地质条件，又常带来水库淹没移民的困难，因此在河流的梯级或库群开发中，不能也不应要求所有的电站都设置较大的调节库容。也就是说，会有不少水电站是只具有日调节或无调节性能的。

对于无调节（也称径流式）水电站，因无调节库容来调蓄径流，所以来多少水就放多少水。这样，库水位一般保持不变，故坝前水位经常处在正常蓄水位（只有在水库泄洪时，上游水位会被迫抬高），而引用流量大多是天然径流（只有在水库泄洪时，下泄流量才因水库调蓄而变化），因此水能计算比较简单。无调节水电站保证出力计算其步骤如下。

1）根据水文资料（日或旬平均流量）绘制多年流量过程线，见图 6-13（a）。流量过程线可用长系列，或代表期，或代表年，视需要而定。

2）下游水位过程线 $Z_\text{下}-t$ 由图 6-13（a）之流量查下游水位-流量关系曲线而得，见图 6-13（b）。

3）绘制水头 $H-t$ 过程线，见图 6-13（c），$H=Z_\text{上}-Z_\text{下}$，其中 H 为发电水头，$Z_\text{上}$ 取正常蓄水位，$Z_\text{下}$ 在计算时应包括弃水流量。

4）计算水流出力过程线 $N-t$，见图 6-13（d）。用出力公式 $N=KQH$，其中 K 为出力系数，H、Q 由图 6-13（a）、（c）提供，N 为水流出力，如果机组或装机容量已定时，则应考虑装机容量和水轮机水头等限制。

5）根据水流出力过程线，绘制水流出力持续曲线（按大小排列），见图 6-14。图中纵标为出力，横标为时间（h）并取多年平均换算为一年计（8760h）。

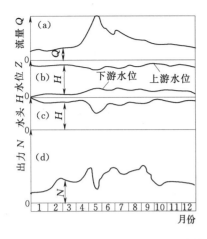

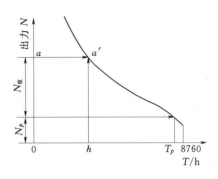

图 6 - 13 无调节水电站出力过程计算　　　　图 6 - 14 无调节电站保证出力计算

6）由 $T_p=8760P$ 查图 6 - 14 中曲线即得保证出力为 N_p，其中 P 为水电站设计保证率。

采用水文资料时，一般逐日计算较精确，但工作量大，故可先以旬平均计算，然后选几个典型年逐日计算，求得典型年的旬、日之间的折算系数，最后修正之。

对于日调节水电站，水库水位在日内实现空—满—空的蓄泄循环，与无调节水电站的差别，在上述第 3）步中 $Z_上$ 的确定上，对于日调节水电站 $Z_上$ 由 $\left(\dfrac{1}{2}V_兴+V_死\right)$ 查库容曲线确定；对于时段长取日及以上时，日调节并不改变时段平均流量，因此引用流量仍取天然径流；其他步骤与无调节水电站相同。

（三）多年调节水电站保证出力

多年调节水电站，在正常蓄水位和死水位已定的情况下，计算保证出力的方法与年调节相同，可用等流量法，也可用等出力法，其差别只有一点，即不是对设计枯水年的供水期进行调节计算，而是对设计枯水段（或设计枯水年组）进行调节计算。关于设计枯水段的选择前面已经说明。

二、水电站多年平均年发电量

多年平均年发电量是水电站的一个重要动能指标，其计算方法分长系列法和代表年法。

1. 长系列法

年调节和多年调节水电站，一般可根据长系列水文资料，逐年逐月按水库调度图（水电站水库调度图如何绘制，本章第五节有具体介绍），进行水能调节计算，求出每个月的平均出力 N_i。

每年的发电量为 12 个月发电量之和，即

$$E_{年,i} = \sum_{t=1}^{12} N_{i,t} \cdot T_t \tag{6-12}$$

式中：$E_{年,i}$ 为第 i 年发电量，kW·h；$N_{i,t}$ 为第 i 年第 t 月平均出力；T_t 为第 t 月小时数。

系列中各年年发电量的平均值，即为多年平均年发电量，可用下式计算：

$$\overline{E}_{年} = \frac{\sum\limits_{i=1}^{n} E_{年,i}}{n} \tag{6-13}$$

式中：$\overline{E}_{年}$ 为多年平均年发电量，kW·h；n 为系列的年数。

应当注意在装机容量已初步选定情况下，上面计算成果中凡是月平均出力大于装机容量 N_y 的应按 N_y 计算。

2. 代表年法

根据本章第一节介绍的方法，选择丰、平、枯 3 个设计代表年；对每个设计代表年进行水能调节计算，求出 3 个设计代表年的年发电量 $E_{枯}$、$E_{平}$ 和 $E_{丰}$，则多年平均年发电量为

$$\overline{E}_{年} = \frac{1}{3}(E_{枯} + E_{平} + E_{丰}) \tag{6-14}$$

同样，应注意将超过装机容量的部分扣除，因为超过装机容量的部分是弃水，水电站无法利用，不扣除会使多年平均发电量偏大。

日调节和无调节水电站一般应逐日进行计算，求各年年发电量。对于无调节或日调节水电站，在得到出力持续曲线后，多年平均发电量计算很简单，图 6-14 的装机容量水平线 aa' 以下所包围面积即为多年平均电量 $E_{年}$。

第四节　水电站装机容量选择

水电站装机容量由最大工作容量、备用容量和重复容量 3 部分组成，现分述如下。

一、水电站最大工作容量

为讨论方便起见，假定研究的电力系统只有水电站与火电站两种电源。前面已经说明，系统所需负荷和所要求的保证电能，应由系统内的各电站共同提供。由上述水电站的特点可知，对于调节性能较高的水电站，让它担任峰荷，在系统负荷图上工作容量尽可能大些，尽量减少新建火电站的工作容量，一般总是有利的。

1. 无调节水电站最大工作容量

无调节水电站没有调节库容，只能按天然流量发电，天然水流不及时利用就被弃去，这种水电站担任基荷比较合适。因此，无调节水电站工作容量就等于保证出力。

$$N_{工} = N_P$$

2. 日调节水电站工作容量

日调节水电站工作容量主要决定于两个因素：①日保证电能 $E_{日}$，其中，$E_{日} = 24N_P$；②水电站在电力系统负荷图上的工作位置。

根据这两个因素，通过日电能累积曲线，便可确定其所担负的工作容量。

（1）水电站担负峰荷。

已知水电站日保证电能 $E_{日}$，该水电站担负第一峰荷（日负荷图上最高位置），则在图 6-15（a）上取 $ab = E_{日}$，则 bc 就是该日调节水电站的最大工作容量。

$$N_{工} = bc = N''_{工}$$

（2）水电站担负基荷和峰荷。

如果日保证电能中由于航运或灌溉等综合用水部门的要求，需要其中一部分（$E_{日1}$）担负基荷，另一部分（$E_{日2} = E_日 - E_{日1}$）担负峰荷，见图 6 - 15（b），可分别由 $E_{日1}$ 和 $E_{日2}$ 在电能累积曲线上查得 N''_{I_1} 和 N''_{I_2}，则该日调节水电站的最大工作容量为

$$N_工 = N''_{I_1} + N''_{I_2}$$

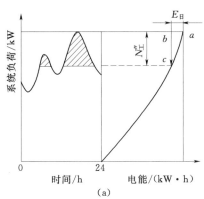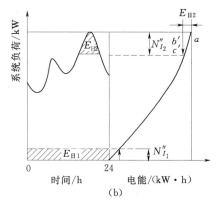

图 6 - 15　日调节水电站最大工作容量示意图

以上日调节水库均放在日负荷图上第一峰荷位置，当系统中有多个水电站可位于峰荷位置工作时，可以按水电站的调节性能从高到低排序，在计算设计电站的工作容量时，先从系统日负荷图中扣除前序各电站的工作容量，得到新的日负荷图和电能累积曲线，再按以上方法确定设计电站的最大工作容量。

3. 年调节水电站最大工作容量

年调节水电站最大工作容量也取决于两个因素：①水电站设计枯水年供水期保证电能 E_P；②水电站在电力系统负荷图上的工作位置。

计算时主要根据系统电能平衡的要求，即在任何时段内，水电站提供的保证电能与火电站所发电能之和，必须满足电力系统所需电能，因而当水电站担任峰荷，加大工作容量时，便可相应地减少新建火电站的工作容量。

水电站供水期保证电能，可用下式计算：

$$E_P = N_P T_供 \tag{6-15}$$

式中：E_P 为供水期保证电能，$kW \cdot h$；N_P 为保证出力，kW；$T_供$ 为供水期历时，h。

关于年调节水电站的工作位置，为了充分发挥它的作用，供水期一般总是尽量让它担负峰荷或腰荷。蓄水期为了减少弃水，节省燃料消耗，年调节水电站的工作位置往往向下移动，担负基荷还是腰荷视来水情况而定。蓄水期水电站的工作位置不影响水电站的最大工作容量。

年调节水电站最大工作容量的计算步骤如下。

1）按式（6 - 15）计算水电站供水期保证电能 E_P。

2）根据水电站的工作位置，在电力系统年最大负荷图（图 6 - 16）上假定几个水电站最大工作容量方案，如 $N''_{水_1}$、$N''_{水_2}$、$N''_{水_3}$ 等。

3）对第一方案 $N''_{水_1}$，在年负荷图上摘取供水期各月相应的工作容量：$N''_{水1,t}$，$t \in$ 供水期（图 6-16）。

4）在每月选择一张典型日负荷图，利用典型日负荷图及电能累积曲线求各月相应于 $N''_{水1,t}$ 的典型日电能 $E_{日,t}$。例如，图 6-17 为 1 月典型日负荷图及电能累积曲线，在电能累积曲线上取 $ab = N''_{水1,1}$，则 $E_{日,1} = cb$。

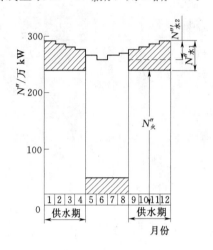

图 6-16　年调节水电站最大
工作容量示意图

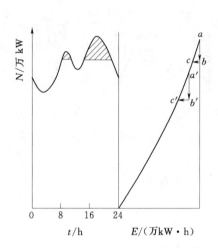

图 6-17　1 月典型日负荷图及
电能累积曲线

5）由下式计算各月典型日平均出力：

$$\overline{N_t} = \frac{E_{日,t}}{24} \qquad (6-16)$$

式中：$\overline{N_t}$ 为第 t 月典型日平均出力，kW。

6）计算第一方案相应供水期电能，如 $E_{供,1}$，供水期电能计算公式为

$$E_{供,1} = \sum_{t=1}^{T_{供}} \sigma_t \cdot \overline{N_t} \cdot T_t \qquad (6-17)$$

式中：$E_{供,1}$ 为第一方案供水期电能，$kW \cdot h$；$\overline{N_t}$ 为第一方案供水期中第 t 月典型日平均出力，kW；$\sigma_t = \overline{N_{月,t}} / \overline{N_{日,t}}$ 为第 t 月负荷不均衡率，一般取 $0.86 \sim 0.95$，$\overline{N_{月,t}}$ 为第 t 月平均负荷，$\overline{N_{日,t}}$ 为第 t 月典型日平均负荷；$T_{供}$ 为供水期的月数；T_t 为第 t 月的小时数。

7）重复 1）～6）可得最大工作容量 $N''_{水_1}$、$N''_{水_2}$、$N''_{水_3}$ 与所求得的相应供水期电能 $E_{供,1}$、$E_{供,2}$、$E_{供,3}$，点绘 $N''_{水}$-$E_{供}$ 关系曲线。

8）由水电站供水期的保证电能 E_P，即可查 $N''_{水}$-$E_{供}$ 关系曲线，得最大工作容量。

【例 6-3】 某年调节水电站，供水期为 9 月至次年 4 月，已知供水期保证出力 $N_P =$ 7.5 万 kW，系统年最大负荷见图 6-16，具体数据见表 6-5 中第（2）栏。如果该水电站拟担负第一峰荷位置（即峰荷最高部分），试求该水电站最大工作容量。

解：1）该水电站供水期保证电能为

$$E_P = N_P T_{供} = 7.5 \times 8 \times 730 = 43800 \text{ 万 } kW \cdot h$$

式中：730 为月平均小时数，也可以按每月实际小时数计算。

2）在图 6-16 上假定两个最大容量方案，即 $N''_{水_1} = 30$ 万 kW，$N''_{水_2} = 28$ 万 kW。因为电力系统中 12 月所需容量最大（用电量随时间逐渐增加），为 290 万 kW，所以 12 月两个方案的系统中火电站和其他水电站的最大工作容量分别为 260 万 kW 和 262 万 kW，为简明起见，这部分容量以 $N''_火$ 表示，分别记在表 6-5 的第（3）栏和第（7）栏中。

3）根据系统各月最大负荷及 $N''_火$，求得设计水电站供水期各月工作容量，分别记入表中第（4）栏［第（2）栏与第（3）栏之差］和第（8）栏［第（2）栏与第（7）栏之差］。

4）根据各月典型日负荷图及相应电能累积曲线，求各月的典型日电能 $E_日$。现以 1 月为例说明（图 6-17）：由表 6-5 中第（4）栏查得 1 月份 $N''_水 = 28$ 万 kW，于是在图(6-17)电能累积曲线上取垂直距离 $ab = 28$ 万 kW，b 点与电能累积曲线间的水平距离 $cb = 232$ 万 kW·h，就是欲求的 1 月份相应的日电能（如该水电站不是担负最高峰荷，工作位置在图中 a' 以下，则求法类似，取 $a'b' = 28$ 万 kW，$b'c'$ 为所求日电能）。各月按同样的方法可求得日电能，分别记入表中第（5）栏和第（9）栏。同时，由式（6-16）计算平均出力 $\overline{N}$，并记入第（6）栏和第（10）栏。

表 6-5　　　　　　　　　　　年调节水电站最大工作容量计算表

月份	N''/万 kW	第一方案				第二方案			
		$N''_火$/万 kW	$N''_水$/万 kW	$E_日$/(万 kW·h)	$\overline{N}$/万 kW	$N''_火$/万 kW	$N''_水$/万 kW	$E_日$/(万 kW·h)	$\overline{N}$/万 kW
(1)	(2)	(3)	(4)	(5)	(6)	(7)	(8)	(9)	(10)
1	288	260	28	232	9.7	262	26	210	8.8
2	284	260	24	195	8.1	262	22	171	7.1
3	280	260	20	156	6.5	262	18	124	5.2
4	275	260	15	107	4.5	262	13	88	3.7
9	278	260	18	135	5.6	262	16	113	4.7
10	282	260	22	170	7.1	262	20	152	6.3
11	286	260	26	210	8.8	262	24	191	8.0
12	290	260	30	270	11.2	262	28	239	10.0
总计					61.5				53.8

5）由式（6-17）求得两个方案的供水期电能分别为

$$E_{供_1} = 730 \sum N_i = 730 \times 61.5 = 44895 \text{ 万 kW·h}$$

$$E_{供_2} = 730 \sum N_i = 730 \times 53.8 = 39274 \text{ 万 kW·h}$$

6）通过直线内插求得该水电站最大工作容量为

$$N''_水 = 28 + \frac{43800 - 39274}{44895 - 39274} \times 2 = 29.6 \text{ 万 kW}$$

4. 多年调节水电站最大工作容量

确定多年调节水电站最大工作容量的原则和方法，基本上与年调节水电站相同，不同之处仅有一点，即不是以设计枯水年供水期的保证电能来确定最大工作容量，而是以设计枯水段（或设计枯水年组）的保证电能来确定最大工作容量。

多年调节水电站最大工作容量的计算步骤如下。

1）计算水电站设计枯水段保证电能：

$$E_P = N_P T_枯$$

式中：E_P 为设计枯水段保证电能，kW·h；N_P 为保证出力，kW；$T_枯$ 为设计枯水段历时，h。

2）根据水电站的工作位置，在系统年最大负荷图（图 6-16）上假定几个水电站最大工作容量方案，如 $N''_{水_1}$、$N''_{水_2}$、$N''_{水_3}$ 等。

3）对第一方案 $N''_{水_1}$，在年负荷图上摘取各月（因为设计枯水段包含若干年，所以应包含年内所有月份）相应的工作容量 $N''_{水1,t}$（图 6-16）。

4）利用典型日负荷图及电能累积曲线求各月相应于 $N''_{水1,t}$ 的典型日电能 $E_{日,t}$。

5）由下式计算各月典型日平均出力：

$$\overline{N_t} = \frac{E_{日,t}}{24}$$

式中：$\overline{N_t}$ 为第 t 月典型日平均出力，kW。

6）计算第一方案相应设计枯水段电能，如 $E_{枯_1}$，设计枯水段电能计算公式为

$$E_{枯_1} = \sum_{t=1}^{T_枯} \sigma_t \cdot \overline{N_t} \cdot T_t$$

式中：$E_{枯_1}$ 为设计枯水段电能，kW·h；$\overline{N_t}$ 为设计枯水段中第 t 月平均出力，kW；$\sigma_t = \overline{N_{月,t}}/\overline{N_{日,t}}$ 为第 t 月负荷不均衡率，一般取 0.86~0.95，$\overline{N_{月,t}}$ 为第 t 月平均负荷，$\overline{N_{日,t}}$ 为第 t 月典型日平均负荷；$T_枯$ 为设计枯水段的月数；T_t 为第 t 月的小时数。

当各月 σ_t 取常数 σ，T_t 取月平均小时数 730h 时，$E_{枯_1}$ 也可按下式计算：

$$E_{枯_1} = 730\sigma \sum_{t=1}^{T_枯} \overline{N_t}$$

7）重复 1）~6）可得最大工作容量 $N''_{水_1}$、$N''_{水_2}$、$N''_{水_3}$ 与所求得的相应设计枯水段电能 $E_{枯_1}$、$E_{枯_2}$、$E_{枯_3}$，点绘 $N''_水$-$E_枯$ 关系曲线。

8）由水电站设计枯水段的保证电能 E_P 即可查得最大工作容量。

5. 水电站工作容量简化公式

按电力系统电力电能平衡方法确定水电站工作容量，计算工作量较大，需较详细的负荷资料。在工作中如缺乏远景负荷资料，或尚处于方案比较阶段，无需详细计算时，可用简化公式计算水电站的工作容量。简化公式基本出发点是：如果将日负荷图 6-18（a）中的负荷不考虑具体时间按其大小重新排列见图 6-18（b），然后假定图 6-18（b）中基荷以上部分为指数曲线，从而可推出只含日最大负荷 N''、日平均负荷 $\overline{N}$ 和日最小负荷 N' 的计算公式。

指数公式为

$$N = (N'' - N')h_1^\lambda$$

式中：N 为日负荷图上的峰荷出力，kW；h_1 为相对小时数，$h_1 = \frac{h}{24}$；λ 为指数，$\lambda =$

$\dfrac{\gamma-\beta}{1-\gamma}$，$\beta$ 为日最小负荷率，$\beta=N'/N''$；γ 为日平均负荷率，$\gamma=\overline{N}/N''$。

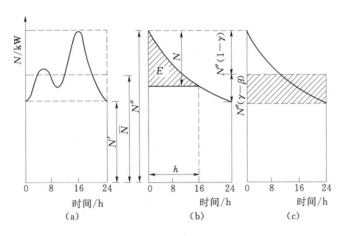

图 6-18　典型日负荷图及指数曲线

图 6-18（b）中 E 和 N、h 的关系为 $E=\displaystyle\int_0^h N\mathrm{d}h$，于是通过积分和简单变换可求得工作容量与保证出力的关系见式（6-18）。图 6-18（c）中基荷以上电能为 $24N''(\gamma-\beta)$。

1）当水电站担任基荷以上负荷时，即 $KN_P<N''(\gamma-\beta)$ 时，水电站的工作容量为

$$N_I=N''(1-\beta)\left[\dfrac{KN_P}{(\gamma-\beta)N''}\right]^{\frac{\gamma-\beta}{1-\beta}}\qquad(6-18)$$

式中：K 为水电站调节系数，一般取 1.05～1.10。

2）当水电站承担负荷等于或大于基荷以上部分时，即 $KN_P\geqslant N''(\gamma-\beta)$ 时，水电站的工作容量由下式确定：

$$N_I=KN_P+N''(1-\gamma)\qquad(6-19)$$

用式（6-18）和式（6-19）计算水电站工作容量时，不要求有详细的负荷图，只需知道 N'、$\overline{N}$、N'' 等特征值即可，有关单位曾收集国内十几座大、中型水电站资料对简化公式进行过验证，其结果与电力电能平衡结果比较接近。

二、电力系统备用容量

为了保证电力系统的正常工作，提高供电的可靠性，除满足电力系统年最大负荷所需最大工作容量外，还必须装设一定备用容量。备用容量包括负荷备用、事故备用和检修备用。

（1）负荷备用容量。

为了适应电力系统负荷跳动，维持系统电流周波稳定，系统需要设置负荷备用容量，由于水电站机组启动灵活，担任负荷备用比较适宜。一般电力系统的负荷备用，总是尽量由靠近负荷中心，调节性能较好的大型水电站担任。其数值可采用系统最大负荷的 5% 左右。

在洪水期当水电站转移到基荷位置工作时，负荷备用才改由火电站担任，容量较大

（大于 100 万 kW），输电距离较远的系统，一般应由两个或更多的电站分担负荷备用容量。

（2）事故备用容量。

电力系统事故备用容量的大小可采用系统最大负荷的 5％～10％，但不得小于系统最大一台机组的容量。在初步设计中，通常按系统中水、火电站的最大工作容量的比例来分配事故备用容量。分配给水电站的事故备用容量，应设置在水库调节性能好、靠近负荷中心的大型水电站上。

（3）检修备用容量。

一般检修尽可能安排在系统负荷较低的时间内进行。通常来水较丰的夏季，水电站充分利用天然径流发电，若此时系统年负荷图又处于低谷，则火电站有空闲容量可以安排检修。在系统年负荷图较低的冬春季里，水电站有空闲容量可以安排检修。经过安排和平衡，如果不能完成系统所有机组检修计划，这时才需在系统中某些电站上设置一定的检修备用容量。

每台机组大修时间：水电机组检修时间平均为 15～20d；火电机组检修时间平均为 20～30d。

三、水电站重复容量

水电站重复容量越大，增发的电能和节省的燃料费越多，但随着重复容量增加，电能的增率将越来越小。此外，随着水电站重复容量增加，弃水越来越少，所增加容量的设备利用率将越来越低，因而需进行经济比较。

1. 重复容量年利用小时数

水电站增加单位装机容量在多年运行中，平均每年利用的小时数，称为重复容量年利用小时数。它决定于多年的弃水情况，一般可通过增加的装机容量和相应增加的多年平均年发电量来估算，具体计算过程见表 6-6。表 6-6 中第 1 行表明不考虑设置重复容量，在已知正常蓄水位和死水位的情况下，按前面介绍的方法求得多年平均年发电量为 17.56 亿 kW·h。然后每隔 5 万 kW（实际计算中可根据电站规模酌情确定）假定一个重复容量方案，按同样方法求得多年平均年发电量，列于表中第（4）栏。表中第（5）栏为第（4）栏相邻的方案差值，第（6）栏的利用小时数由式（6-20）计算得到。

表 6-6　　　　　　　　　　重复容量平均年利用小时数计算表

必需容量 /万 kW	重复容量 /万 kW	装机容量 /万 kW	多年平均年发电量 /（亿 kW·h）	年发电量差值 /（亿 kW·h）	利用小时数 /h
（1）	（2）	（3）	（4）	（5）	（6）
28	0	28	17.56		
28	5	33	19.57	2.01	4020
28	10	38	20.93	1.36	2720
28	15	43	21.81	0.88	1760
28	20	48	22.30	0.49	980

$$t = \frac{\Delta E}{\Delta N} \tag{6-20}$$

式中：t 为重复容量年利用小时数（或补充千瓦年利用小时数），h；ΔE 为相邻装机容量方案年发电量差值，$kW \cdot h$；ΔN 为相邻装机容量方案重复容量差值，kW。

2. 重复容量年经济利用小时数

根据表 6-6 计算结果可绘出重复容量与年利用小时数的关系曲线（图 6-19）。

假如设置的重复容量 $N_重$ 是经济的，但在 $N_重$ 基础上再增大重复容量则不经济，则 $N_重$ 对应的年利用小时数，称为重复容量年经济利用小时数，并记为 $t_{经济}$。这样，只要求得 $t_{经济}$ 便可由图 6-19 确定水电站的重复容量。下面说明 $t_{经济}$ 的计算方法。

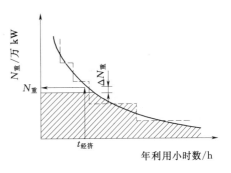

图 6-19　重复容量与年利用小时关系

在图 6-19 中在某重复容量之外，设一容量增量为 $\Delta N_重$，$\Delta N_重$ 平均每年工作小时为 $t_{经济}$，则水电站因此而增加的年计算支出（参看有关工程经济书籍）$C_水$ 为

$$C_水 = \Delta N_重 \cdot K_水 \left(\frac{1}{T_抵} + p \right) \tag{6-21}$$

式中：$K_水$ 为水电站单位千瓦补充投资，元/kW；p 为水电站单位千瓦年运行费占投资的百分数，可采用 $5\% \sim 8\%$；$T_抵$ 为抵偿年限（或投资回收期），一般取 $T_抵 = 6 \sim 10$ 年。

$\Delta N_重$ 平均每年生产的电能为 $\Delta E = \Delta N_重 \cdot t_{经济}$，相应可节省火电站的年燃料费 $C_火$ 为

$$C_火 = \alpha \Delta N_重 \, t_{经济} bd \tag{6-22}$$

式中：α 为考虑水火电站厂内用电差异的系数，通常取 $\alpha = 1.05 \sim 1.10$；b 为每千瓦时电能消耗的燃料，$kg/(kW \cdot h)$；d 为每千克燃料到厂价格，元/kg。

设置 $\Delta N_重$ 的有利条件为 $C_火 \geqslant C_水$，即

$$\alpha \Delta N_重 \, t_{经济} bd \geqslant \Delta N_重 \, K_水 \left(\frac{1}{T_抵} + p \right)$$

亦即

$$t_{经济} \geqslant \frac{K_水 \left(\dfrac{1}{T_抵} + p \right)}{abd} \tag{6-23}$$

【例 6-4】　已知某水电站补充每千瓦装机容量投资 $K_水 = 300$ 元/kW，单位千瓦年运行费百分率 $p = 0.06$，$T_抵 = 10$ 年，$\alpha = 1.05$，所在系统中火电站 $b = 0.35 kg/(kW \cdot h)$，$d = 0.05$ 元/kg，求年经济利用小时数。

解：将已知数值代入式（6-23），则有

$$t_{经济} = \frac{300 \times \left(\dfrac{1}{10} + 0.06 \right)}{1.05 \times 0.35 \times 0.05} = 2612h$$

四、确定装机容量的简化方法

大中型水电站在初步规划阶段或小型水电站由于资料不充分，或为了节省计算工作量，一般可采用以下简化方法估算装机容量。

1. 保证出力倍比法

在求出设计水电站的保证出力 N_P 后，可由 $N_y = \alpha N_P$ 求装机容量 N_y。α 是经验系数，与水电站在系统中的比重、水电站工作位置、水库调节性能有关。我国几座大型水电站的装机容量与保证出力的倍比见表 6-7。

表 6-7　　　　　　　　　　　　装机容量 N_y 与保证出力 N_P 比值

水电站名	葛洲坝	龙羊峡	刘家峡	丹江口	新安江	丰满	柘溪
N_y/万 kW	271.5	128	116	90	66.25	55.4	44.75
N_P/万 kW	76.8	64.7	40	24.7	17.8	16.8	12
N_Y/N_P	3.5	2.0	2.9	3.6	3.7	3.3	3.7

2. 装机容量年利用小时数法

水电站的多年平均年发电量 E 与装机容量 N_y 的比值，称为装机容量年利用小时数 $T_装$，即

$$T_装 = E/N_y$$

$T_装$ 反映了设备平均每年（全年为 8760h）利用的程度。水电站装机容量利用小时数一般与地区水力资源状况、系统负荷特性、水电站的工作位置、水火电站容量比重、水库调节性能、国家经济条件等有关，可参考表 6-8 选用。$T_装$ 选定后，可根据 $N_y = E/T_装$ 确定水电站装机容量。

表 6-8　　　　　　　　　　　　装机容量年利用小时数　　　　　　　　　　单位：h

调节特性	水电站比重大的电力系统		水电站比重小的电力系统
	单位产品用电大的工业用户比重大	单位产品用电大的工业用户比重小	
无调节	6000～7000	6000～7000	5000～6000
日调节	6000～7000	5000～6000	4000～5000
年调节	5000～6000	3500～4500	3000～4000
多年调节	5000～6000	3000～4000	2500～3500

五、电力系统容量平衡图

一般用图表示电力系统的容量平衡比较简明，见图 6-20。图中有以下 3 条基本线。

1）系统装机容量线（图中最上面的水平线①线），此线表示系统中各类电站装机容量的总值。

2）系统要求的可用容量线（图中②线），该线表示为了保证系统正常运行，要求各月完全处于正常状态时正在工作或立即可投入工作的容量值，包括各类电站的工作容量、负荷备用容量和事故备用容量。

3）系统最大负荷过程线（图中③线），它表示系统各月所要求提供的负荷，其值应等于各类电站工作容量之和。①线、②线之间包括处在计划检修中的容量，由于各种原因无法投入工作的受阻容量，以及暂不需要投入工作的空闲容量。②线、③线之间是为了保证系统安全正常运行安排的负荷备用和事故备用容量。③线以下为各类电站的工作容量。图中以水电站和火电站为例，同时标明了各类电站的容量分配和工作位置。

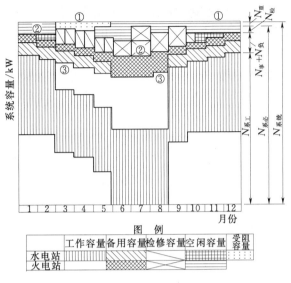

图 6-20 电力系统容量平衡图

由于水电站每年来水不同，其出力也每年发生变化，所以在绘制系统容量平衡图时，至少应研究两种典型年度，即设计枯水年和中水年。设计枯水年反映了在较不利的水文条件下，欲使系统供电得到完全保证，系统装机容量与工作容量及各种备用容量之间的平衡。中水年表示水电站在一般水文条件下的运行状况，其平衡图可反映系统中最常见的情况。对于低水头水电站，尚需作出丰水年的容量平衡图，以检查机组受阻情况，必要时尚需对设计保证率以外的特别枯水年作容量平衡图，主要目的是检查水电站出力不足，导致的电力系统正常工作遭受破坏的程度。

第五节 水电站水库调度图

一、水库调度图组成与作用

水电站工作情况与水库入流密切相关，而天然河川径流变化往往比较复杂，目前由于科学水平有限，还不能准确地预报未来的长期径流过程，这就给水电站运行带来了很大困难。水电站水库调度图系指导年或多年调节水库运行的工具，它假定过去的径流资料反映未来水文情势，利用历史径流资料绘制而成。它是一张以时间为横坐标，以蓄水量（或库水位）为纵坐标，包含有一些指示线和指示区的曲线图（图 6-21）。

图 6-21 中有 4 种调度线，现分述如下。

1）防破坏线。图中①线为防破坏线（有些教科书中称作上基本调度线），当水库水位低于此线时，水电站发电不得大于保证出力，以使设计枯水年正常工作不致遭到破坏。

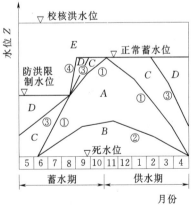

图 6-21 年调节水库调度图

2）限制供水线。图中②线为限制供水线（或限制出力线，或下基本调度线），当水库水位低于此线时，应适当均匀地降低供水量或发电出力低于保证出力。

3）防弃水线。图中③线为防弃水线，当水库水位介于①线和③线之间时，水库应逐步加大供水或加大出力；当水库水位超过③线时，水电站应以装机容量工作，以尽量减少弃水。

4）防洪调度线。图中④线为防洪调度线，在汛期非洪水期间，水库水位不得超过图中④线。超过此线时，则按防洪要求泄流。

四条调度线将水电站水库调度图分为5个区。

1）保证出力区。水库水位处于图6-21中A区时，水电站应按保证方式运行，即水电站应向系统提供保证容量和保证电量，这样凡来水大于设计枯水年的年份均能按保证出力工作，使系统正常工作不致遭到破坏。

2）降低出力区。水库水位处于图中B区时，水电站应以降低出力方式运行，以便在遭到设计枯水年以外的特殊枯水年时，水电站适当地、均匀地降低出力工作，可减轻电力系统遭到破坏的程度。

3）加大出力区。水库水位处于图中C区时，水电站应加大出力工作，适当向系统多提供电量。

4）装机工作区。水库水位处于图中D区时，水电站应以全部装机容量投入工作，以减少弃水，节省火电站的燃料消耗。

5）防洪操作区。水库水位处于图中E区时，必须按水库所规定的防洪要求放水，以保证大坝或下游地区的防洪安全。

二、年调节水库调度图绘制方法

（1）防破坏线。

防破坏线的作用是保证来水在设计保证率范围内的年份其正常供水不致遭受破坏，即来水大于等于设计枯水年的年份，应保证正常供水，只有来水小于设计枯水年的特枯年份才允许破坏。

为便于理解，先对任一年进行等流量调节计算（表6-9）。该水库有效库容为60（m^3/s）·月，每月要求正常供水20（m^3/s）·月，表中第4行供水量负值表示为可蓄水量（余水量），第5行是第4行从供水期末（4月末）逆时序计算的累计过程。将第5行的水库蓄水过程绘出，见图6-22。

表6-9　　　　　防破坏线计算表　　　　单位：（m^3/s）·月

月 份	5	6	7	8	9	10	11	12	1	2	3	4
来水量	52	201	222	41	39	30	17	11	4	6	12	15
正常供水量	20	20	20	20	20	20	20	20	20	20	20	20
水库供水量	-32	-181	-202	-21	-19	-10	3	9	16	14	8	5
水库有效蓄水量	0	0	0	5	26	45	55	52	43	27	13	5	0

表6-9中数据表明，4月初水库必须存水5（m^3/s）·月，否则就不能保证4月20（m^3/s）·月的正常供水。同理，3月初水库至少必须存水13（m^3/s）·月，2月初水库至少必须存水27（m^3/s）·月等，方能保证供水。即为了保证该年正常供水，水库

各月蓄水量不应低于图 6-22 中蓄水过程，该年供水期如果沿水库蓄水过程线正常供水，到 4 月末水库蓄水量正好用完。

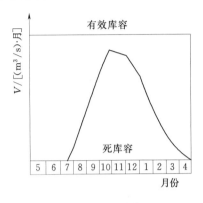

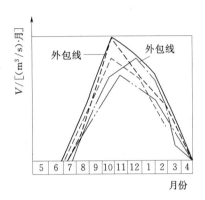

图 6-22　水库蓄水过程　　　　　　图 6-23　防破坏线示意图

以上通过任一年来水过程，说明了水库蓄水量与正常供水的关系。如果对所有应保证的年份（注意从径流系列中剔除破坏年份）仿表 6-9 进行同样计算，则每年可绘出一条蓄水过程线，见图 6-23，取各年蓄水过程的外包线（或称上包线）即为防破坏线。为什么取外包线呢？因为来水越少的年份，需要水库存蓄水量越多，在图 6-23 中的蓄水过程线位置越高；反之，来水量较多的年份，需要水库存蓄水量较少，图中的蓄水过程线位置反而较低。如果水库蓄水量在外包线以下，都按正常供水进行工作，则所有应保证的年份将不致遭到破坏。因此防破坏线是防止不适当的加大供水而引起破坏的限制线，即库水位只有在此调度线以上，方可加大供水。

表 6-9 是按照等流量法计算水库蓄水过程线的，对于发电站的防破坏线，可以采用逆时序等出力法（各时段出力等于保证出力）计算水库蓄水过程线，采用等出力操作需要试算，计算步骤可参阅第三节等出力法计算保证出力的相关内容。

（2）限制出力线。

限制出力线可用求防破坏线的类似方法推求，选取保证正常供水的那些年份，按保证出力工作，顺时序进行调节计算，绘出各年水库蓄水过程，然后取下包线就是限制出力线。限制出力线与防破坏线求法上的主要差别在于，防破坏线是逆时序计算，取上包线；限制出力线是顺时序计算，取下包线。顺时序计算，来水越丰，蓄水过程线越高，顺时序取下包线表示，水库水位在此线以下，对于历史资料而言，正常供水肯定要破坏，因而需要缩减供水，降低出力工作。

（3）防洪调度线。

先通过实测和调查历史洪水资料，分析洪水发生最迟时刻 t_k，再根据 t_k 在防破坏线上查得 a 点（图 6-24），a 点以左水平线为防洪限制水位，即在汛期中，为了防洪的需要，水库兴利蓄水不应超过此水位。然后从 a 点起，对水库设计洪水进行调洪演算，得到的蓄水过程线，就是防洪调度线（图 6-21 中的④线）。调洪演算方法将在第七章详细介绍。由于水库设计洪水过程流量很大，历时很短，因而 t_k 以后防洪调度线一般都很陡，非常接近垂直线。

对于前、后期洪水在成因上和数量上有明显差异的水库，为充分发挥水库的防洪、兴利作用，可分期拟定防洪限制水位和分别确定防洪调度线（图 6-25）。

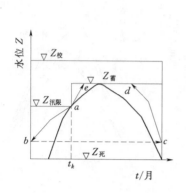

图 6-24　防洪调度线与防弃水线

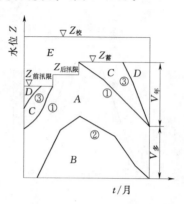

图 6-25　多年调节水库调度图

（4）防弃水线。

防弃水线可选用年水量或蓄水期水量的保证率为（$1-P$）的典型年径流过程（其中 P 为水电站设计保证率），水电站以装机容量（或可用容量）工作，一般可从图 6-24 中 a 点开始，逆时序计算到 b，再从 c 点逆时序计算到 d，然后由 a 点顺时序计算到 e。防弃水线理论依据并不充分，目前作法不完全相同，在绘制过程中经常会遇到问题（如与防破坏线相交时，只能令它与防破坏线重合）。

三、多年调节水库调度图绘制方法

（一）上基本调度线（防破坏线）

多年调节水电站水库上基本调度线（防破坏线）的绘制，原则上可用与年调节水库相同的原理方法。所不同的是，要以连续的枯水年系列和丰水年系列来绘制。但是，由于水文资料长度有限，包括的水库的蓄泄周期的数目较少，代表性有限，不能把各种丰水年与枯水年的组合情况都包括进去，因而这样作出的基本调度线是不可靠的，所以我们一般采用以下方法。

1. 方法一

1）选出这样的计算典型年，满足以下条件：该年的来水正好等于按照保证出力工作所需要的水量。我们可以在水电站的天然来水资料中，选出基本符合所述条件而且年内分配不同的若干年份为典型年，并对来水过程进行必要的等比例缩放，即得计算典型年。

2）对每一典型年按照保证出力自蓄水期正常高水位，逆时序计算至蓄水期初的年消落水位；然后再自供水期末，从年消落水位逆算至供水期初相应的正常高水位。这样就求得各计算典型年按照保证出力工作的逐时段水库水位过程线，取其上包即为上基本调度线。

2. 方法二

1）首先将多年调节水库的兴利库容分为多年库容和年库容，并认为多年库容调节年际间径流量，年库容调节年内径流量，因此在多年库容未蓄满以前，水电站不能超出保证出力工作。同样，当多年库容未完全放空前，出力不得低于保证出力。

2）选择具有这样的入库径流过程的年份为第一计算年，即在该年中，水电站按保证出力工作，自供水期末水库蓄满多年调节库容开始，进行逆时序调节计算，至蓄水期末水库水位达正常高水位，而至蓄水期初水库水位又刚刚回落到多年调节库容的蓄满点，并且这一年内水量不少（即不许动用多年库容中的存水，否则将影响设计保证率）、不多（即发电出力不超过保证出力，否则就失去了防破坏线的意义），连接各时段库水位的过程线即为上基本调度线。

3）为不失代表性，选取几个基本满足以上条件的代表各种年内分布的典型年，各年水量按适当比例控制缩放，而后分别进行逆时序的调节计算，取各年库水位过程上包线作为上基本调度线。

（二）下基本调度线（限制出力线）

1. 方法一

1）选出这样的计算典型年，满足以下条件：该年的来水正好等于按照保证出力工作所需要的水量。我们可以在水电站的天然来水资料中，选出基本符合所述条件而且年内分配不同的若干年份为典型年，并对来水过程进行必要的等比例缩放，即得计算典型年。

2）供水期末自死水位开始按照保证出力工作，逆时序计算至蓄水期初又回到死水位为止，求得各计算典型年的逐时段库水位过程线，取其下包线即为下基本调度线。

2. 方法二

1）首先将多年调节水库的兴利库容分为多年库容和年库容，并认为多年库容调节年际间径流量，年库容调节年内径流量，因此在多年库容未蓄满以前，水电站不能超出保证出力工作。同样，当多年库容未完全放空前，出力不得低于保证出力。

2）选择具有这样的入库径流过程的年份为第二计算年，即在该年中，水电站按保证出力工作，自供水期末死水位开始，至蓄水期初水库水位到死水位，连接各计算节点的水库水位过程线即为限制出力线。

3）为不失代表性，选取几个典型年进行水量修正后进行计算，取各年库水位过程线下包线即为限制出力线。

3. 方法三

将上基本调度线平行下移，使供水期末和蓄水期初的库水位与死水位重合，即得下基本调度线。

（三）防弃水线

对于调节性能很高的多年调节水库，可以不绘制防弃水线，因为这类水库的弃水量不大，且弃水情况多发生在连续丰水年组的汛期，而提高水头的利用效益一般可以弥补弃水而引起的电量损失，因此常将正常蓄水位至上基本调度线之间的区域全当作加大出力区。

对于调节性能略高于年调节水库的多年调节水库，可仿照年调节水库的方法绘制防弃水线：选择这样的丰水年份，水电站按照最大过水能力（装机容量）工作，自供水期末水库蓄满多年库容开始，逆时序调节计算，至水库达正常高水位，于蓄水期初仍消落于多年库容蓄满点，连接各时段的库水位，即为防弃水线。

图 6-25 为某多年调节水库调度图，图中所注调度线和分区符号的含义与图 6-21 相同。

调度图是指导水库运行的工具，而规划设计时水电站有一些参数与运行方式密切相关，如多年平均年发电量、机组设备的利用率等，在调度图绘出后，必须重新按调度图进行调节计算，才能求得比较精确的数据。水能计算中许多参数是互相联系、互相制约的，往往需由粗到细反复计算才能确定。

第六节　抽水蓄能电站简介

抽水蓄能电站是指利用单向或可逆式水泵在系统负荷低落时把水抽到高处储蓄起来，供电力系统负荷高峰时补充用电之需。这种装置称抽水蓄能电站，也叫水利蓄能电站（简称蓄能电站）。

世界上第一个抽水蓄能电站 1882 年建于欧洲。1920 年美国在罗克河装上第一台蓄能电站，此后其他国家也陆续兴建，但数量不多，规模不大。直到 20 世纪 70 年代以后，一些国家随着经济的快速发展，电力需求增长很快，电网规模不断扩大。由于水力资源缺乏，可供开发的水电有限，电网缺少经济的调峰手段，故调峰问题较为突出；加上抽水蓄能电站高水头、大容量机组的研制成功，使得调峰效率较高，因此抽水蓄能电站建设发展很快。如美国到 1975 年已建蓄能电站 973 万 kW，预计到 1995 年将达 4000 万 kW，到 2000 年蓄能电站容量将占水电站容量的 50%。在日本，1980 年已达 1420 万 kW，占水电站的 47%，占全国总容量的 9%。我国自 60 年代开始先后在岗南水库、密云水库安装抽水蓄能机组。密云水库装有 3 台机组，其中一台可逆机，总容量 4.5 万 kW。另外，已设计的有河北潘家口电站，容量为 40 万 kW，浙江省湖南镇电站容量为 20 万 kW 等。随着国民经济发展，在水电站比重较小的地区，蓄能电站还将加速发展。

图 6-26 是利用电力系统空闲电能，转化为水的位能，加以临时贮蓄，以备需要时，通过反向水轮机再发电，供系统负荷高峰之用。它是系统中解决电站群调峰能力不足时的一个有效方法。抽水蓄能有季节性蓄能和昼夜间蓄能两种。前者是把夏季多余电能以水的位能存蓄，供枯季高峰负荷之用；后者为昼夜间调节，利用电力系统中日负荷图多余容量发电，以水的位能形式储蓄，供填补高峰负荷之用（图 6-27）。图中 $N_火$ 为火电站工作容量，以均匀出力工作，其中阴影部分电能是供水泵抽水之用。$N_1 - N_1$ 线以上的峰荷部分可由蓄能电站担任。

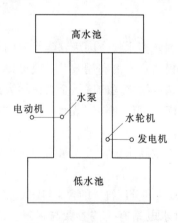

图 6-26　蓄能电站示意图

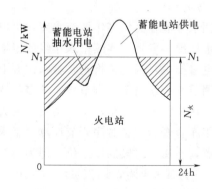

图 6-27　蓄能电站在日负荷图上工作情况

在电力系统中，蓄能电站除平缓负荷变化（充满负荷低谷部分）外，和日调节水电站一样，可提高系统运行的可靠性。能承担系统负荷备用和瞬时事故备用，改善电力系统调频调压条件，而且蓄能电站无论以水泵或水轮机工作时，都能起着这种作用。

日调节水电站是直接存蓄天然径流，而蓄能电站是利用火电站多余电能抽水存蓄，相当于二次用电。这样，日调节水电站生产电能成本就比蓄能电站便宜得多，因为后者通过水泵抽水要消耗能量，此部分能量就是火电站电力成本中的燃料部分。因此有调节性能的水电站一般比蓄能电站经济。但电力系统中若水电站的比重较小而不足以担任全部峰、腰荷时，或有调节水电站距负荷中心很远，不便于电力潮流长距离往复输送时，由蓄能电站担任部分峰、腰荷，其经济效益是肯定的。因燃煤火电站适宜于基荷工作，任峰荷的机组效率就差得多。例如，目前高效率火电机组均匀工作时耗煤量约为 $340g/(kW \cdot h)$。而在峰荷低效率工作时总耗煤量（包括开、停机、热备用等）约为 $556g/(kW \cdot h)$。而目前蓄能电站综合经济效益已达 $70\% \sim 75\%$，即用 $1kW \cdot h$ 抽的水可发电 $0.7 \sim 0.75kW \cdot h$，若以 $0.7kW \cdot h$ 计，相当于火电站峰荷时煤耗为 $486g$，则蓄能电站每发 $1kW \cdot h$ 可节约用煤 $70g$，所以运转费用比火电站任峰荷时为低。至于基建投资，以国内某一容量为 60 万 kW 的蓄能电站估计，在 $5 \sim 10$ 年内便可回收。

蓄能电站与日调节水电站不仅性质上相似，而且在规划设计、计算方法上也类似（图 $6-28$）。若电力系统中水电站的比重较小，只能任图中 $N_1 - N_1$ 线以上的峰荷部分，而火电站和蓄能电共同承担 $N_1 - N_1$ 线以下负荷时，怎样求得它们各自的工作容量呢？令图中 $N_火$ 为火电站工作容量，E_1 为蓄能电站任腰荷时的电能，E_2 为火电站抽水电能（图中阴影部分），由此可绘制 $N_火$ 与 K（$K = E_1/E_2$）关系曲线，见图 $6-28$ 中右边部分。有此曲线，只要求得 K_0，即可确定火电站的位置和相应的蓄能电站的工作容量 $N_蓄 = N_1 - N_火$。该比值 K_0 就是蓄能电站的总效率系数，可由下列关系得出。

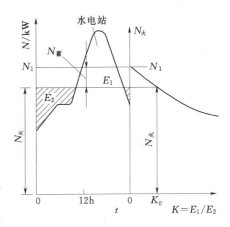

图 $6-28$ 蓄能电站工作容量

1）当蓄能电站发电时

$$E_1 = K_1 HW \tag{6-24}$$

式中：K_1 为机组效率和摩阻系数；H 为发电水头；W 为相应的发电水量（即抽水量）。

2）当蓄能电站抽水时

$$W = K_2 E_2 / H \tag{6-25}$$

式中：K_2 为水泵效率及摩阻系数；H 为抽水水头，它一般比式（$6-24$）中的值略大；E_2 为抽水电能；W 意义同前。

将两式合并（取两 H 近似相等）可得

$$E_1 = K_1 K_2 E_2 \text{ 或 } E_1/E_2 = K_1 K_2 = K_0$$

式中：K_0 为蓄能电站总效率系数，由此值在图 $6-28$ $N_火 - K$ 曲线上查得相应的 $N_火$ 值，即为火电站的工作容量。

蓄能电站的工作容量为

$$N_蓄 = N_1 - N_火$$

以上只简单介绍单个蓄能电站工作容量的计算。通常是蓄能电站和水电站需同时考虑，这种计算较为复杂，可参阅有关专门文献，本书不作详细介绍。

参 考 文 献

［1］ 鲁子林. 水利计算 ［M］. 南京：河海大学出版社，2003.

［2］ 叶秉如. 水利计算及水资源规划 ［M］. 北京：水利电力出版社，1995.

［3］ 中华人民共和国水利部，中华人民共和国国家统计局. 第一次全国水利普查公报 ［M］. 北京：中国水利水电出版社，2012.

［4］ 中华人民共和国水利部. SL 104—95 水利工程水利计算规范 ［S］. 北京：中国水利水电出版社，1996.

［5］ 周之豪，沈曾源，施熙灿，等. 水利水能规划 ［M］. 2 版. 北京：中国水利水电出版社，1997.

［6］ 叶守泽. 水文水利计算 ［M］. 北京：中国水利电力出版社，1992.

［7］ 长江流域规划办公室水文处. 水利工程实用水文水利计算 ［M］. 北京：水利电力出版社，1980.

［8］ 水电部成都勘测设计院. 水能设计 ［M］. 北京：电力工业出版社，1981.

［9］ 武汉水利电力学院，等. 水能利用 ［M］. 北京：电力工业出版社，1981.

［10］ 华东水利学院，等. 水电站 ［M］. 北京：水利电力出版社，1980.

［11］ 水利部长江流域规划办公室，河海大学，丹江口水利枢纽管理局. 综合利用水库调度 ［M］. 北京：水利水电出版社，1990.

［12］ 华东水利学院. 水工设计手册：第二卷 地质 水文 建筑材料 ［M］. 北京：水利电力出版社，1984.

第七章 防洪工程水利计算

第一节 概 述

洪水灾害主要是指河水泛滥，影响工农业生产，冲毁和淹没耕地；或洪水猛涨，中断交通，危及人民生命安全；或山洪暴发，泥石流造成破坏；以及冰凌带来的灾害等等。我国地处季风活动剧烈地带，洪水灾害十分频繁。据记载，自公元前 206 年至 1949 年的2155 年间，我国发生较大洪水灾害共 1029 次，平均大约每两年一次。仅黄河 1933 年一次洪水，就使黄河下游决口 54 处，河南、河北、山东、江苏等省 67 个县受灾面积达11000km²，造成 360 万人受灾，18000 人死亡。新中国成立后，全国大规模整修堤防，兴建水库、水闸，疏浚整治河道，开辟分洪、滞洪区。这些工程对于减免洪水灾害，保护工农业生产和交通运输，保卫国家财产和人民生命安全起了很大作用。但是对于较大洪水，尤其是特大洪水灾害目前还不能抵御，例如 1963 年海河大水，1975 年河南特大暴雨造成板桥、石漫滩水库垮坝，1981 年 7 月发生在四川的特大洪水，使长江水位达到了 85 年来的最高纪录。几次洪水都造成房屋倒塌，人员伤亡，交通中断，使国家和人民财产的损失都十分严重。因此，今后采取各种措施防洪减灾仍将是长期而艰巨的任务。

一、防洪措施

防洪措施可分为工程防洪措施和非工程防洪措施两类。

1. 工程防洪措施

（1）水库蓄洪。

在防洪区上游河道适当位置，兴建能调蓄洪水的综合利用水库，利用水库库容拦蓄洪水，削减进入下游河道的洪峰流量，达到减免洪水灾害的目的。对于一年中可能出现数次洪水的河流，可在洪峰过后将滞留在水库中的洪水在确保下游安全的前提下下泄到原河道，使水库水位回落到汛前限制水位，以迎接下一次洪水，多次发挥水库防洪库容的调蓄作用。同时综合利用水库汛期拦蓄的水量，还可用以提高发电、灌溉、航运等兴利部门枯水期的调节流量和供水保证率，这是我国广泛采用的防洪措施之一，例如我国新中国成立后修建的三峡、丹江口、大伙房、密云等水库。但兴建水库调蓄洪水必须有适当的地形、地质条件。在防护区附近有适宜建库的坝址最为理想，如水库离防护区较远，水库与防护区之间不能控制的区间面积较大，则水库的防洪作用将明显减小。此外，随着生产的发展，人口的增长，库区的移民和淹没损失，已成为一个非常突出的问题。

（2）修筑堤防、整治河道。

堤防的主要作用在于防止河水泛滥，加大河槽泄洪能力。堤防可以直接筑于防护区附近，防洪效果明显，它是我国历史最久，广为应用的一种防洪措施，目前仍是大中型河流、中下游平原地区主要防洪措施之一，例如我国黄河下游两岸大堤及长江中游的荆江大堤等。这种措施的不足之处是堤线较长，工程浩大，坚固性差，需年年培修，汛期防汛任务艰巨。疏浚与整治河道的目的在于，拓宽与浚深河槽，裁弯取直，除去阻碍水流的障碍物等，以使河床平顺通畅，它与筑堤一样，最终也是为了加大河槽的泄洪能力。这种措施同时可以缩短河道长度，增加枯水期航道水深，改善水运交通条件。

（3）分洪、滞洪。

为了减轻洪水对某一段重要城镇的威胁，使其控制在河槽安全泄量之内，可在重要城镇上游适当地点，修建分洪闸和分洪道，有计划地将部分洪水引向别处，以减轻洪水损失。暂时滞留洪水的地区一般为湖泊、洼地等，这些地区的土地，一般年份仍然可以利用，但必须加以限制，以便在发生大洪水时，做出必要的牺牲，确保重要城镇、工矿以及江河沿线广大地区的安全，把洪水灾害限制在最小范围之内，例如长江中游的荆江分洪工程及黄河下游的北金堤分洪工程等。

（4）水土保持。

高原和山丘区常因大规模砍伐森林，破坏植被，引起水土流失现象。水土保持是在流域面上通过修建淤地坝、谷坊、塘、埝，植树种草，修筑梯田，改进农牧生产技术，达到减少洪水灾害，防止水土流失，是进行大范围径流调节的一种根本性治山治水措施。

（5）防汛抢险。

主要是指汛前对堤防、水库、闸坝等进行检查、维修、加固，消除隐患；汛期根据水情预报，及时采取护岸、堵漏或突击加高培厚堤防等，避免大堤溃决、水库失事的临时应急工程措施；汛后适时修复险工，堵塞决口等。

2. 非工程防洪措施

长期以来，工程防洪措施占据防洪减灾的主导地位。然而，近来的研究表明，情况发生了较大变化，具体表现：① 很多国家工程措施的花费与洪水损失在同步增加；②由工程建设引发的社会与生态环境问题越来越严峻；③人口的增加与有效耕地的减少，严重制约防洪工程的建设；④防洪工程在很多国家都被当作公益性工程，投资主要由政府财政负担，越来越昂贵的建设成本制约工程防洪措施。

从20世纪60年代以来世界各国在探讨利用工程和非工程防洪减灾措施相结合的手段。可以说，非工程防洪措施的确立，是20世纪后期对人类灾害观和防洪策略的修正，是对各种防御手段和救援行为的最终目标重新定位。广义地说，除了工程措施之外的防洪措施，都可以称之为非工程防洪措施，但目前广泛使用并被普遍接受的有以下几种。

（1）洪水预报与预警系统。

利用洪水的形成和传播特性，预见洪水的形成和发展过程，并根据预报的结果，制定应对洪水的方案。现代洪水预报技术得到了迅速发展，在洪水预报的支持下兴起洪水调度技术，形成了实时洪水预报调度系统，借助洪水预报调度系统，决策防洪工程运行方式；利用工程系统的作用改变洪水特性，削减洪峰、滞蓄洪量、延长洪水传播历时等，使沿河居民有较多时间，采取有效应对措施或及时撤离可能被淹没的地区。

洪水预报调度的最高追求，就是通过充分发挥防洪工程措施的功能，缓和洪水情势，达到最大限度减轻洪水灾害的目的。根据世界气象组织（WMO）的估计，洪水预报调度系统在全球防洪减灾中的贡献率约为防洪总效益的10%～15%。

我国在防洪调度系统的研究与建设方面基本与国外同步，长江、黄河等重点大江大河先后开展防洪决策支持系统的开发，并逐步形成了中国自己的特色。

（2）洪水风险图。

洪水风险图是一种标明发生不同重现期洪水时，可能淹没范围、水深及造成的洪水灾害危险程度和经济损失大小的防洪减灾专用地图。洪水风险图是该地区的洪水特征信息、地理信息和社会经济信息的综合反映。洪水风险图中有地形等高线、微地貌、行政区划、重要设施、淹没范围边界线等，详细的洪水风险图中还标出淹没范围内各处的淹没深度、淹没历时、居民疏散道路等。洪水风险图最初是由美国于20世纪60年代推行洪水保险计划而发展起来的。1978年日本绘制了东京都的洪水风险图，是东亚地区较早的洪水风险图。1988年联合国亚洲及太平洋地区经济社会委员会在曼谷举行"根据洪水风险分析及洪水风险图改进防洪系统专家会议"，随后洪水风险图在亚太地区逐渐推广。中国于1990年绘制了海河流域永定河、子牙河洪水风险图。浙江省已绘制了全省洪水风险图，包含70座县级以上城镇的洪水风险图；钱塘江、苕溪、曹娥江、甬江、椒江、瓯江、飞云江和鳌江"八大水系"的洪水风险图；以及杭嘉湖平原、萧绍宁平原、温黄临平原、温州滨海平原四大平原的洪水风险图；并建立了洪涝灾害模拟数据库。

风险图在防洪减灾中具有重要的指导价值。①指导制定本地区的开发规划，鼓励在洪水风险小的区域进行投资和开发，尽量限制在洪水危险大的区域内发展和开发。②指导调整土地开发利用方式，如对于农业淹没损失较大的区域，指导农业种植结构的改变和作物品种的选择。③指导防洪规划制订，防洪标准选择，防洪效益计算，防洪工程布局。④辅助制定洪水保险的费率，合理分摊洪灾风险。⑤作为各级防汛部门防洪调度、指挥抗洪减灾提供直观灵活的实用工具，如根据发生洪水的大小，指挥抗洪抢险，合理调配救灾的人力、财力和物力，减少经济损失和人员伤亡；根据洪水风险图在城市、乡镇设立各种形式的警示标志，并确定风险区域内居民的避洪方式和路线；设立指示牌，减少洪水发生时可能造成的混乱和不必要的损失。

（3）洪水保险。

洪水保险是一种灾害保险。洪水保险的意义和作用主要表现在以下方面：①在较大甚至全国范围内分摊洪水造成的损失，增强社会消纳洪灾损失的能力；②体现了国家引导公众对洪泛平原进行合理有序开发的政策导向，洪泛平原开发是一种风险开发，欲在洪水风险大的地区进行经济开发活动，就必须付出与该地区防洪费用相应的洪水保险费，这就迫使开发者不得不对其开发活动所能取得的收益和必须支付的洪水保险费用进行经济分析，从而引导开发者的开发活动从风险较大的地区转向风险较小的地区，达到引导公众对洪泛平原进行合理有序开发的目的；③能增强国民的防洪减灾意识，减轻政府财政负担；④洪水保险作为一种社会学行为，能促进社会的公正、互助和友善，作为一种经济行为，有利于提高洪泛平原开发的整体经济效益和社会效益。

（4）洪泛区管理。

造成洪泛区洪水风险增大的主要原因是人们对洪泛平原区长期无序和过度的开发行为，是人水争地矛盾在洪泛区长期积累的结果。洪泛区管理的经济目标，包括减轻洪灾经济损失和促进经济开发两个方面。中国人多耕地少，更应当注重提高洪泛区整体经济效益。洪泛平原管理的社会目标是通过科学管理，使洪泛平原成为具有较强灾前预防能力、遇灾应变能力和灾后恢复与重建能力的社会环境。

（5）建立健全法律法规。

防洪减灾政策与法规是政府为防洪减灾目的而制定的，有约束力的经济与社会活动行为规范。政府利用防洪减灾政策与法规鼓励符合防洪减灾要求的经济社会活动，约束和制裁不利于防洪减灾要求的经济社会行为，保证防洪减灾目标的实现。我国已制定了《中华人民共和国水法》、《中华人民共和国防洪法》等专门法律，在防洪减灾中发挥了重要作用。

防洪减灾非工程措施是在防洪工程措施不足以解决洪水灾害的背景下提出的，因此在一定意义上它可以被视为防洪工程措施的一种补充。人类通过调整自身行为尽可能避让洪水的袭击，以达到防止和减轻洪水灾害的目的。

二、防洪工程效益计算

1. 防洪工程效益估算方法

目前国内外所采用的防洪工程效益估算方法有多种，归纳起来可分典型年法、长系列法、模拟系列法、风险分析法、频率法等。

（1）典型年法。

该法假定工程建成后遭遇历史上已出现过的典型大水年重现，可减免的洪灾损失。该法所选典型年在流域内具有较好的代表性，概念明确，具有重现期的概念，易被接受，但没有平均效益的概念，缺乏进行工程经济评价基础。其次，随着时间的推移，其代表性愈来愈差。

（2）长系列法。

该法是假定历史上出现过的洪水重现。此法可用来推求多年平均效益，可与工程投入在同一基础上进行经济评价，在规划设计中常用来评价工程修建在经济上是否合理。但对洪水和洪灾资料缺乏的地区缺乏可操作性。

（3）模拟系列法。

该法主要认为已有的洪水系列太短，不足以代表多年平均，采用不同的数学模型将洪水系列延长。此法从表面来看，洪水系列愈长，代表性愈强，但因所采用的模型不同，其结果也不一样。该法认为延长系列统计参数与母体样本的统计参数一致。实际上，母体样本的系列不同，其统计参数不一定相同。

（4）风险分析法。

该法是用于发生某一频率洪水时，由于水文、地形、防洪措施以及洪灾损失调查等诸因素存在不确定性，为决策者事先提供一种预估信息所采用的科学方法。有些学者将风险用以研究洪水频率曲线或淹没损失频率曲线。换言之，认为发生某一频率的洪水或损失也有一个概率或风险率，以此出发点来计算防洪工程效益。

（5）频率法。

该法主要认为洪水发生是随机的，所以洪灾损失也是随机的。其实洪水的发生有一定的规律，只是这种规律尚未被人们完全掌握，故人们在不能预知若干年后洪灾发生的情况下，采用此法计算多年平均防洪效益较为合理。学者普遍认为该法不能反映大洪水的防洪效益，但大洪水发生的概率比常遇洪水要小得多，在多年平均防洪效益中所占的比重当然也较小。

在防洪经济分析中，工程投资比较容易计算，由于兴建水库，修造堤防，整治河道等防洪措施所造成的耕地或淹没损失相对也比较容易计算，而洪灾损失和防洪效益却是一项工作量既大，又非常艰苦细致的工作，它往往不太容易估算，不同单位估算的结果甚至会相差很大。

洪灾损失主要包括：① 面上的损失，如农业损失，群众财产损失及城镇工业、商业、水电等各有关部门固定、流动资金造成的损失及因淹没停产、减产造成的损失等；② 铁路、公路、航运等因水灾中断遭受的损失，洪灾给大型工矿企业造成的损失；③ 其他损失，如抗洪抢险费、医疗救护费、伤亡抚恤费及生产救灾费等。

2. 单体防洪工程效益估算

防洪工程本身不能直接创造财富，其效益主要由修建工程后减免的洪灾损失来体现，由于水文现象具有随机性，防洪工程完成后，有可能很快遇上一次甚至几次洪水，这时防洪的投资效益非常明显，但也可能在很长时间内遇不上大洪水，暂时看不出实际效益。鉴于这种情况，目前一般都采用以工程减免洪灾多年平均损失来估算防洪工程的经济效益。常用方法有频率法和实际典型年法。

（1）频率法。

首先根据不同频率的洪水分别求得采取某种工程措施前的洪灾损失（图7-1中 A 线），其相应多年平均损失为 Y_A。然后再对不同频率的洪水分别求得采取该工程措施后的洪灾损失（图7-1中 B 线）其相应多年平均损失为 Y_B。Y_A 与 Y_B 之差就是兴建该防洪工程的多年平均效益。

（2）实际典型年法。

选一段洪水灾害资料较完全的实际系列（如长江曾选用1931—1956 年）逐年计算，然后取其平均值作为多年平均洪灾损失。

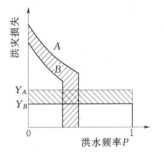

图 7-1　防洪效益计算
示意图

不同方案的防洪效果，过去常用投资回收年限法衡量，即

$$投资回收年限 = \frac{防洪总投资}{年平均毛效益 - 工程年费用}$$

也可用效益费用比、内部经济回收率或增量内部回收率等方法（参见有关水利经济书籍）。

3. 防洪工程体系效益估算方法

《已成防洪工程经济效益分析计算及评价规范》（SL 206—98）明确定义已成防洪工程经济效益是分析计算防洪工程建成后实际产生的经济效益（不同于拟建防洪工程预测可能产生的经济效益），因而规定应采用实际发生年法，计算已成防洪工程的经济效益，而不采用频率曲线法（该法适用于拟建防洪工程）。为统一规范防洪减灾效益计算及评价工作，《防洪减灾经济效益计算办法（试行）》明确界定防洪减灾经济效益是防洪体系所减免的洪涝灾害直接经济损失，采用对比法按基准年计算的还原洪灾损失与年实际洪灾损失的差值作为防洪减灾效益。

即防洪工程体系的防洪减灾经济效益。

$$B = \sum_{i=1}^{m} b_i \tag{7-1}$$

式中：B 为防洪工程体系减灾经济效益；b_i 为第 i 单元防洪减灾经济效益；m 为单元数。

$$b_i = (A_0 - A_1) \times V_i \times \eta_{综} \tag{7-2}$$

式中：A_0 为洪水还原至基准年的淹没面积；A_1 为计算年实际淹没面积；V_i 为单位面积上资产值；$\eta_{综}$ 为洪灾综合财产损失率。

（1）单位面积上财产值的计算。

单位面积上财产值通过开展洪灾典型区财产调查获得。单位面积财产值若采用参照年数值，应根据年修正系数来修正。

$$V = V_0 \times (1+r)^n \tag{7-3}$$

式中：V 为计算年单位面积财产值；V_0 为参照年单位面积财产值；r 为年修正系数，一般参考当地的统计年鉴，采用年综合物价增长指数；n 为参照年与基准年之间的间隔年数。

（2）洪灾财产损失率。

洪灾财产损失率是指洪灾区各类财产单位面积上的损失值与灾前或正常年份原有各类财产价值之比，简称洪灾损失率。各类财产有不同的洪灾损失率，可按农业、林业、牧业、渔业；水利、交通、电信、矿产；城市居民、乡镇居民等不同的经济部门分别计算财产洪灾损失率。洪灾综合财产损失率根据各类经济部门财产损失率加权平均计算。

$$\eta_{综} = \frac{\sum\limits_{j=1}^{m} V_j \eta_j}{\sum\limits_{j=1}^{m} V_j} \text{ 或简化为 } \eta_{综} = \sum_{j=1}^{m} \eta_j \omega_j \tag{7-4}$$

式中：$\eta_{综}$ 为洪灾综合财产损失率；η_j 为 j 类经济部门的财产损失率；V_j 为 j 类经济部门单位面积财产值；ω_j 为 j 类经济部门财产权重，$\omega_j = \dfrac{V_j}{\sum\limits_{i=1}^{m} V_i}$；$m$ 为经济部门的类别数。

第二节　水库防洪水利计算

一、水库防洪计算的任务

有调节能力的水库在进行水利水能计算的同时，还要进行防洪计算。水库防洪设计分两种情况。

一种为水库下游无防洪要求。有的水库下游没有重要的防护对象，因此下游对水库无防洪要求；有的水库下游虽有防护对象，但水库控制流域面积太小或本身库容很小，难以担负下游防洪任务。这种情况的防洪计算比较简单，水库主要考虑本身的安全，一般只要对坝高和泄洪建筑物规模进行比较和选择。若泄洪建筑物规模大些，水库可多泄少蓄，所需调洪库容较小，坝可修得低一些；反之，若泄洪建筑物规模小些，坝就要修得高一些。

另一种为水库下游有防洪要求。当水库下游对水库有防洪要求时，水库除担负本身的防洪任务外，还应考虑下游的防洪任务。如果下游防洪标准和河道允许泄量均已确定，则应首先满足下游防洪要求，通过调节计算，求水库的防洪高水位，然后再对相应于大坝设计标准的设计洪水进行调节计算。如果下游防洪标准和河道允许泄量均未定，则应配合下游防洪规划综合比较水库、堤防、分洪、蓄洪、河道整治等各种可能措施及其互相配合的可能性，统一分析防洪和兴利、上游和下游的矛盾，通过综合比较合理确定下游防洪标准和河道允许泄量，以及水库和泄洪建筑物的规模。

水库防洪计算的主要内容包括以下方面。

（1）搜集基本资料。

根据规范确定防护对象的防护标准，搜集所需基本资料。① 设计洪水过程线。例如与大坝设计标准相应的设计洪水过程线，与校核标准相应的校核洪水过程线。当下游有防护要求时，尚需下游防洪标准相应的设计洪水过程线，坝址至下游防护区的区间设计洪水过程线，上下游洪水遭遇组合方案或分析资料。②库容曲线。③防洪计算有关经济资料。

（2）拟定比较方案。

根据地形、地质、建筑材料、施工设备条件等，拟定泄洪建筑物型式、规模及组合方案，初步确定溢洪道、隧道、底孔的型式、位置、尺寸、堰顶高程和底孔进口高程等，同时还需拟定几种可能的水库防洪限制水位（起调水位），并通过水力学计算，推求各方案的溢洪道及泄洪底孔的泄洪能力曲线。

（3）拟定合理的水库防洪运行方式。

控制不超过安全泄量下泄，按最大泄洪能力下泄，根据不同防洪标准分级调节，考虑区间来水进行补偿调节，考虑预报预泄等。有时在一次洪水调节计算中需根据防洪任务分别采用几种运行方式。

（4）推求水库防洪特征水位和最大泄量。

通过调洪演算确定各种防洪标准的库容和相应水位及最大下泄流量。如设计洪水位及相应最大泄量；校核洪水位及相应最大泄量；当下游有防洪要求时；还应推求防洪高水位。

（5）投资和效益分析。

根据上述求得的各种水库水位和相应下泄量，计算各方案的大坝造价，上游淹没损失，泄洪建筑物投资，下游堤防造价，下游受淹的经济损失及各方案所能获得的防洪效益等，进行综合比较和分析。

（6）选择参数。

通过各方案的经济比较和综合分析，从而选择技术上可行经济上合理的水库泄洪建筑物及下游防洪工程的规模和有关参数。

二、水库调洪作用

水库之所以能防洪调洪，是因为它设有调节库容。当入库洪水较大时，为使下游地区不遭受洪灾，可临时将部分洪水拦蓄在水库之中，等洪峰过后再将其放出，这就是水库的调洪作用。现在让我们通过图7-2来看一次洪水的调节过程。

为便于说明，假定水库溢洪道无闸门控制，水库防洪限制水位与溢洪道堰顶高程齐平。

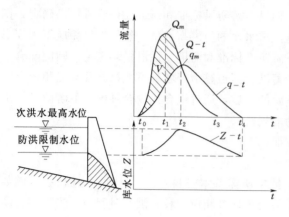

图 7-2　水库调洪示意图

$Q-t$—入库流量过程；$q-t$—出库流量过程；$Z-t$—水库蓄水位过程

t_0 时刻，Z_0＝防洪限制水位，q_0＝0。随后，入流增大，水库水位被迫上升，溢洪道开始溢流，q 随水位升高而逐渐增大。t_1 为入库洪峰出现时间，t_1 以后入流虽然减小，但仍大于下泄流量，因而水库水位继续抬高，下泄量不断加大，一直到 t_2 时刻，$Q=q$ 时水库出现最高水位和最大泄量。此后，由于入流小于出流，水位便逐渐下降，下泄流量亦随之减小，直至 t_4 时刻，水库回到防洪限制水位，本次洪水调节完毕。图中的阴影面积 V 是本次洪水拦蓄在水库中的水量，这部分水量在 t_2 至 t_4 期间逐渐放出。例如河南薄山水库在"75·8"特大洪水中，入库洪峰为 $10200\mathrm{m}^3/\mathrm{s}$，最大下泄流量为 $1600\mathrm{m}^3/\mathrm{s}$，入库洪水总量 4.28 亿 m^3，水库拦蓄洪水达 3.56 亿 m^3，可见水库的调洪作用是非常明显的。

三、水库调洪演算方法

1. 洪水调节计算原理

由水量平衡原理可知，在某一时段内（$\Delta t=t_2-t_1$），进入水库的水量与水库下泄水量之差，应等于该时段内水库蓄水量的变化值（图 7-3），用数学式表示为

$$\frac{Q_1+Q_2}{2}\Delta t-\frac{q_1+q_2}{2}\Delta t=V_2-V_1 \tag{7-5}$$

式中：Q_1、q_1 分别为时段初入库、出库流量，m^3/s；Q_2、q_2 分别为时段末入库、出库流量，m^3/s；V_1、V_2 分别为时段初、时段末水库蓄水量，m^3。

一般情况下，入库洪水过程 $Q-t$ 为已知，即式（7-5）中 Q_1、Q_2 为已知数，Δt 可根据计算精度要求选定，时段初下泄量 q_1 和水库蓄水量 V_1 由前一段求得，在式（7-5）中亦为已知数，因此方程中只有 q_2、V_2 是未知数，但是一个方程不能确定两个未知数，还需要一个方程。我们知道，在无闸门控制的情况下，水库下泄量 q 和

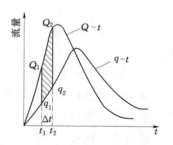

图 7-3　水量平衡示意图

蓄水量 V（或水库水位 Z）是单一函数关系，即一个 V 值（或 Z 值）对应一个 q 值，如用公式表示可写成：

$$q=f(V) \tag{7-6}$$

或

$$q=f_1(Z) \tag{7-6a}$$

于是联解式（7-5）、式（7-6）便可求得 q_2、V_2。

这里，具体说明一下 q 和 V 的关系。在无闸门控制或闸门全开的情况下，表面溢洪道与有压底孔的泄流公式分别如下（图 7-4）。

溢洪道泄流公式

$$q' = \varepsilon m \sqrt{2g} B h_1^{3/2}$$

底孔泄流公式

$$q'' = \mu \omega \sqrt{2g h_2}$$

式中：ε 为侧向收缩系数；m 为流量系数；B 为溢洪道净宽，m；h_1 为堰顶水头，m，$h_1 = Z - Z_{堰顶}$；ω 为底孔断面面积，m^2；μ 为流量系数；h_2 为孔中心以上水头，m，$h_2 = Z - Z_{孔中心}$。

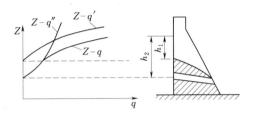

图 7 - 4　泄洪建筑物水力特性示意图

在泄洪建筑物型式、尺寸已定的情况下，式中 ε、m、μ 可由水力学手册查得，因而溢洪道和底孔的泄流量都是水位（或库容）的单值函数，总下泄量必定也是水位（或库容）的单值函数。所以假定不同水位，便可求得 $q = f(V)$ 或 $q = f_1(Z)$ 关系曲线，见图 7 - 4。

2. 水库调洪演算方法

一般所谓水库调洪演算，就是逐时段联解式（7 - 5）和式（7 - 6）两个方程，即

$$\begin{cases} \dfrac{Q_1 + Q_2}{2}\Delta t - \dfrac{q_1 + q_2}{2}\Delta t = V_2 - V_1 \\ q = f(V) \end{cases}$$

前已述及，上述方程组中 q_2、V_2 是两个待求变量，在调洪演算中，常遇到两类计算任务，第一类是控制泄流情形，这类问题 q_2 或 V_2 中的一个已知（如控制泄流时 q_2 已知，控制水位时 V_2 已知），这时利用水量平衡方程就可求得另一个，这类计算比较简单；第二类是自由泄流情形，q_2 和 V_2 相互影响，方程组是隐式方程组，其求解相比第一类要复杂一些，解隐式方程组的具体方法非常之多，本书只介绍试算法和半图解法。

（1）试算法。

对于某一计算时段来说，式（7 - 5）中的 Q_1、Q_2 及 q_1、V_1 为已知，q_2、V_2 为未知。因此，如果假定一个时段末水库蓄水量 V_2，即可由式（7 - 5）求得相应时段末出流量 q_2。同时由假定的 V_2 根据式（7 - 6）的 $q = f(V)$ 关系可查出 q_2'，如果 $q_2 = q_2'$，则 V_2、q_2 即为所求，否则重新假定 V_2，直至 $q_2 = q_2'$ 为止。因第一时段的 V_2、q_2 为第二时段的 V_1、q_1，于是可连续进行计算，图 7 - 5 为单时段试算流程图。

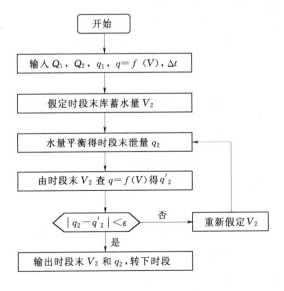

图 7 - 5　试算法流程图

（2）半图解法。

为避免试算，可先将式（7-5）改写成为

$$\left(\frac{V_1}{\Delta t}+\frac{q_1}{2}\right)+\overline{Q}-q_1=\frac{V_2}{\Delta t}+\frac{q_2}{2} \tag{7-7}$$

式中：$\overline{Q}$为时段平均入流，$\overline{Q}=\frac{Q_1+Q_2}{2}$。

式（7-7）右端项如果利用式（7-6）代入，显然可化为q的函数。也就是说，我们可以事先绘制$q-\left(\frac{V}{\Delta T}+\frac{q}{2}\right)$关系曲线，此线被称为调洪演算工作曲线。由于式（7-7）中左边各项均为已知数，因此右端两项之和$\frac{V_2}{\Delta t}+\frac{q_2}{2}$的总数也就可求出，于是根据$\frac{V_2}{\Delta t}+\frac{q_2}{2}$值，通过已作出的曲线$q-\left(\frac{V}{\Delta t}+\frac{q}{2}\right)$便可查出$q_2$。因第一时段$V_2$、$q_2$即为第二时段$V_1$、$q_1$，于是可重复以上步骤连续进行计算。

四、水库防洪计算

1. 溢洪道尺寸选择

水库防洪计算的主要内容，是根据设计洪水推求防洪库容和选择溢洪道尺寸。

水库泄洪建筑物的型式主要有底孔、溢洪道和泄洪隧洞3种。底孔可位于不同高程，可结合用以兴利放水、排沙、放空，一般都设有闸门控制，底孔的缺点是造价高，操作管理不便，泄洪能力小；泄洪隧洞的性能与泄洪孔类似；溢洪道的特点则相反，它泄洪量大，操作管理方便，易于排泄冰凌和漂浮物。

溢洪道可以设闸门加以控制，也可无闸门控制。小型水库为节省工程投资，多数采用无闸门控制溢洪道。大中型水库为了提高防洪操作的灵活性，增加工程综合效益，特别是当下游有防洪要求时，多采用有闸门控制。无闸门控制溢洪道堰顶高程一般与正常蓄水位齐平；有闸门控制溢洪道，往往正常蓄水位与溢洪道闸门顶高程一致。

溢洪道宽度和堰顶高程，通常与坝址地形、下游地质条件所允许的最大单宽泄量有关，一般通过技术经济比较确定。在堰顶高程已定的情形下，溢洪道宽度的确定方法视下游有无防洪任务而略有不同。

（1）水库下游无防洪要求。

水库下游无防洪要求时，确定溢洪道宽度的依据是总费用最小。其计算步骤如下。

1）假定不同溢洪道宽度方案B_1、B_2、…。

2）根据大坝设计洪水分别对各宽度方案用上述调洪演算方法求相应拦洪库容V_1、V_2、…，和最大泄量q_{m_1}、q_{m_2}、…。

3）点绘$B-V$和$B-q_m$关系线（图7-6（a））。图中表明，在其余条件相同的情况下，B越大，下泄流量越大，拦洪库容越小。

4）根据拦洪库容V确定不同溢洪道宽度B相应的大坝造价、淹没损失及管理维修费S_V；根据$B-q_m$计算溢洪道和消能设施的造价及管理维修费（S_B），根据q_m计算下游堤防培修费（S_D），则总费用$S=S_B+S_V+S_D$，它们与B的关系见图7-6（b）。

5）由总费用最小点S_{min}便可查得最佳溢洪道宽度B_p［图7-6（b）］，由B_p可得到相

应拦洪库容 V_P ［图 7 - 6 (a)］。

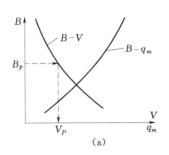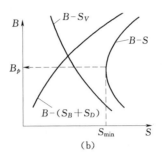

图 7 - 6 防洪各参数关系

(a) $B - V$、$B - q_m$ 曲线；(b) 费用曲线

(2) 水库担负下游防洪任务。

当水库担负下游防洪任务时，防洪标准一般有两种，即下游防护对象的防洪标准 P_1 和大坝（水库）设计标准 P_2（水库设计标准 P_2 一般均高于下游防洪标准 P_1），下游防护要求通常以某断面允许达到的泄量 $q_安$（称为安全泄量）来反映。下游有防洪要求时，确定溢洪道宽度的步骤如下。

1) 假定不同溢洪道宽度方案 B_1'、B_2'、…。

2) 根据下游防洪标准的洪水分别对各宽度方案用上述调洪演算方法求相应最大泄量 q_{m_1}'、q_{m_2}'、…。

3) 剔除 $q_m' > q_安$ 的方案，保留 $q_m' \leqslant q_安$ 的溢洪道宽度方案 B_1、B_2、…。

4) 对保留方案 B_1、B_2、…，用上述调洪演算方法求设计标准洪水相应的拦洪库容 V_1、V_2、…，和最大泄量 q_{m_1}、q_{m_2}、…；点绘 $B - V$ 和 $B - q_m$ 关系线 ［图 7 - 6 (a)］。

5) 余下步骤与下游无防洪任务时相似，不再赘述。另外，由总费用最小确定的 B_p 可能与由 $q_m' \leqslant q_安$ 确定的 B_p 是一致的，即 $q_安$ 可能是 B_p 的控制性指标。

2. 防洪多级调节

由于下游防护对象的防洪标准和水库防洪设计标准及校核标准不一致，水库泄洪方式又随防洪标准而有所不同，在不能确知未来洪水大小的情况下，只能先按最低标准控制下泄，当肯定本次洪水超过较低标准时，再按较高标准控制下泄，这样由低到高分级控制泄洪，称为防洪多级调节。防洪多级调节是在不考虑预报的情况下，尽量满足不同防洪标准要求，处理各种洪水的一种调节方式。

本节着重讨论有闸门的情况下，水库担负下游防洪任务时，不同设计标准的洪水的多级调节方法。

在闸门全开的情况下，水库蓄水位所对应的泄量，称为该水位的下泄能力。显然，通过改变闸门的开度可以使水库下泄量小于下泄能力，但任何时候水库的下泄量绝不能超过溢洪设备的下泄能力。

假如下游防洪标准为 P_1，下游要求凡发生小于 P_1 的洪水，水库下泄流量不得超过 $q_安$，超过下游防洪标准的洪水，水库泄流可不受 $q_安$ 的限制，此时，为了大坝本身的安全，应尽量下泄，以降低库水位，这说明不同标准的洪水，水库下泄方式是不一样的。但是怎样判别水库当时所发生洪水的大小呢？一般可根据库水位、入库流量、流域降雨量等指标进行判别。为便于讨论，这里假定以常用的库水位作为判别指标。

具体方法是如下。

(1) 对下游防洪标准 P_1 的设计洪水过程进行调节计算。

下游防洪标准的设计洪水过程调节计算分成 4 个阶段。①当入流小于防洪限制水位相应的下泄能力时，尽量维持防洪限制水位［图 7-7 (a) 中 $0 \rightarrow t_1$］，来多少放多少，控制出库流量等于入库流量。②当入库流量大于防洪限制水位相应的下泄能力时，按下泄能力自由泄流［见图 7-7 (a) 中 $t_1 \rightarrow t_2$］，此时下泄能力随水库水位上升而加大，但不允许超过 $q_{安}$。③当下泄能力超过 $q_{安}$ 时，为满足下游防洪要求，应控制泄流，使水库下泄流量不超过 $q_{安}$［图 7-7 (a) 中 $t_2 \rightarrow t_3$］。④但入流在退水段回到 $q_{安}$ 时［见图 7-7 (a) 中 t_3 时刻］，水库达到最高水位，此水位即为水库防洪高水位。V_{P_1} 为防洪高水位与汛限水位之间的库容，即为防洪库容。防洪高水位为今后判别所发生洪水是否超过 P_1 的指标。

(2) 对水库设计标准 P_2 的设计洪水过程进行调节计算。

按多级调节方法求水库设计洪水位步骤如下。设大坝设计防洪标准为 P_2，其设计洪水过程线见图 7-7 (b) 中 $Q_{P_2}-t$。在不考虑洪水预报时，是否发生大坝设计洪水，事先不能预知。因此，开始仍按下游防洪标准的设计洪水①～③的调度规则进行调洪演算，过程如下。

1) 一开始应使水库出流 q 等于入流 Q，维持防洪限制水位［图 7-7 (b) 中 $0 \rightarrow t_1$］。

2) 当入流大于防洪限制水位相应下泄能力时，按泄洪设备的下泄能力泄流［图 7-7 (b) 中 $t_1 \rightarrow t_2$］，但不允许超过 $q_{安}$。

3) 当下泄能力超过 $q_{安}$ 时，按 $q_{安}$ 控制下泄［图 7-7 (b) 中 $t_2 \rightarrow t_3$］。

4) 当库水位达到防洪高水位（即蓄洪量达到 V_{P_1}）时，如果入库流量仍较大，说明该次洪水已超过下游设计标准 P_1，此时，为了大坝本身的安全，应将闸门打开全力泄洪［图 7-7 (b) 中 t_3 时刻］。

5) 当来水消落到与泄流能力相同时［图 7-7 (b) 中 t_4 时刻］，水库水位达到最大值，即为设计洪水位，$V_{P_2} = V_{P_1} + \Delta V$ 为设计洪水位与汛限水位之间的库容，即为拦洪库容。水库设计洪水位可作为启用非常泄洪设施的指标。

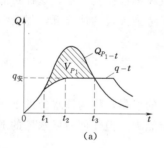 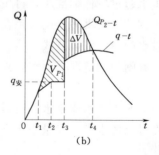

图 7-7 防洪多级调节

（3）对水库校核标准 P_3 的设计洪水过程进行调节计算。

水库校核标准为非常运用标准，在一定的条件下需要启用非常泄洪设施，调节计算方法与设计标准的洪水相似，差别在于在拦洪库容装满后，在一定定条件下，加入非常泄洪设施的泄流能力，最后得校核洪水位和调洪库容。

水库防洪的多级调节方法，在生产实践中具有现实意义。由于长期精确的洪水过程预报并非易事，为了避免出现中小洪水时，水库操作不当造成人为洪水，引起下游防汛的紧张，故一般应采用分级调洪的方法。即把洪水分为一般洪水、下游标准设计洪水、大坝安全设计洪水以及非常校核洪水等级别。水库下游按防护对象不同亦可分数级。这样依次进行分级调节，在没有可靠情报的条件下，可一定程度上实现大水大放，小水小放的原则，避免在中小洪水时，人为地加重下游防汛负担或农田排涝的困难。

【例 7-1】　某水库安全设计标准为 $P_2 = 1\%$（百年一遇），下游对水库有防洪要求，下游防洪标准为 $P_1 = 5\%$（20 年一遇），与该标准相应的下游堤防安全泄量 $q_安 = 480\text{m}^3/\text{s}$。泄洪建筑物型式和尺寸已选定，河岸一侧设有溢洪道，其堰顶高程为 22.0m，净宽为 20m，有闸门控制，同时设有一个过水面积为 10m^2，洞心高程为 12.0m 的泄洪隧洞，两者流态均不受下游水位影响，为自由泄流。

水库水位容积关系已知，见表 7-1。

表 7-1　　　　　　　　　　　　　水库水位-容积关系

水库水位 Z/m	22	24	26	28	30	32
容积 V/亿 m^3	0.610	0.694	0.876	1.133	1.450	1.852

解：水库发生 20 年一遇洪水时，下泄量不超过 $480\text{m}^3/\text{s}$，求得防洪高水位为 29.2m，防洪库容 $V_{P_1} = 0.696$ 亿 m^3（计算过程略，参照例 7-2）。

【例 7-2】　基本条件同例 7-1，水库发生百年一遇设计洪水过程线已知，见表 7-2，汛期水库防洪限制水位为 22.0m，试用半图解法求水库设计洪水位 Z_{P_2} 和拦洪库容 V_{P_2}。

表 7-2　　　　　　　　　　　　百年一遇设计洪水过程

时　刻	6 日 8：00	10：00	12：00	14：00	16：00	18：00	20：00	22：00
流量/（m^3/s）	28	69	105	367	1320	2440	2760	3020
时　刻	6 日 24：00	7 日 2：00	4：00	6：00	8：00	10：00	12：00	14：00
流量/（m^3/s）	3140	2900	2750	1870	1300	1100	980	820

解：（1）求水库水位与闸门全开时的下泄流量关系。

溢洪道下泄流量公式为

$$q_1 = \varepsilon m \sqrt{2g} B h_1^{3/2}$$

由于已知 $B = 20\text{m}$，$h_1 = Z_上 - 22$，取 $\varepsilon m = 0.4$，并代入式中进行计算。

泄洪隧洞下泄流量公式为

$$q_2 = \mu \omega \sqrt{2g h_2}$$

由于已知 $\omega = 10\text{m}^2$，$h_2 = Z_上 - 12$，取 $\mu = 0.75$，并代入式中进行计算。

根据假定不同水库上游水位，便可求得相应溢洪设备的泄洪能力，见表 7-3。表中先根据假定的 $Z_上$ 求 h_1 和 h_2，然后分别求相应的 q_1 和 q_2，最后一栏为 q_1 与 q_2 之和。

表 7-3 水库水位与下泄流量关系

水库上游水位 $Z_上$/m	堰顶水头 h_1/m	溢洪道流量 q_1/(m³/s)	洞心水头 h_2/m	泄洪隧洞流量 q_2/(m³/s)	总下泄流量 q/(m³/s)
22	0	0	10	105.1	105.1
24	2	100.2	12	115.1	215.3
26	4	283.5	14	124.3	407.8
28	6	620.9	16	132.9	653.8
30	8	801.9	18	141.0	942.9
32	10	1120.7	20	148.6	1269.3

（2）绘制调洪演算工作曲线。

根据水库容积曲线（表 7-1）和水位与下泄量关系（表 7-3），取 Δt 为 2h，可计算半图解法调洪演算工作曲线，计算过程见表 7-4，表中水库蓄水位 $Z_上$ 为假定数值，V 由库容曲线查得，$\Delta t=2\text{h}=7200\text{s}$。将其中 q 与 $\left(\dfrac{V}{\Delta t}+\dfrac{q}{2}\right)$ 点绘成相关图，就是所需绘制的工作曲线（图 7-8）。

表 7-4 $q-\left(\dfrac{V}{\Delta t}+\dfrac{q}{2}\right)$ 工作曲线计算表

$Z_上$ /m	V /亿 m³	$\dfrac{V}{\Delta t}$ /(m³/s)	q /(m³/s)	$\dfrac{q}{2}$ /(m³/s)	$\dfrac{V}{\Delta t}+\dfrac{q}{2}$ /(m³/s)
22	0.610	8472	105.1	53	8525
24	0.694	9639	215.3	108	9747
26	0.876	12167	407.8	204	12371
28	1.133	15736	653.8	327	16063
30	1.450	20139	942.9	471	20610
32	1.852	25722	1269.3	635	26357

（3）水库调洪演算。

已知汛期水库防洪限制水位为 22.0m，对于 20 年一遇设计洪水已进行过调节计算，求得防洪高水位为 29.2m。现根据已知百年一遇设计洪水过程（表 7-2）和绘制的工作曲线（图 7-8）求水库设计洪水位，计算过程（参见表 7-5）如下。

1）由表 7-3 可知，当库水位为 22.0m（汛限水位）时，其泄洪设备的下泄能力为 105.1m³/s。

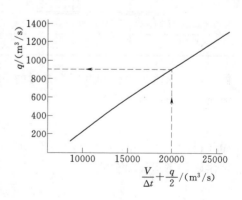

图 7-8 调洪演算工作曲线

表 7-5　　　　　　　　　　　　　　100 年一遇洪水调洪计算表

(1)	(2)	(3)	(4)	(5)	(6)	(7)	(8)	(9)	(10)
t	Q /(m³/s)	$\overline{Q}$ /(m³/s)	$\dfrac{V}{\Delta t}+\dfrac{q}{2}$ /(m³/s)	q /(m³/s)	$\overline{q}$ /(m³/s)	$\dfrac{\Delta V}{\Delta t}$ /(m³/s)	$\dfrac{V}{\Delta t}$ /(m³/s)	$Z_{上}$ /m	说明
6 日 8:00	28			28			8472	22.00	泄量等于来量维持防洪限制水位
10:00	69	48	(8525)	69	48	0	8472	22.00	
12:00	105	87		105	87	0	8472	22.00	
14:00	367	236	8656	117					闸门全开
16:00	1320	844	9383	176					
18:00	2440	1880	11087	317					
20:00	2760	2600	13370	480			13130		泄量等于 $q_{安}$
22:00	3020	2890		480	480	2410	15540		
24:00	3140	3080	(18548)	480(815)	480	2600	18140	29.20	
7 日 2:00	2900	3020	20753	950					水库已达到防洪高位，闸门全开
4:00	2750	2825	22628	1060					
6:00	1870	2310	23878	1130					
8:00	1300	1585	24333	1153					
10:00	1100	1200	24380	1160			23800	31.35	水库达到最高水位
12:00	980	1040	24260	1150					
14:00	820	900	24010	1140					

2）表 7-5 中 6 日 8 时至 12 时水库来水小于 105.1m³/s（汛限水位对应的泄流能力），因而可使泄量等于来量，使库水位维持在防洪限制水位 22.0m。

3）6 日 12 时以后，来水超过汛限水位对应的泄流能力 105.1m³/s，欲使水位维持 22.0m 已不可能，这时应按闸门全开的情况，用工作曲线进行调洪演算。表 7-5 中的 $\dfrac{V}{\Delta t}$ $+\dfrac{q}{2}$ 栏第一个数字（8525）为表 7-4 中 $Z_{上}=22.0$m 的相应值，因为 $\left(\dfrac{V_1}{\Delta t}+\dfrac{q_1}{2}\right)+\overline{Q}-q_1=$ $\dfrac{V_2}{\Delta t}+\dfrac{q_2}{2}$ ［见式（7-7）］，所以表 7-5 中，8656＝8525＋236－105，于是可由 $\dfrac{V_2}{\Delta t}+\dfrac{q_2}{2}=$ 8656 在工作曲线上查得 $q_2=117$m³/s。

4）由于本时段末 q_2 即下一时段初 q_1，因此可通过半图解法连续演算。到 6 日 20 时，下泄流量已达到下游堤防的安全泄量（480m³/s），由于不知道未来入库流量大小，这时应使泄量等于 $q_{安}$。6 日 20 时到 24 时闸门并未全开泄量，$q_2=q_{安}$ 为已知，不必通过工作曲线求解，可直接由水量平衡方程式求时段末蓄水量，表 7-5 中（7）栏为（3）栏与（6）栏之差即，时段末蓄水量 $\dfrac{\Delta V}{\Delta t}=\overline{Q}-q$ 为时段初蓄水量与蓄水增量之和即 $\dfrac{V_2}{\Delta t}=\dfrac{V_1}{\Delta t}$ $+\dfrac{\Delta V}{\Delta t}$。

5）6 日 24 时库水位已达防洪高水位 29.20m，而且入库流量仍很大，表明这次洪水已超过 20 年一遇，这时为了水库本身的安全，应将泄洪闸全部打开，全力泄洪。此后需用调洪演算工作曲线进行演算。闸门全部打开时，表 7-5 中（4）栏 $\frac{\Delta V}{\Delta t} = \overline{Q} - \overline{q} =$ 18548m³/s 和（5）栏 $q = 815$m³/s 两项数值，系分别按表 7-4 中已求得的 $Z_上$ 与 $\frac{V}{\Delta t} + \frac{q}{2}$ 关系曲线和 $Z_上$ 与 q 关系曲线，由 $Z_上 = 29.2$m 求得。

6）6 日 24 时以后泄洪流量全部用工作曲线计算，求得百年一遇洪水的水库设计洪水位为 31.35m（7 日 10 时），相应水库蓄水量为 1.71 亿 m³，拦洪库容为 1.71 - 0.61 = 1.10 亿 m³（设计洪水位与汛限水位相应库容之差）。

如绘出水库的入流、出流过程，则与图 7-7（b）相似。

第三节　水库防洪计算有关问题的补充说明

一、分期防洪限制水位

有些河流，具有比较明显的前后期洪水规律或下游河道允许泄量不同时期有不同的要求，则各时期预留防洪库容可有所不同。可以分期设置不同的防洪限制水位。例如：浙江沿海地区，4—6 月一般为梅雨型洪水，7—9 月主要是台风雨型洪水。又如丹江口水库根据历史上所发生洪水的规律，已将防洪限制水位分别定为：前期（7 月 1 日至 8 月 31 日）149.5m；后期（9 月 1 日至 10 月 15 日）152.5m（图 6-25）。后来又有人建议分为三期，其防洪限制水位分别定为：前期（6 月 21 日至 7 月 20 日）148.0m；中期（7 月 21 日至 8 月 20 日）152.0m；后期（8 月 21 日至 10 月 15 日）153.0m。分期定防洪限制水位的优点非常明显，可使防洪兴利更好地结合，既可在不同时期留有足够防洪库容，又可防止汛末兴利库容蓄不满。但它存在一定经验性，到目前为止，洪水分期后，总的防洪破坏率究竟是多少？是否恰好符合防洪设计标准？从理论上讲这些问题还不太明确。

二、水库动库容

前面所介绍的试算法和半图解法，所用库容曲线一般称为静库容曲线，即近似地假定水库水面始终为水平面，库面随水位变化水平升降，但实际上水库水面的变化是比较复杂的。水面非但不一定水平，而且有时水面坡度变化还相当大，因此一般说来库容曲线应采用水面坡度变化的动库容曲线（图 2-8）。我们知道，水库对洪水的调节作用是由静库容和楔形库容共同完成的。根据一些大型水库实测结果表明，采用动库容曲线调洪比静库容曲线调洪更接近实际。

水库实际水面线以下与坝前水位水平面以上之间所包含的容积称为楔形库容。楔形库容一般为库区流量和坝前水位的函数，其变化可用下式表示：

$$dV = \frac{\partial V}{\partial Q}dQ + \frac{\partial V}{\partial Z}dZ \qquad (7-8)$$

楔形库容特性是：同一坝前水位，库区稳定流量愈大，水库末端所形成的水面就愈高，楔形库容也就愈大；同一库区入流，坝前水位愈高，整个水面线就愈平缓，楔形库容也愈小，在其他条件基本相同的条件下，水库下泄流量愈大，楔形库容愈大。

采用动库容进行调洪演算和采用静库容演算相比较，两者所求得的最高洪水位有高有低，主要取决于调洪终止时间（指最高洪水位出现时间）与起始时间（指入流开始大于泄量的时间）楔形库容之差，其次是泄流设备的泄流能力特性。对于重要水库，尤其是库尾地形比较开阔的水库，楔型库容数值占调洪库容比重较大时，应分析动库容和静库容的差别。

在调洪演算中如何考虑动库容的影响呢？对于库面宽度变化不大的水库，可用坝前水位涨率与入库站水位涨率的均值代表时段内库水位的变化，这样可以近似地考虑动库容的影响；另一种方法可在上述静库容半图解法的基础上考虑动库容的影响，即根据动库容曲线，绘制以入库流量为参数的一组工作曲线（图 7-9），然后进行调洪计算。演算时，根据入库流量 Q 大小选用相应曲线，再由 $\dfrac{V}{\Delta t}+\dfrac{q}{2}$ 值确定下泄量 q，其余与前述半图解法完全相同，不再赘述。

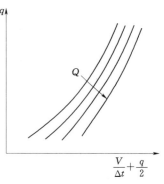

图 7-9　动库容调洪演算工作曲线

当然，动库容法也还是一种近似方法，更严格的方法是进行库区不稳定流计算。

三、防洪补偿调节

如果在上游水库与下游防洪区之间有一定距离，两者之间的区间来水又不可忽略，区间有洪水预报方案，能及时提供较精确的预报成果，并有一定的预见期的情况下，为了充分发挥水库防洪库容的作用和充分利用下游堤防的泄洪能力，可考虑进行补偿调节，以便将洪峰错开。设图 7-10 中水库 A 至防护区 B 与区间来水 $Q_区$ 至 B 的洪水传播时间之差为 τ，则 A 库补偿放水可由下式确定：

$$q_{A,t}\leqslant q_安-Q_{区,t+\tau} \tag{7-9}$$

至于如何由上式确定 A 库的下泄流量过程，现通过一个简单的算例说明如下（表 7-6）。表中 $Q_{A,t}$ 为 A 库入流过程，$Q_区$ 为区间入流过程，水库与区间洪水传播时间差 $\tau=2h$，$q_安=2000m^3/s$。21 日 6 时入库流量 $300m^3/s$，可使泄量等于来量，使水库维持防洪限制水位，这是因为 $300m^3/s$ 入库流量 8 时到达 B 处时与区间 $1000m^3/s$ 流量相遇未超过 $2000m^3/s$。由于 7 时水库泄流量将与 9 时的区间来水在 B 处相遇，为使两部分流量之和不超过 $q_安$，7 时水库只能下泄 $700m^3/s$。同理，考虑 8 时放水和 10 时区间来水相遇，水库 8 时只能下泄 $400m^3/s$，否则会超过安全泄量，其余各时段计算方法相同。

表 7-6 的计算过程可用作图法表示。在图 7-10 上可先将区间入流向前平移 τ，然后将其倒置于 $q_安$ 水平线之下，即可求得 A 库考虑补偿情况的下泄流量过程。由图 7-10 可以看出，不考虑补偿所需防洪库容为 V_1，考虑区间来水进行补偿调节需增加库容 V_2，因此实际所需防洪库容为 V_1+V_2。

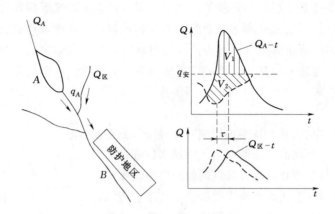

图 7 - 10 水库防洪补偿调节示意图

表 7 - 6 　　　　　　　　　　　水库防洪补偿调节计算　　　　　　　　单位：m³/s

t	$Q_{A,t}$	$Q_{区,t}$	$Q_{区,t+\tau}$	$q_{A,t}$	备注
21 日 6：00	300	100	1000	300	
7：00	800	600	1300	700	
8：00	1400	1000	1600	400	$\tau=2h$
9：00	2500	1300	1400	600	$q_{安}=2000m^3/s$
10：00	3000	1600	⋮	⋮	
11：00	3500	1400			
⋮	⋮	⋮			

四、简化调洪计算方法

当水库工程规模较小，资料缺乏或初步规划精度要求较低时，可用简化计算法进行调洪演算，其设想是将入库与出库流量过程简化为三角形，见图 7 - 11（必要时亦可简化为梯形）。

此时入库洪水总量 W 为

$$W=\frac{1}{2}Q_m T \qquad (7-10)$$

滞洪库容为

$$V_m=\frac{1}{2}(Q_m T - q_m T)=\frac{1}{2}Q_m T\left(1-\frac{q_m}{Q_m}\right) \qquad (7-11)$$

式中：V_m 为滞洪库容，m³；T 为洪水历时，s；Q_m 为洪峰流量，m³/s；q_m 为最大下泄流量，m³/s。

将式（7-10）代入式（7-11）得

$$V_m=W\left(1-\frac{q_m}{Q_m}\right) \qquad (7-12)$$

或

$$q_m=Q_m\left(1-\frac{V_m}{W}\right) \qquad (7-13)$$

当入库来水过程（即 Q_m，W）已知时，式（7－12）中 q_m 与 V_m 为直线关系（图7－12 中 AB 线）。

如果假定不同溢洪道方案（例如不同溢洪道宽度 B_1，B_2），则由水力学公式可求得各方案的蓄水量（或蓄水位）与下泄量的关系 $q-V(B)$。$q-V(B)$ 曲线与 AB 线的交点，就是该溢洪道方案相应的最大滞洪库容 V_m 和最大泄量 q_m（图7－12）。

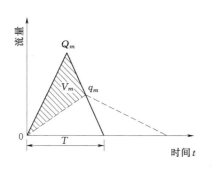

图7－11　调洪演算简化三角形法

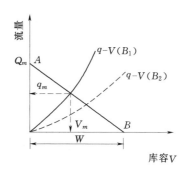

图7－12　简化法求解示意图

第四节　堤防防洪水利计算

一、堤防工程

1. 堤防设计标准

堤防工程的设计标准，可根据防护对象的重要性参照 GB 50201—94 中的标准选定，一般采用实际年法（如长江干流堤防常以 1954 年洪水位为标准）和频率法（防御多少年一遇的洪水）两种表示方法。如果单靠堤防不能满足规定设计标准要求，则应配合采取其他防洪措施。若河道两岸防护对象的重要性差别较大，两岸堤防可采用不同的设计标准，这样可减小投资，确保主要对象的安全。校核时可采用比设计标准更高的洪水或已发生过的较大的洪水作为标准。

2. 堤线选择

堤线选择需要考虑保护区的范围、地形、土质、河道情况、洪水流向等因素，一般原则如下。

1）少占耕地、住房。

2）堤线应短直平顺，尽可能与洪水流向平行。堤线位置不应距河槽太近，以保证堤身安全。在满足防洪要求的前提下，尽可能减少工程量。

3）堤线尽可能选在地势较高，土质较好，基础较为坚实的土层上，以确保堤基质量。

3. 堤防间距和堤顶高程

堤距与堤顶高程紧密相关。在设计洪水过程线已定的情况下，一般堤距越宽，河槽过水断面增大，河槽对洪水的调蓄作用也大一些，因而可使最高洪水位降低，堤顶也可低一些，相应修堤土方量会有所减少，对防汛抢险也较为有利，但河流两岸农田面积损失将增大。反之，堤距越窄，河槽过水断面随之减小，则堤顶要高一些，修堤土方量要大些，但河流两岸损失的农田会少一些。因此堤距和堤顶高程的选择，应在可能的堤线方案的基础上，依据河道地形、地质条件拟定不同堤距和堤顶高程的组合方案，并对各方案的工程量、投资、占用土地面积等因素进行综合分析和经济比较，以便从中选择最优方案。在规划局部地区堤防拟定方案时，尚应考虑上、下游河段堤距、堤高的现实情况。

堤顶高程可按下式计算：

$$Z = Z_1 + h + \Delta \tag{7-14}$$

式中：Z 为堤顶高程，m；Z_1 为设计洪水位，m；h 为波浪爬高，m，与堤的护坡情况、临水面边坡系数及风浪高有关，可参照水工建筑物设计规范确定；Δ 为安全超高，m，一般为 0.5~1.0m。有些设计将 $h + \Delta$ 统称为超高，对于干堤常取 1.5~2.0 m。

二、河道洪水演算

沿河若要采取任何防洪措施，研究工程的规模、作用，投资和效益，或进行技术经济比较，都必须知道洪水在河道中的演变情况，因此河道洪水演算是一项基础工作。例如要进行上述不同堤距和堤顶高程的组合方案比较，就必须首先求出河道各控制断面处的水位及流速变化情况。

河道洪水演算方法，本章主要介绍差分方程数值解法。

（1）基本方程。

天然河道中水流运动一般为缓变不稳定流运动。描述明渠不稳定流运动的基本微分方程组，首先由法国科学家圣·维南于 1871 年提出，其形式为

连续方程

$$\frac{\partial F}{\partial t} + \frac{\partial Q}{\partial x} = 0 \tag{7-15}$$

动力方程

$$\frac{\partial Z}{\partial x} + \frac{1}{g}\frac{\partial v}{\partial t} + \frac{v}{g}\frac{\partial v}{\partial x} + \frac{v^2}{C^2 R} = 0 \tag{7-16}$$

式中：Q 为流量，m^3/s，$Q = Fv$；v 为流速，m/s；t 为时间，s；Z 为水位，m；F 为过水断面面积，m^2；x 为距离，m；g 为重力加速度，m/s^2；R 为水力半径；C 为谢才系数，$C = \frac{1}{n}R^{\frac{1}{6}}$；$n$ 为糙率。

该方程是一组拟线性双曲线型偏微分方程，目前仍无法直接求解析解。电子计算机普及以后，使圣维南方程有可能用数值法直接求解，其中以差分法最为方便。差分法一般可分两大类：一类是将原方程直接化为差分形式求解，称之为直接差分法；另一类是将方程组先化为特征线方程，然后将特征线方程化为差分形式求解，称之为特征差分法。

上述两种方法的差分格式又有显函数形式和隐函数形式之分。显式差分是将非线性微分方程直接化为线性代数方程，并可逐时段求解，计算比较简便。其缺点是这种差分格式稳定性较差，步长限制较严，如步长取得较大，则计算精度不能保证，甚至会使计算无法进行。隐式差分求解虽然比较复杂一些，但稳定性较好，可选用较大的计算步长，计算速度相对较快。

差分方程建立后，可用直接线性化迭代法或牛顿迭代法将圣维南非线性方程组线性化，然后再用追赶法求解线性代数方程组，现将其解法分别说明如下。

具体计算时，首先参照空间步长将整个研究河段 x 分为若干计算河段，按时间步长将整个洪水过程 t 分为若干计算时段（图 7-13）。其次，对于每一河段，每一时段写出动力方程和连续方程。最后，再根据边界条件和起始条件求解。

（2）差分解法。

所谓差分法，就是用差商近似地代替微商，然后求方程组的数值解。差分格式有多种，现以矩形网格四点中心差分为例说明如下。

为明确起见，将图 7-13 中的某一矩形网格取出，放大绘成图 7-14 所示，其中 Δt 和 Δx 分别为时间 t 和空间 x 所取的步长。对于任一网格可按四点隐式差分格式写出：

$$\frac{\Delta A}{\Delta x} = \frac{A_2 - A_1 + A_4 - A_3}{2\Delta x} \tag{7-17}$$

$$\frac{\Delta A}{\Delta t} = \frac{A_3 - A_1 + A_4 - A_2}{2\Delta t} \tag{7-18}$$

$$A_0 = \frac{1}{4}(A_1 + A_2 + A_3 + A_4) \tag{7-19}$$

式中：A 为某一变量。

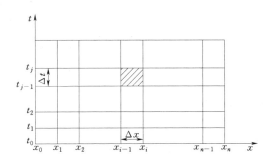

图 7-13 矩形差分网格示意图

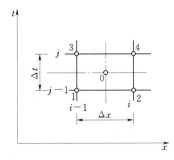

图 7-14 四点中心差分示意图

按此差分格式，可将圣维南方程组中的连续方程写成：

$$\frac{Q_2 - Q_1 + Q_4 - Q_3}{2\Delta x} + B_0 \frac{Z_3 - Z_1 + Z_4 - Z_2}{2\Delta t} = 0$$

经整理可写成：

$$c_1 Z_3 + d_1 v_3 + e_1 Z_4 + f_1 v_4 = g_1 \tag{7-20}$$

式中：

$$\left.\begin{array}{l} c_1 = e_1 = B_0 \dfrac{\Delta x}{\Delta t} \\[2mm] d_1 = -F_3 \\[1mm] f_1 = F_4 \\[1mm] g_1 = c_1(Z_1 + Z_2) + F_1 v_1 - F_2 v_2 \end{array}\right\} \tag{7-21}$$

其中 B_0 为河宽，$B_0 = \Delta F / \Delta Z$。

同理，动力方程可表示为

$$\frac{Z_2 - Z_1 + Z_4 - Z_3}{2\Delta x} + \frac{1}{2g\Delta t}(v_3 - v_1 + v_4 - v_2) + \frac{v_0}{2g\Delta x}(v_2 - v_1 + v_4 - v_3) + \frac{|v_0|v_0}{C^2 R} = 0$$

可整理成同样形式：

$$c_2 Z_3 + d_2 v_3 + e_2 Z_4 + f_2 v_4 = g_2 \qquad (7-22)$$

式中：

$$\left.\begin{array}{l} c_2 = -1 \\[2mm] d_2 = \dfrac{1}{g}\left(\dfrac{\Delta x}{\Delta t} - v_0\right) \\[2mm] e_2 = 1 \\[2mm] f_2 = \dfrac{1}{g}\left(\dfrac{\Delta x}{\Delta t} + v_0\right) \\[2mm] g_2 = Z_1 - Z_2 + f_2 v_1 - d_2 v_2 - \dfrac{2\Delta x\, |v_0|\, v_0}{C^2 R} \end{array}\right\} \qquad (7-23)$$

这里将 v_0^2 写成 $|v_0|\,v_0$，目的在于可考虑水流方向。

显然，如能确定式（7-20）和式（7-22）中系数 c_1、d_1、e_1、f_1、g_1 和 c_2、d_2、e_2、f_2、g_2 的值，则连续方程和动力方程便成为线性代数方程。

由式（7-21）和式（7-23）可知，这些系数不仅与时段初的水位 Z_1、Z_2，流速 v_1、v_2 等有关，而且包括时段末的某些参数，如 F_3、F_4。为便于计算，时段末的参数可暂用上一次求得的迭代值代替，于是便可采用迭代法求解。至此，通过差分和迭代已将不能直接求解的非线性偏微分方程组转化为线性代数方程组，因而可求其数值解，这就是直接线性化迭代法。

（3）边界条件。

上述连续方程和动力方程都是针对任一计算河段的。n 个河段有 n 个连续方程和 n 个动力方程，而 n 个河段有 $n+1$ 个断面，每个段面有水位和流速两个未知数，所以未知数共有 $2(n+1)$ 个，$2n$ 个线性代数方程不能确定 $2(n+1)$ 个未知数，因此需要根据上下游边界条件补充两个方程。

上游边界条件一般为已知入流过程，即 0 断面任一时刻的流量为已知数。对于任一时段用公式表示为

$$Q_{0,j} = g_0 \qquad (7-24)$$

上游边界条件有时也可以是已知水位过程，或其他形式。

下游边界条件可有 3 种表示方法：①已知第 n 断面出流过程；②已知第 n 断面水位过程；③已知第 n 断面水位流量关系。如以②为例，下游边界条件可写成：

$$Z_{n,j} = g_n \qquad (7-25)$$

（4）初始条件。

计算开始时，t_0 时刻（$j=0$）沿程各断面水位、流量值必须已知，然后方可依次推求 $j=1$、$j=2$、…各时刻的水位、流量值。t_0 时的参数称为计算初始条件。若有实测资料，初始值可采用测站的实测值，未设站的断面则根据实测资料内插。若无实测资料，一般可从稳定流态开始，确定沿程各断面的水位、流量初始值。初值误差一般不影响计算成果，它对精度的影响随计算时段增长而逐渐消失。

（5）追赶法。

将各河段连续方程、动力方程以及上、下游边界条件，用四点隐式差分格式按河段顺

序写出：

$$Q_{0,j}=g_0 \qquad\qquad\qquad \text{上游边界条件}$$

$$\left.\begin{array}{l}c_{1,1}Z_{0,j}+d_{1,1}Q_{0,j}+e_{1,1}Z_{1,j}+f_{1,1}Q_{1,j}=g_{1,1}\\c_{1,2}Z_{0,j}+d_{1,2}Q_{0,j}+e_{1,2}Z_{1,j}+f_{1,2}Q_{1,j}=g_{1,2}\end{array}\right\}\text{第 1 河段}$$

$$\left.\begin{array}{l}c_{2,1}Z_{1,j}+d_{2,1}Q_{1,j}+e_{2,1}Z_{2,j}+f_{2,1}Q_{2,j}=g_{2,1}\\c_{2,2}Z_{1,j}+d_{2,2}Q_{1,j}+e_{2,2}Z_{2,j}+f_{2,2}Q_{2,j}=g_{2,2}\end{array}\right\}\text{第 2 河段}$$

$$\vdots$$

$$\left.\begin{array}{l}c_{i,1}Z_{i-1,j}+d_{i,1}Q_{i-1,j}+e_{i,1}Z_{i,j}+f_{i,1}Q_{i,j}=g_{i,1}\\c_{i,2}Z_{i-1,j}+d_{i,2}Q_{i-1,j}+e_{i,2}Z_{i,j}+f_{i,2}Q_{i,j}=g_{i,2}\end{array}\right\}\text{第 i 河段}$$

$$\vdots$$

$$Z_{n,j}=g_n \qquad\qquad\qquad \text{下游边界条件}$$

$$(7-26)$$

上述线性代数方程组中 j 时刻各断面的水位和流量 $Z_{0,j}$、$Z_{1,j}$、$\cdots$、$Z_{n-1,j}$、$Q_{1,j}$、$Q_{2,j}$、$\cdots$、$Q_{n,j}$ 为待求变量，其余为常系数，待求变量可由 $j-1$ 时刻的水位、流量以及上一次迭代值计算。将等式右边的系数用矩形阵表示如下：

$$\begin{bmatrix}1 & & & & & & & & \\c_{1,1} & d_{1,1} & e_{1,1} & f_{1,1} & & & & & \\c_{1,2} & d_{1,2} & e_{1,2} & f_{1,2} & & & 0 & & \\ & & c_{2,1} & d_{2,1} & e_{2,1} & f_{2,1} & & & \\ & & c_{2,2} & d_{2,2} & e_{2,2} & f_{2,2} & & & \\ & & & & & \ddots & & & \\ & 0 & & & c_{n,1} & d_{n,1} & e_{n,1} & f_{n,1} & \\ & & & & c_{n,2} & d_{n,2} & e_{n,2} & f_{n,2} & \\ & & & & & & & & 1\end{bmatrix}$$

可以看出，其中每一行最多只有 4 个非零元素，而且分布在对角线两旁，其余都是零元素。这种方程组用追赶法求解较为便利。

为使表达式一致起见，上游边界条件可写成如下形式：

$$Q_{0,j}=P_0+S_0Z_{0,j} \qquad\qquad (7-27)$$

式中：$P_0=g_0$，$S_0=0$。

将式 (7-27) 代入式 (7-26) 第一河段的连续方程和动力方程中第二、第三行，则有

$$\left.\begin{array}{l}c_{1,1}Z_{0,j}+d_{1,1}(P_0+S_0Z_{0,j})+e_{1,1}Z_{1,j}+f_{1,1}Q_{1,j}=g_{1,1}\\c_{1,2}Z_{0,j}+d_{1,2}(P_0+S_0Z_{0,j})+e_{1,2}Z_{1,j}+f_{1,2}Q_{1,j}=g_{1,2}\end{array}\right\} \qquad (7-28)$$

将式 (7-28) 中上式乘以 $f_{1,2}$，下式乘以 $f_{1,1}$，然后相减，消去 $Q_{1,j}$，可得

$$Z_{0,j}=L_1+M_1Z_{1,j}$$

其中

$$L_1=\frac{f_{1,2}(g_{1,1}-d_{1,1}P_0)-f_{1,1}(g_{1,2}-d_{1,2}P_0)}{f_{1,2}(c_{1,1}-d_{1,1}s_0)-f_{1,1}(c_{1,2}-d_{1,2}s_0)}$$

$$M_1=\frac{e_{1,2}f_{1,1}-e_{1,1}f_{1,2}}{f_{1,2}(c_{1,1}-d_{1,1}s_0)-f_{1,1}(c_{1,2}-d_{1,2}s_0)}$$

再将 $Z_{0,j}=L_1+M_1Z_{1,j}$ 代入式 (7-28)，消去 $Z_{0,j}$ 可得 $Q_{1,j}=P_1+S_1Z_{1,j}$，写成一般形式如下：

$$\left. \begin{array}{l} Z_{0,j}=L_1+M_1Z_{1,j} \\ Q_{1,j}=P_1+S_1Z_{1,j} \end{array} \right\} \qquad (7-29)$$

式中：L_1、M_1、P_1 和 S_1 为系数，可由 $j-1$ 时刻（时段初）参数及上游边界条件求得。

同理，将式 (7-29) 代入第二河段的连续方程和动力方程可得

$$\left. \begin{array}{l} Z_{1,j}=L_2+M_2Z_{2,j} \\ Q_{2,j}=P_2+S_2Z_{2,j} \end{array} \right\} \qquad (7-30)$$

依次类推直至第 n 河段为

$$\left. \begin{array}{l} Z_{n-1,j}=L_n+M_nZ_{n,j} \\ Q_{n,j}=P_n+S_nZ_{n,j} \end{array} \right\} \qquad (7-31)$$

以上由上游断面至下游断面逐段建立递推关系的过程可称为"追"的过程，因为建立方程时，假定采用的是第二种下游边界条件，即 j 时刻 n 断面水位为已知值，所以将 $Z_{n,j}$ 代入到式 (7-31) 便可求得 $Q_{n,j}$ 和 $Z_{n-1,j}$，再根据 $Z_{n-1,j}$ 由下游断面向上游断面逐步回代，依次求得 $Q_{n-1,j}$，$Z_{n-2,j}$ 及 $Q_{n-2,j}$，$Z_{n-3,j}$ 等，最后求得 $Z_{0,j}$，这些水位和流量就是所求的近似值。由下游边界条件依次向上游断面回代的过程，可称之为"赶"，如求出的近似值不满足精度要求，则需要继续进行迭代，直到全部待求变量都满足精度要求，便可转入下一时段计算，整个计算过程可通过图 7-15 说明。

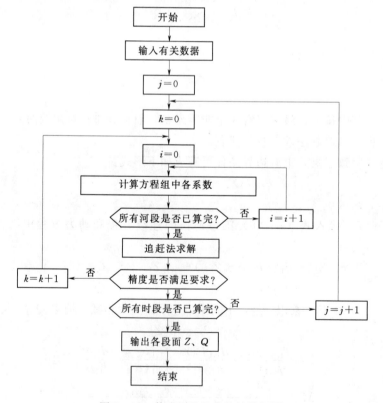

图 7-15 单式河段差分法计算框图

（6）几个有关问题。

1）差分格式的稳定性。除上述四点中心差分外，解圣维南方程组还常采用四点矩形加权差分格式（图7-16），其中 $\alpha = \dfrac{\Delta t'}{\Delta t}$ 称为权重系数（$0 \leqslant \alpha \leqslant 1$）。图中 0 点的某一水力要素 A 及其微商，可写成：

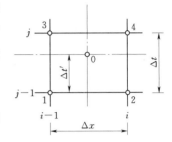

$$A_0 = \frac{\alpha(A_3 + A_4) + (1-\alpha)(A_1 + A_2)}{2} \qquad (7-32)$$

$$\frac{\partial A}{\partial t} \approx \frac{1}{\Delta t}\left(\frac{A_3 + A_4}{2} - \frac{A_1 + A_2}{2}\right) \qquad (7-33)$$

图 7-16 四点加权差分示意图

$$\frac{\partial A}{\partial x} \approx \frac{1}{\Delta x}\left[\alpha(A_4 - A_3) + (1-\alpha)(A_2 - A_1)\right] \qquad (7-34)$$

此外，有时根据需要也可采用棱形格式或其他差分格式。

实用上可行的差分格式按其稳定性可分以下两种。

a. 条件稳定，所有显式差分格式计算时所取步长应满足以下条件：

$$\frac{\Delta x}{\Delta t} \geqslant \left| v \pm \sqrt{g\,\frac{A}{B}} \right| \qquad (7-35)$$

b. 无条件稳定，其步长不受稳定条件限制，可在较大范围内任意选择。隐式差分格式一般只要所取权重系数 $\alpha > 0.5$，即属无条件稳定。

2）牛顿迭代法。牛顿迭代法的基本途径如下。

各河段圣维南非线性方程组如用下式表示：

$$f_j(X) = 0 \qquad (j = 1, 2, \cdots, m) \qquad (7-36)$$

式中：向量 $X = (x_1, x_2, \cdots, x_n)$ 表示待求的变量。

给定一组初始值，记为 $x_1^{(0)}$，$x_2^{(0)}$，$\cdots$，$x_n^{(0)}$。初始值与真值之差，记为 Δ_1，Δ_2，$\cdots$，Δ_n。

$$x_i = x_i^{(0)} + \Delta_i (i = 1, 2, \cdots, n) \qquad (7-37)$$

如函数在 $x_i^{(0)}$ 附近连续可微，则在 $x_i^{(0)}$ 附近作泰劳级数展开，略去高阶项得

$$f_j(x) \approx f_j(x^{(0)}) + \frac{\partial f_j(x^{(0)})}{\partial x_1}\Delta_1 + \frac{\partial f_j(x^{(0)})}{\partial x_2}\Delta_2 + \cdots + \frac{\partial f_j(x^{(0)})}{\partial x_n}\Delta_n = 0 \qquad (7-38)$$

因为 $f_j(x^{(0)})$ 及 $\dfrac{\partial f_j(x^{(0)})}{\partial x_i}$ 都是 x 的函数，所以 $x^{(0)}$ 给定后，各项可直接由 $x^{(0)}$ 推出式（7-38），式中只有 Δ_1，Δ_2，$\cdots$，Δ_n 是未知数，这样就将解非线性方程组（求 x）的问题，变成为解线性方程组（求残差 Δ）的问题。

如将残差线性方程组写成一般形式：

$$A\Delta = B \qquad (7-39)$$

则式中系数矩阵和列向量为

$$A = \begin{bmatrix} \dfrac{\partial f_1(x^{(0)})}{\partial x_1} & \dfrac{\partial f_1(x^{(0)})}{\partial x_2} & \cdots & \dfrac{\partial f_1(x^{(0)})}{\partial x_n} \\[3mm] \dfrac{\partial f_2(x^{(0)})}{\partial x_1} & \dfrac{\partial f_2(x^{(0)})}{\partial x_2} & \cdots & \dfrac{\partial f_2(x^{(0)})}{\partial x_n} \\[3mm] & & \vdots & \\[3mm] \dfrac{\partial f_m(x^{(0)})}{\partial x_1} & \dfrac{\partial f_m(x^{(0)})}{\partial x_2} & \cdots & \dfrac{\partial f_m(x^{(0)})}{\partial x_n} \end{bmatrix}$$

$$B = \begin{bmatrix} f_1(x^{(0)}) \\ f_2(x^{(0)}) \\ \vdots \\ f_m(x^{(0)}) \end{bmatrix}$$

残差 $\Delta_1^{(0)}$，$\Delta_2^{(0)}$，$\cdots$，$\Delta_n^{(0)}$ 解出后，可由下式推求第一次近似值：

$$x_i^{(1)} = x_i^{(0)} + \Delta_i^{(0)} \qquad (i = 1, 2, \cdots, n) \tag{7-40}$$

以第一次近似值 $x_1^{(1)}$，$x_2^{(1)}$，$\cdots$，$x_n^{(1)}$ 作为新的初始值重复上述步骤可以求得新的残差 $\Delta_1^{(0)}$，$\Delta_2^{(0)}$，$\cdots$，$\Delta_n^{(0)}$，如此继续，直至各残差小于允许误差（$|\Delta_i| < \varepsilon$）为止，这时 x 即为所求。

用牛顿迭代法解圣维南方程组的计算公式如下：

连续方程
$$v \frac{\partial F}{\partial x} + F \frac{\partial v}{\partial x} + \frac{\partial F}{\partial t} = 0$$

按上述式（7-32）至式（7-34）四点加权差分格式将上式写成残差分方程，经整理后得

$$\phi = \alpha v_4 F_4 - \alpha v_3 F_3 + \frac{\Delta x}{2\Delta t} F_3 + \frac{\Delta x}{2\Delta t} F_4 + g_1 = 0 \tag{7-41}$$

式中：$g_1 = (1-\alpha)(Q_2 - Q_1) - \dfrac{\Delta x}{2\Delta t}(F_1 - F_2)$。

分别对式（7-41）求 v_3、v_4、Z_3、Z_4 的一阶偏导数，得

$$\left. \begin{aligned} \frac{\partial \phi}{\partial v_3} &= -\alpha F_3 \\[2mm] \frac{\partial \phi}{\partial v_4} &= \alpha F_4 \\[2mm] \frac{\partial \phi}{\partial Z_3} &= \left(\frac{\Delta x}{2\Delta t} - \alpha v_3 \right) B_3 \\[2mm] \frac{\partial \phi}{\partial Z_4} &= \left(\frac{\Delta x}{2\Delta t} + \alpha v_4 \right) B_4 \end{aligned} \right\} \tag{7-42}$$

动力方程
$$\frac{1}{g} \frac{\partial v}{\partial t} + \frac{v}{g} \frac{\partial v}{\partial x} + \frac{\partial Z}{\partial x} + \frac{v^2}{K^2} = 0$$

式中：$K = C\sqrt{R}$。

同样按四点加权差分格式代入，经整理后上式可写成：

$$\psi = \frac{\Delta x}{2\Delta t}(v_3 + v_4) + v_0[\alpha(v_4 - v_3) + (1-\alpha)(v_2 - v_1)]$$

$$+ g\alpha(Z_4 - Z_3) + g\Delta x \frac{v_0^2}{K_0^2} + g_2 = 0 \qquad (7-43)$$

式中：$g_2 = -\dfrac{\Delta x}{\Delta t}(v_1 + v_2) + g(1-\alpha)(Z_2 - Z_1)$。

分别对式（7-43）求 v_3、v_4、Z_3、Z_4 的一阶偏导数，并取

$$\frac{\partial K_0}{\partial Z_3} \approx \frac{1}{4}\left(\frac{\partial K}{\partial Z}\right)_0; \frac{\partial K_0}{\partial Z_4} \approx \frac{1}{4}\left(\frac{\partial K}{\partial Z}\right)_0$$

可得

$$\left.\begin{array}{l} \dfrac{\partial \psi}{\partial v_3} = \dfrac{\Delta x}{2\Delta t} - \alpha[\alpha v_3 + (1-\alpha)v_1] + g\alpha \Delta x \dfrac{v_0}{K_0^2} \\[3mm] \dfrac{\partial \psi}{\partial v_4} = \dfrac{\Delta x}{2\Delta t} + \alpha[\alpha v_4 + (1-\alpha)v_2] + g\alpha \Delta x \dfrac{v_0}{K_0^2} \\[3mm] \dfrac{\partial \psi}{\partial Z_3} = -g\alpha - \dfrac{g\Delta x}{2}\dfrac{v_0|v_0|}{K_0^3}\left(\dfrac{\partial K}{\partial Z}\right)_0 \\[3mm] \dfrac{\partial \psi}{\partial Z_4} = -g\alpha - \dfrac{g\Delta x}{2}\dfrac{v_0|v_0|}{K_0^3}\left(\dfrac{\partial K}{\partial Z}\right)_0 \end{array}\right\} \qquad (7-44)$$

式（7-42）和式（7-44）中的偏导数，就是式（7-44）中残差线性方程的系数，关于如何用追赶法解这种线性代数方程，前面已经介绍，这里无需赘述。

3）复式河段。天然河流一般是由许多支流交汇而成，在支流交汇处，通常有两种处理方法。

a. 在交汇处虚拟一个长度很小的河段，见图 7-17（a），对于该河段根据水流连续性原理，写出如下两个方程：

$$Z_1 = Z_2 = Z_3$$
$$Q_1 + Q_2 = Q_3$$

在整个方程组中增加一个河段，多两个变量，增加两个方程，求解方法不变。

b. 根据选择的计算河长，在交汇处划分一段，见图 7-17（b），对于该河段可写出下式：

$$Z_1 - Z_3 = (Z_2 - Z_3)\beta$$
$$Q_1 + Q_2 - Q_3 = \Delta Z\omega$$

式中：ΔZ 为时段内平均水位增量，m；ω 为河段水面面积，m^2；β 为经验系数，根据水文资料确定，计算时为已知值。

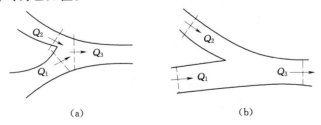

图 7-17 支流交汇示意图

如果沿河道不断有分散的旁流加入，进行河道洪水演算时，亦可用沿河均匀加入的方法在圣维南方程组中加以考虑，鉴于堤防工程中一般很少涉及这种情况，因此这里未作具体说明。

第五节 分（蓄）洪工程水利计算

一、分（蓄）洪工程规划

我国许多江河中下游平原地区人口密集，经济比较发达，这些地区防洪手段主要采取堤防的方式，现有堤防只能防御一定标准的设计洪水，一旦发生大洪水或特大洪水，必须牺牲部分地区的利益，以确保沿江重要城镇、工矿企业的安全。因此分洪、蓄洪对于江河中下游地区而言，是一项极为重要的战略性防洪措施。

分洪、蓄洪工程规划主要包括：分析原有河道泄洪能力；拟定设计分洪标准；选择分洪、蓄洪区；研究分洪、蓄洪工程（进洪闸、排洪闸、分洪道、围堤、安全区等）的合理布局；对各种可行方案进行分析论证和经济比较；最终确定各种工程的规模。图7-18为长江某分洪工程示意图，其中扒口是预先计划并建有适当工程，供紧急过水的地方。

一般分洪区的位置应选在被保护区的上游，尽可能邻近被保护区，以便发挥它的最大防护作用。

引洪道和蓄洪区尽量利用湖泊、废垸、坑塘、洼地等，以减少淹没损失和少占耕地。

进洪处最好有控制工程，进洪闸闸址一般选在河岸稳定的凹岸或直段，闸孔轴心尽量与河道水流方向一致。

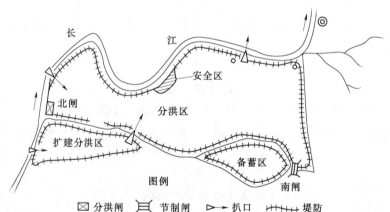

图7-18 长江某分洪工程示意图

二、分（蓄）洪工程水利计算

分（蓄）洪区的进洪闸和排洪闸，其闸门底板一般为宽顶堰（平底闸也属宽顶堰，它是上、下游堰高为零的宽顶堰）和实用堰。过闸水流状态开始为自由出流，然后逐渐变为淹没出流。当闸门局部开启，过闸水流受闸门控制，上、下游水面不连续时，为闸孔出流；当闸门逐渐开启，过闸水流不受闸门控制，上、下游水面为一光滑曲面时，为堰流。

矩形堰出流计算普遍公式为

$$Q = \sigma \varepsilon m B \sqrt{2g} H^{\frac{3}{2}}$$

(7-45)

式中：σ 为淹没系数，自由出流时取 $\sigma=1$；ε 为侧向收缩系数；m 为堰流流量系数；B 为闸孔净宽，m；H_0 为堰上总水头，m，$H_0=H+\dfrac{v^2}{2g}$（图 7-19），其中 v 为水流速度。

闸孔出流计算普遍公式为

$$Q=\sigma\mu Be\sqrt{2gH_0} \tag{7-46}$$

式中：μ 为闸孔自由出流流量系数；e 为闸门开启度，m。

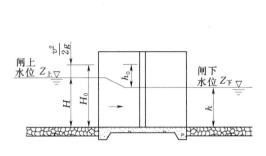

图 7-19　宽顶堰淹没出流示意图

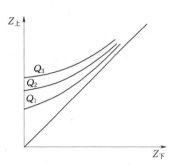

图 7-20　闸上水位-流量-闸下
水位关系曲线

泄洪闸型式和尺寸选定后，式（7-45）、式（7-46）中的各项系数可根据《水力学手册》选取。为便于进行调节计算，对于自由出流，一般可先绘出闸上水位与流量的关系曲线；对于淹没出流，可先绘出闸上水位-流量-闸下水位关系曲线（图 7-20）。

扒口流量可按上述堰流公式估算。

进洪闸闸上水位为江河水位，闸下水位为分洪区水位。分洪区水位由计算时段内分洪区蓄水量的变化及分洪区容积曲线确定，像水库调洪计算一样通常需要试求。排洪闸相反，闸上水位为分洪区水位，闸下水位为排入河道的水位。

由此可见，当分洪区容积曲线确定后，假定不同进洪闸和排洪闸方案，即可对设计洪水进行分（蓄）洪调节计算，从而求得各方案的水位、流量过程，然后对于满足设计的要求方案进一步作分析论证和经济比较，最后从中找出最佳方案。

【例 7-3】　某分洪区有进洪闸和排洪闸各一座，其闸上水位-过闸流量-闸下水位曲线及分洪区容积曲线均为已知，试述任一时段的计算步骤。

解：假定时段初进洪闸流入分洪区的流量为 Q_1，时段初排洪闸排出分洪区流量为 q_1，时段初分洪区水位 Z_1，计算时这 3 个数值均为已知，时段末进洪闸闸上水位和排洪闸闸下水位若为已知，则可先假定时段末分洪区水位 Z_2。

知道时段末分洪区水位后，便可根据进洪闸泄流曲线查得时段末进入分洪区的流量 Q_2，同时可根据排泄闸泄流曲线查得时段末分洪区的排洪量 q_2。

由水量平衡公式计算时段末分洪区蓄水量为

$$V_2=V_1+\frac{Q_1+Q_2}{2}\Delta t-\frac{q_1+q_2}{2}\Delta t$$

由 V_2 查分洪区容积曲线，看查得的水位是否与假定的 Z_2 值相等，若不相等时，需重新假定 Z_2 值进行计算，直至计算结果满足精度要求为止。

由于本时段 Q_2、q_2、Z_2 即为下一时段的 Q_1、q_1、Z_1，因而可连续演算。

当然，以上介绍的只是一种近似方法，并没有考虑分洪区内洪水的传播情况，实际分洪也许比本例复杂，具体计算时，可根据设计要求和资料情况选用适宜的方法。

第六节　溃坝洪水计算

兴修水库，对防洪、发电、灌溉、航运、养殖都起着很大的作用，一般情况下必须确保大坝的安全，但因战争、地震、超标洪水、大坝的施工质量不佳，地基不良及水库调度管理不善等原因，都有可能致使坝体突然遭到破坏，而形成灾难性的溃坝洪水，给下游带来极其严重的危害。例如，1975 年 8 月淮河上游发生特大暴雨洪水，使石漫滩、板桥等水库相继溃坝，造成的生命财产损失极为严重，成为新中国水利史之最。因此，研究和预估溃坝洪水，对于合理确定水库的防洪标准和下游制定防洪安全预案都是非常必要的。

溃坝可分为瞬时全溃、部分溃和逐渐全溃。由于导致溃坝的因素非常复杂，难于事先全面考虑，估计溃坝洪水时应着眼最不利的后果，由此可认为溃坝是瞬时完成的。故本节仅对大坝瞬时全溃或部分溃的情况进行讨论，所谓全溃，是指坝体全部被冲毁；部分溃则指坝体未全冲毁，或溃口宽度未及整个坝长，或深度未达坝底，或二者兼有。

实验表明溃坝水流的物理过程，见图 7-21，溃坝初期，库内蓄水在水压力和重力作用下，奔腾而出，在坝前形成负波，逆着水流方向向上游传播，称为落水逆波；在坝下形成正波，顺着水流方向向下游传播，称为涨水顺波。由于波速随水深而增加，所以落水逆波前边的波速总大于后面的波速，使其波形逐渐展平（但并非水平）；坝下游涨水顺波的变化正相反，因为后面的波速总大于前面的波速，于是形成了后波赶前波的现象，使波峰变陡，成为来势凶猛的立波（不连续波）。例如，1928 年美国圣佛兰西斯科（San Francisco）坝失事，下游 2.2km 处观测得波峰高达 37m，万吨大的混凝土巨块都被冲走，经过一段河槽调蓄及河床阻力作用之后，立波逐渐坦化，最终消失。图 7-22 示意地表示出一次溃坝洪水在坝址及下游各断面的流量过程线，从图上可以看出，坝址处峰形极为尖瘦，溃坝后瞬息之间即达最大值，然后随时间的推移而急速下降，呈现乙字形的退水线。随着溃坝洪水向下游的演进，过程线渐渐变缓。

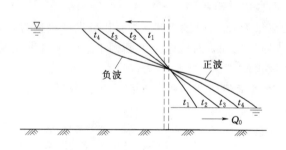

图 7-21　溃坝洪水沿程演进示意

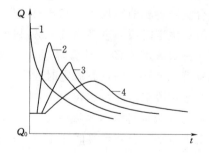

图 7-22　溃坝水流状态示意
1—坝址断面（第 I 断面）；2—坝下游第 II 断面
3—坝下游第 III 断面；4—坝下游第 IV 断面

　　根据对溃坝水流物理过程的试验研究，曾提出许多关于溃坝流量过程计算方法及其向下游传播的演算方法，其中有些在理论上是比较严密的。但这些方法计算工作量大，资料条件要求高，限于溃坝的边界条件难确定，其计算成果的精度并不一定高。因此，对于中小水库，多采用具有一定精度、且较为简便的半理论半经验公式或经验公式，计算坝址处溃坝最大流量及其向下游的传播。

一、坝址处溃坝最大流量的计算

　　调查溃坝的情况表明，中小水库的土坝、堆石坝短时间局部溃的较多，刚性坝（如拱坝）和山谷中的土坝容易瞬间溃毁，为安全计，对于设计情况可考虑按瞬间溃坝处理，以瞬间全溃及局部溃的最大水流理论为指导，在总结国内外各种计算方法的基础上，对所做600多次试验资料综合归纳，得到了适合于瞬间全溃或局部溃的坝址处溃坝最大流量计算公式。经使用200多组溃坝试验记录和实际的溃坝资料，对该公式和国内外的其他公式进行检验，表明该公式适用条件广、计算精度高、误差均不超过±20%。例如：事后估测板桥水库溃坝最大流量为77400m³/s，按该式计算的为76300m³/s，相对误差仅为1.4%。该公式的形式为

$$Q_\mathrm{m} = 0.27\sqrt{g}\left(\frac{L}{B}\right)^{1/10}\left(\frac{B}{b}\right)^{1/3}b(H-K'h)^{3/2} \tag{7-47}$$

式中：Q_m 为坝址处溃坝最大流量，m³/s；g 为重力加速度，m/s²；B 为坝址处的库面宽，m，通常就等于坝长；H 为坝前水深，m，对于设计条件，可取得坝高值；L 为库区长度，m，一般可采用坝址断面至库区上游库面宽度突然缩小处的距离，但实验表明：$L>5B$ 后，其影响不再增加，故计算的 L/B 大于5时，仍取 L/B 等于5；b 为溃口的平均宽度，m，最大（全溃时）等于坝长，此值可按以下方法估计：当溃坝时的蓄水 $V\geqslant100$ 万 m³ 时，按 $b=k_1V^{1/4}B^{1/7}H^{1/2}$ 估计（k_1 称坝体材质系数，对黏土类坝、黏土心墙或斜墙坝和混凝土坝取1.19，均质壤土坝取1.98）；当 $V<100$ 万 m³ 时，按 $b=k_2(VH)^{1/4}$ 估计（坝体施工和管理质量好的 k_2 取6.6，差的取9.1）。两式中 B、b、H 的单位为 m，V 单位为万 m³。B/b 一般不应超过17；h 为溃口处残留坝体的平均高度，m，为安全计，对于设计条件可取 $h=0$；K' 为经验系数，近似按 $K'=1.4\left(\dfrac{bh}{BH}\right)^{1/3}$ 估计。

二、溃坝最大流量向下游演进的计算

　　图7-22中，坝址处的溃坝流量过程线在向下游演进中，将不断展平，溃坝和最大流量将很快衰减。可采用非恒定流解法，由坝址处的溃坝流量过程逐段演算出下游各断面处的流量过程，中小水库设计中使用得不多，这里介绍使用简便且有一定精度的经验公式方法。

　　1. 水库下游某断面溃坝最大流量的计算

　　溃坝在下游某断面处形成的最大流量，根据国内外许多单位的研究，大都采用下面的经验公式计算：

$$Q_{\mathrm{m},l} = \cfrac{V}{\cfrac{V}{Q_\mathrm{m}} + \cfrac{l}{k_V v}} \tag{7-48}$$

式中：Q_m 为坝址处的溃坝最大流量，m³/s；$Q_{\mathrm{m},l}$ 为 Q_m 演进至距坝址 l 处的溃坝最大流

量，m^3/s；V 为溃坝时的水库有效蓄水容积，m^3；v 为洪水期间河道断面最大平均流速，m/s；k_V 为经验系数。

$k_V v$ 值相当于洪水传播速度。黄河水利委员会水利科学研究院根据实际资料分析，认为 k_V 可取下列数值：山区河道为 7.15m/s，半山区河道为 4.76m/s；平原河道为 3.13m/s。

2. 溃坝最大流量到达下游某断面所需时间的计算

除了要知道溃坝之后在下游各断面形成的最大流量外，还需要估计它们在下游各断面什么时候出现，即需要计算溃坝最大流量从坝址下游某处的传播时间。黄河水利委员会水利科学研究院根据实验求得其计算公式如下：

$$\tau = k_\tau \frac{l^{7/5}}{V^{1/5} H^{1/2} h_m^{1/4}} \tag{7-49}$$

式中：τ 为溃坝最大流量从坝址到下游 l 处传播时间，s；h_m 为下游断面处最大流量时的平均水深，m，可根据式（7-48）计算的 $Q_{m,l}$ 查该断面的水位流量关系曲线和水位平均水深关系线求得；k_τ 为经验系数，一般为 0.8～1.2，水深小时取小值，大时取大值；H 为溃坝时的坝前水深，m；V、l 与式（7-48）同。

【例 7-4】 某水库位于山区，库容 $V=2280$ 万 m^3，坝址处的库面宽 B 等于坝长 230m，库长 L 与 B 之比远大于 5，坝高 $H=18.7$m，黏性土壤，由于洪水漫顶，招致溃坝，溃口深至坝底，平均宽度 $b=80$m，溃坝洪水最大流量到达下游 38km 处的历时为 4.5h，最大流量 $Q_{m,l}=2710m^3/s$，最大水深 7.5m；溃坝最大流量到达下游 68km 处的历时为 7h，最大流量 $Q_{m,l}=1660m^3/s$，最大水深 7.92m，现用这些资料对上述方法验证如下。

解：（1）求坝址处溃坝最大流量。

按 $V \geqslant 100$ 万 m^3 的溃口平均宽度公式 $b=k_1 V^{1/4} B^{1/7} H^{1/2}$ 求得 $b=77.3$m；求坝址处溃坝最大流量：因溃口深至坝底，残留坝体高度 $h=0$，又 $L/B>5$ 故取其值等于 5，将上述资料代入式（7-47），求得 $Q_m=8920m^3/s$。

（2）求下游 38km 处和 68km 处的溃坝最大流量。

按公式（7-48）取 $k_V v=7.15$m/s，求得 38km 处的 $Q_{m,l}=2890m^3/s$，68 km 处的 $Q_{m,l}=1890$ m^3/s。

（3）求溃坝最大流量到达下游各断面的历时。

按公式（7-49）取 $k_\tau=1.0$，求得 38km 处的 $\tau=3.4$h，68km 处的 $\tau=7.5$h。

以上计算结果表明，与实测值还比较接近，并可看出，溃坝最大流量随着传播距离的增加很快衰减。

参 考 文 献

[1] 叶秉如. 水利计算及水资源规划 [M]. 北京：中国水利水电出版社，1995.
[2] 鲁子林. 水利计算 [M]. 南京：河海大学出版社，2003.
[3] 叶守泽. 水文水利计算 [M]. 北京：中国水利水电出版社，2001.
[4] 长江流域规划办公室水文处. 水利工程实用水文水利计算 [M]. 北京：水利电力出版社，1980.

［5］ 成都科技大学，等．工程水文及水利计算［M］．北京：水利电力出版社，1981．

［6］ 李芳英．城镇防洪［M］．北京：中国建筑工业出版社，1983．

［7］ 国家技术监督局，中华人民共和国建设部．防洪标准（GB 50201—94）［S］．北京：水利电力出版社，1994．

［8］ 武鹏林．水利计算与水库调度［M］．北京：地震出版社，2000．

第八章　综合利用水库水利计算

水库是兴水利除水害的重要工程措施，水库的综合利用要求是由河川水资源的基本特性决定的。就兴利而言，河川水资源具有多功能性，可以服务于经济、社会和生态环境的不同部门，例如，水体环境可供开展水产养殖、航运、旅游和生态环境维持；水量可以用于灌溉农田、服务工业、滋养城市等；水能可以生产大量可再生的清洁能源，支撑经济社会发展和服务于节能减排的社会目标。不同经济社会部门在用水方式、空间分布、时程分配、对缺水的耐受程度等方面不尽相同，例如，水产养殖、航运、旅游等只利用了水体环境，水力发电只消耗水流的能量，这些都几乎不消耗水量，或消耗水量很少；而灌溉和城市供水等河道外用水部门，消耗大部分水量。

同时为几个用水及防洪部门服务的水库，称为综合利用水库。与单一功能的水库相比，综合利用水库通常具有多项功能，从设计的角度，主要是协调防洪与兴利部门之间在库容利用上的矛盾，以及兴利部门之间在用水量与时程分配上的矛盾。综合利用水库水利计算核心问题就是要利用水库库容，实现"一水多用，一库多效"。

第一节　防洪与兴利关系的处理

不同的水库防洪与兴利的主次关系有所区别，只有妥善处理好防洪与兴利之间的关系，才能实现安全性、经济性和可靠性的统一。在设计阶段，主要解决下游防洪标准与安全泄量的选择、防洪库容与兴利库容的分配、防洪限制水位（汛限水位）和防洪高水位的确定等。

一、防洪库容的确定

水库的防洪库容，应按照流域防洪规划、防护对象的要求和下游防洪标准，根据整体防洪设计洪水和下游河道的安全泄量及水库调度运用方式，进行洪水调节计算确定。

对承担防洪任务的综合利用水利枢纽，防洪库容确定后，应根据防洪、兴利库容尽可能结合的原则进行协调安排，确定防洪库容的位置和相应的防洪限制水位及防洪高水位。

一般来说，很少有仅用水库来解决流域防洪问题的，总是要在整体的防洪安排下，采用堤防、河道整治、分蓄洪工程、水库等来共同达到一定的防洪标准。因此，在整体防洪标准确定后，要考虑下游安全泄量的可能变化、水库的调洪方式，以及防洪与兴利可能结合的程度，通过多方案比较，综合考虑各种因素后进行选择。

二、防洪库容与兴利库容的关系

根据水库所在流域的水文气象规律，水利枢纽的重要性等因素的差别，防洪库容与兴利库容之间的"结合"关系，在我国已有的水库中，可以归纳为三大类和 6 种情形。

1. 完全不结合

即防洪库容与兴利库容完全分开，结合库容为零。防洪限制水位与正常高水位齐平，防洪库容置于兴利库容之上，见图8-1。

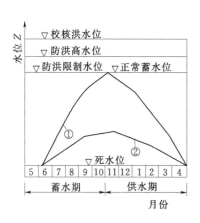

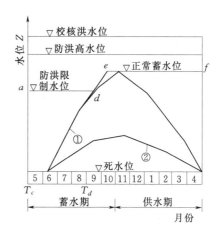

图8-1　防洪库容与兴利库容完全不结合
①—防破坏线；②—限制供水线

图8-2　防洪库容与兴利库容部分结合
①—防破坏线；②—限制供水线

2. 部 分 结 合

防洪限制水位位于正常高水位与死水位之间，防洪限制水位与死水位之间是专用兴利库容；防洪高水位位于正常高水位之上，正常高水位到防洪高水位之间的库容为专用防洪库容；结合库容既小于兴利库容，也小于防洪库容，见图8-2。

3. 完 全 结 合

完全结合可以分成4种情形：

1）结合库容、防洪库容和兴利库容三者相等，防洪限制水位与死水位重叠，防洪高水位与正常高水位重叠，见图8-3（a）。

2）结合库容等于防洪库容，防洪高水位与正常高水位重叠，防洪限制水位在死水位与正常高水位之间，即防洪库容是兴利库容的一部分，见图8-3（b）。

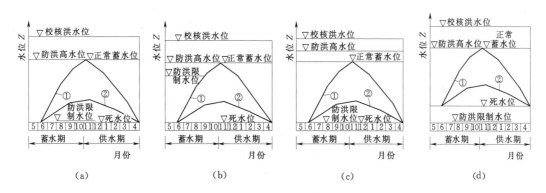

(a)　　　　　　　　　　(b)　　　　　　　　　　(c)　　　　　　　　　　(d)

图8-3　防洪库容与兴利库容完全结合
①—防破坏线；②—限制供水线

3）结合库容等于兴利库容，兴利库容是防洪库容的一部分，防洪限制水位与死水位重叠，防洪高水位高于正常高水位，见图 8-3（c）。

4）结合库容等于兴利库容，兴利库容是防洪库容的一部分，防洪高水位等于正常蓄水位、防洪限制水位低于死水位，见图 8-3（d）。

三、防洪库容与兴利库容结合形式的使用条件

实现防洪库容与兴利库容的有机结合，对于提高水库库容的利用效率和降低水库的投资具有重要意义。在相同设计标准下，结合库容越大，大坝的高度降低越多，投资将越小；在维持原规模的条件下，可以提高下游的防洪标准。但是如果防洪库容与兴利库容结合不当，可能造成防洪安全性的降低或兴利可靠性的下降。

在防洪库容与兴利库容的三类结合形式中，第一类即防洪库容与兴利库容完全不结合，防洪与兴利各有其专用的库容，防洪与兴利为完成各自的目标互不干扰，水库建成运行后的水库调度简便、安全，但是由于没有考虑防洪库容与兴利库容使用上的不同步性，库容的利用效率较低，水工建筑物的投资和库区的防洪迁移工作量加大。

只有在下述条件下，才采用第一类形式。

1）流域面积较小的山区河流，洪水发生大小无明显的时间界限，即在一年中任意时间都可能发生不同频率的洪水。在此情况下，只有设置全部的专用防洪库容，才能够保证防洪的安全。

2）虽然有较明显的洪水大小的时间界限，但其相位不稳定，特别是后汛期是以台风洪水为主的河流，当结合库容较大时，可能导致水库汛后无水可蓄的后果，影响供水期的水库的正常供水。在已建成的水库中，由于防洪限制水位过低，导致水库供水期初不能蓄满的情况相当普遍。在水资源紧张的地区，设计综合利用水库时，应当注意并重视设计与运行之间的衔接关系。

3）有些中小型水库，因条件限制，泄洪设备为无闸门控制，为了保证兴利蓄水，通常堰顶高程、正常蓄水位和防洪限制水位齐平。

第二类和第三类结合形式，能较好地减少防洪与兴利的专用库容，所以在条件允许的情况下，选择第二类和第三类结合形式在经济上总是有利的，实际上，我国的大多数河流上修建的水库，都基本具备设置结合库容的条件，因为我国大多数河流的洪水具有明显的季节性特点，如长江中游 6—9 月为主汛期，鄱阳湖、洞庭湖水系 4—6 月为主汛期；黄河中下游 7—9 月为主汛期。只有在主汛期才有可能用到防洪库容，而主汛期天然来水丰富，无需使用全部兴利库容，正常供水任务即可完成，所以在主汛期利用部分或全部兴利库容参与防洪是可能的，更是有益的。

第二节　防洪与兴利联合调度图绘制

对于防洪库容与兴利库容部分结合或完全结合的综合利用水库，为了保障防洪与兴利目标的实现，需要确定水库的调度方式，从协调水库防洪与兴利矛盾的角度，通常采用防洪与兴利联合调度图指导水库运行，通过划定不同时期的工作区域，避免水库运用不当，破坏防洪与兴利之间的协调关系。

一、防洪调度线绘制

防洪调度线是综合利用水库调度图中防洪调度区与兴利调度区的分界线,见图8-2中的$adef$。图8-2中T_c为年内第一场大洪水发生时刻,T_d为年内最后一场大洪水发生时刻,T_c-T_d之间称为主汛期。防洪调度线由正常高水位(供水期)、防洪限制水位(主汛期在非洪水期间水库水位不得超过该水位,以保持结合库容处于空闲状态)、迫降线(在主汛期到来之前,指示将水库水位迫降到防洪限制水位之下,腾空结合库容用于度汛)、下游防洪标准设计洪水调洪过程线(在主汛期末,遭遇下游防洪标准的洪水时,水库按一定调度规则调洪演算而形成)4段组成。

1. 迫降线的绘制

水库水位迫降的途径有2种,一种以防洪形式实现,通过泄流设备泄洪,使水库水位消落;另一种以兴利方式实现,通过加大供水使水库水位消落。图8-2中,T_c、T_d可根据历史资料统计得到,迫降线的绘制步骤如下。

1)防洪迫降,在桃汛或早期洪水中,选择与下游防洪标准同频的一次洪水(由于样本不同,此洪水小于主汛期下游防洪标准的设计洪水),按照防洪控制断面组合流量(水库泄流与区间来水之和)小于下游安全泄量控制水库泄流[式(8-1)],自T_c时刻汛限水位开始逆时序[按式(8-2)]调洪演算至正常高水位。得到基于防洪方式的迫降线。

$$q(t) \leqslant q_安 - Q_区(t) \qquad (8-1)$$

$$V(t-1) = V(t) - \left[\frac{Q(t)+Q(t-1)}{2} - \frac{q(t)+q(t-1)}{2} \right] \Delta t \qquad (8-2)$$

式中:$q(t)$为水库出库过程,m^3/s;$q_安$为下游防洪断面的安全泄量,m^3/s;$Q_区(t)$为水库到防洪断面的区间流量,m^3/s;$V(t-1)$、$V(t)$为时段初、末水库蓄水量,m^3;$Q(t)$为入库流量,m^3/s;Δt为时段长,s。

2)兴利迫降,以年水量为样本,选择保证率为$(1-P)$的典型年,取典型年供水期入库过程,以水库最大供水能力(发电按预想出力工作、灌溉按最大需水量)供水,自T_c时刻汛限水位开始,逆时序调节计算至正常高水位,得到基于兴利方式的迫降线。

3)取防洪方式的迫降线与兴利方式的迫降线的下包线作为迫降线。

2. 防洪调度线绘制

图8-2中de段为发生下游防洪标准洪水时,水库按一定防洪调度规则调洪演算得到的水位过程线。

当水库对防洪高水位没有限制时,通常从d点开始顺时序调洪演算(具体参照第七章第三节)。

当水库防洪高水位由于库区地形、淹没或移民安迁等因素限制时,调洪演算需从防洪高水位开始逆时序调洪演算,其步骤如下。

1)选择对下游防洪较不利的一场或几场典型洪水,分别生成下游防洪标准的设计洪水过程线。

2)对下游防洪标准洪水过程线,按给定的水库防洪调度原则,从防洪高水位开始,逆时序调洪演算[按式(8-2)]。图8-4中ab为某典型设计洪水按"削平头"原则,得到的水库水位过程线,图中d为洪水发生的最迟时刻(主汛期末),将ab平移至de,即得依据某典型设计洪水的防洪调度线。

3) 对不同典型洪水生成的下游防洪标准的设计洪水，按步骤 2) 生成不同的防洪调度线，取其下包线，作为设计洪水调洪过程线。

4) 图中 ad 为整个汛期不允许超过的水位，即防洪限制水位。

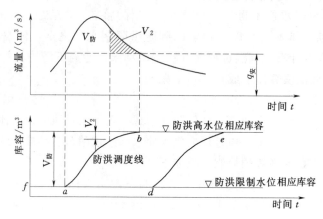

图 8-4　调洪演算过程与防洪调度线示意图

二、防洪与兴利调度线的协调

在分别绘制防洪调度线与兴利调度线之后，将其绘于同一图上，即为防洪与兴利联合调度图，见图 8-5。图中①线为防破坏线，②线为限制供水线，③线为防洪调度线。防破坏线与防洪调度线之间的关系有 3 种情况。

1) 图 8-5 (a)，防洪调度线与防破坏线之间无交点，表示防洪与兴利之间无矛盾，虽然汛期防洪不影响兴利的保证运行方式，但防洪与兴利的结合库容较小，设计总库容可能偏大，增加大坝投资。若降低汛限水位，则可能影响发电水库的季节性电能，减少兴利效益。所以，汛限水位是否下移，需做经济分析。

2) 图 8-5 (b)，防洪调度线与防破坏线只有一个交点，而且交于洪水发生的最迟时刻 T_d，这是最经济的设计，结合库容利用最充分。当防洪高水位无上限约束时。通常先制作防破坏线，再根据洪水发生的最迟时刻 T_d，在防破坏线上确定防洪限制水位，然后进行调洪演算。

3) 图 8-5 (c)，防洪调度线与防破坏线相交，防洪与兴利之间存在矛盾，由于为了保证防洪安全，T_d 之前不允许超汛限运行，则影响水库兴利正常运行方式；若为了保证兴利正常运行方式不受影响，在图中阴影部分防洪安全可能得不到保证，所以对第 3 种情况需作调整。

对于兴利为主的水库，在调整时使兴利保证运行方式不受破坏，即保持防破坏线不变，通过抬高防洪限制水位使防洪调度线与防破坏线相切。此时，若维持原防洪要求不变，则必须抬高防洪高水位，使修改后的防洪库容等于原设计防洪库容；若条件限制，不允许抬高防洪高水位时，则只有降低下游设计标准，采用较低标准的设计洪水，从修改后的防洪限制水位起重新调洪演算。

对于以防洪为主的水库，在调整时保持防洪调度线不变，通过降低防破坏线，使防洪调度线与防破坏线相切，此时正常高水位相应降低。具体调节计算时，来水采用原设计枯水年的资料不变，通过不断调整供水量（试算）使防破坏线在 T_d 时刻的水位不超过原防洪限制水位。显然，调整后的调度图降低了兴利效益。

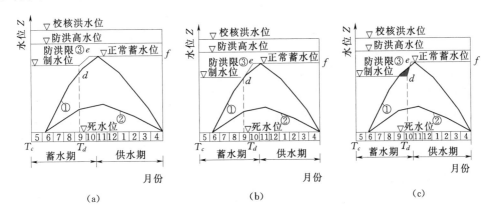

图 8-5　防洪与兴利联合调度图

三、分期防洪限制水位

防洪限制水位限制了主汛期的水库蓄水，常常给水库的运行管理造成麻烦，一方面防洪限制水位的作用时段为整个主汛期，防洪限制水位到正常高水位的过渡依靠汛末最后一场洪水，但洪水发生的相位不稳定，常常导致水库汛末不能蓄满，影响供水期供水。另一方面，在汛中限制蓄水不利于雨洪资源化，对发电水库，影响季节性电能效益。所以在有条件时，采用分期防洪限制水位对于提高库容与洪水的利用效率具有积极意义。

实施分期防洪限制水位的基本条件是：水库所在流域的洪水发生大小和频率在时程上有明显的差别，或者下游河道的安全泄量不同时期有不同的要求。由于洪水大小和安全泄量的分期性，使得不同时期要求水库预留的防洪库容不同。确定分期防洪限制水位的步骤如下。

1）根据历史洪水资料采用成因分析或统计分析的方法，分析洪水发生的规律，确定洪水分期的时间界点。图 8-6 中，某水库前后两个分期的界点分别为 c 点和 d 点。

2）分别计算前后汛期的设计洪水过程（按水文计算方法），图 8-6 中后汛期设计洪水小于前汛期。

3）对前汛期设计洪水按前汛期防洪调度规则，从 b 点开始调洪演算，得防洪高水位；对后汛期设计洪水按后汛期防洪调度规则，从 d 点开始调洪演算，得防洪高水位。

4）如果两个防洪高水位不等，为安全起见，则以高值作为设计值。并按图 8-4 的原理对低值

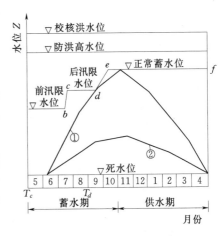

图 8-6　水库分期防洪调度线示意图

相应的设计洪水从采用的防洪高水位开始逆时序调洪演算，确定相应的防洪限制水位。

第三节　综合利用水库兴利调节计算

综合利用水库承担的兴利任务，包括发电、灌溉、供水、航运、养殖、旅游、改善环境等。它们都共同需要一定的库容，以实现各自所需调节流量的目标。

径流兴利调节的任务是确定调节流量、库容和保证率三者间的关系。由于各兴利部门的用水特性差异，以及水库的主要开发目标不同，使得各用水部门的用水保证率不同，确定能协调不同保证率用水的设计库容和水库运行方式，是综合利用水库兴利调节计算的难点。其主要处理思路是将保证率从低到高排序分级，采用逐级缩减供水，计算不同保证率供水的兴利库容。

一、发电与灌溉两级调节

发电与灌溉开发目标的组合，是综合利用水库中较为常见的形式，具有发电与灌溉双重任务的综合利用水库，调节库容和调度方式的确定和发电与灌溉任务的主次关系密切相关。对于从坝上引水以灌溉为主的水库，发电任务一般为获取季节性电能，在灌溉高峰期，用水紧张时可以停止发电，这种情况综合利用水库转化为单一灌溉水库。对于以发电为主的水库，当坝上灌溉引水水量不大时，可先将灌溉水量从入库流量中扣除，将综合利用水库转化为单一发电水库。对于发电与灌溉并重，或者自坝上灌溉引水水量较大时，应制定两级调节原则，进行两级调节计算。在调节计算时应当注意以下问题。

1）一般情况下发电的保证率高于灌溉的保证率，当来水位于灌溉保证率范围之内时，灌溉用水应当予以满足，在满足灌溉用水的前提下，最大化发电效益；当来水位于灌溉保证率与发电保证率之间时，灌溉用水按照一定的折扣缩减供水，发电正常运行方式应予保证；当来水低于发电设计保证率的时候，发电与灌溉均应降低供水。不同来水的缩减供水幅度，应根据灌区及电力系统的情况确定，例如，灌溉常取正常供水的 7～8 折，发电可根据来水给定不同的折扣。

2）灌溉的取水方式对于水库综合需水量的计算影响很大，当灌溉从坝上引水时，发电与灌溉用水不能结合，灌溉与发电在水量分配和水位控制上存在矛盾，水量应结合两者的主次关系合理分配，水位应优先满足灌溉对库水位的要求，即尽量满足灌溉期水库水位高于引水渠首高程。当灌溉引水为坝下引水时，发电与灌溉用水可以结合，两者在水库水位控制上没有矛盾，而且在大多数时候灌溉与发电的效益是一致的，增加发电量同时增加灌溉供水量，但在灌溉高峰期，灌溉用水可能超过水轮机的过水能力，必要时可考虑设置重复容量。

【例 8-1】　设某水库发电与灌溉并重，发电保证率为 $P_1 = 95\%$，灌溉保证率为 $P_2 = 80\%$，灌溉自坝上引水，当灌溉用水在 $P_2 = 80\%$ 以外的年份，允许缩减 2 成。求该水库兴利库容。

解：计算步骤如下。

1）绘制发电保证率为 $P_1 = 95\%$，灌溉保证率为 $P_2 = 80\%$ 的水库综合需水图。图 8-7（a）为 $P_1 = 95\%$ 年份的水库综合需水图，图中左斜线为正常灌溉需水量打 8 折时的灌溉需水过程，右斜线为发电正常需水量过程，由于发电与灌溉用水不能结合，两者相加为综合需水过程；图 8-7（b）为 $P_2 = 80\%$ 年份的水库综合需水图，图中左斜线为正常灌溉需水过程，右斜线意义不变。

2）采用年水量相应频率为 $P_1 = 95\%$ 的来水过程，根据图 8-7（a）的需水过程调节计算，求得高保证率低供水所需的兴利库容 V_1。采用年水量相应频率为 $P_2 = 80\%$ 的来水过程，根据图 8-7（b）的需水过程调节计算，求得低保证率高供水所需兴利库容 V_2。

3）如果 V_1 和 V_2 相差不大，则兴利库容取 V_1 和 V_2 中的大值。如 V_1 和 V_2 相差很大，则先调整灌溉需水量或保证出力，使两者相近后，再取大。

当灌溉为坝下取水时，水库综合需水过程的确定与坝上引水不同，由于坝下引水时灌溉用水与发电用水可以结合，所以水库综合需水过程，为灌溉需水过程与发电（保证出力）需水过程取大。在获得低保证率高供水和高保证率低供水水库综合需水过程后，确定水库兴利库容的步骤与坝上引水灌溉相同。

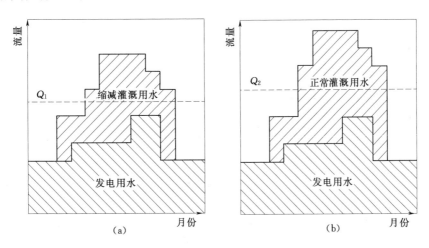

图 8-7　发电与灌溉两级调节需水量图

二、综合利用水库多级调节

当水库同时具有发电、灌溉、供水与航运等多项开发目标时，各部门的相互关系比较复杂。主要表现为：①各部门的用水特性不同，如发电与供水年内分配比较均匀，灌溉季节性明显；②各部门用水保证率不尽相同，而且表达方式也可能不一致，例如发电和灌溉常采用年保证率，而航运和城镇供水部门常采用历时保证率；③各用水部门的主次关系可能不同，使不同水库在供水优先次序上差异很大；④用水部门间相互关系组成复杂，有些可以相互结合，有些不可以相互结合。

在兴利多级调节中，必须统筹各用水部门的相互关系，以实现一库多效的经济目标。常考虑以下原则。

1）根据各用水部门的主次关系和用水权重，将不同表达形式的设计保证率化为统一表达形式。对以发电或灌溉为主的综合利用水库，发电与灌溉部门采用年保证率，可将供水与航运部门的设计保证率转换成年保证率；对以航运为主的水库（如航电枢纽），可将发电和灌溉等设计保证率转化为历时保证率。

2）根据各用水部门的用水特性，拟定各用水部门的保证供水量及时程分配。如发电按保证出力拟定正常供水过程，航运与供水采用均匀供水方式；灌溉按灌区需水特性拟定均匀供水（灌区内有足够的二次调蓄能力）或变动供水。

3）根据用水部门的特性，确定各用水部门的供水在高保证率时的折扣系数。

【例 8-2】 设某水库有工业用水、发电、灌溉和航运 4 项开发目标。工业用水的设计保证率为 $P_1 = 95\%$，相应的保证供水过程 $Q_1(t)$，降低供水折扣系数为 α_1；发电设计保证率为 $P_2 = 90\%$，相应的保证供水过程 $Q_2(t)$，降低供水折扣系数为 α_2；灌溉设计保证率为 $P_3 = 80\%$，相应的保证供水过程 $Q_3(t)$，降低供水折扣系数为 α_3；航运设计保证率为 $P_4 = 75\%$（已转换为年保证率），相应的保证供水过程 $Q_4(t)$，降低供水折扣系数为 α_4。其中工业用水和灌溉从坝上引水，下游河道航运，可与发电用水结合，求该水库兴利库容。

解： 计算步骤如下。

1）计算各设计保证率年份的水库综合需水过程 $Q(t)$。

当来水频率 $P > 95\%$（特枯年份）：

$$Q(t) = \alpha_1 Q_1(t) + \alpha_3 \cdot Q_3(t) + \max\{\alpha_2 Q_2(t), \alpha_4 Q_4(t)\} \tag{8-3}$$

当来水频率 $95\% \geqslant P > 90\%$：

$$Q(t) = Q_1(t) + \alpha_3 Q_3(t) + \max\{\alpha_2 Q_2(t), \alpha_4 Q_4(t)\} \tag{8-4}$$

当来水频率 $90\% \geqslant P > 80\%$：

$$Q(t) = Q_1(t) + \alpha_3 Q_3(t) + \max\{Q_2(t), \alpha_4 Q_4(t)\} \tag{8-5}$$

当来水频率 $80\% \geqslant P > 75\%$：

$$Q(t) = Q_1(t) + Q_3(t) + \max\{Q_2(t), \alpha_4 Q_4(t)\} \tag{8-6}$$

当来水频率 $P \leqslant 75\%$：

$$Q(t) = Q_1(t) + Q_3(t) + \max\{Q_2(t), Q_4(t)\} \tag{8-7}$$

2）采用年水量相应频率为 $P_1 = 95\%$ 的来水过程，根据式（8-4）的需水过程调节计算，求得兴利库容 V_1。采用年水量相应频率为 $P_2 = 90\%$ 的来水过程，根据式（8-5）的需水过程调节计算，求得所需兴利库容 V_2。采用年水量相应频率为 $P_3 = 80\%$ 的来水过程，根据式（8-6）的需水过程调节计算，求得所需兴利库容 V_3。采用年水量相应频率为 $P_4 = 75\%$ 的来水过程，根据式（8-7）的需水过程调节计算，求得所需兴利库容 V_4。

3）如果 V_1、V_2、V_3 和 V_4 相差不大，则兴利库容取 $V = \max\{V_1, V_2, V_3, V_4\}$。如 V_1、V_2、V_3 和 V_4 相差很大，则先调整相邻保证率部门的需水量，使四者相近后，再取大者。

第四节　综合利用水库兴利调度图绘制

综合利用水库调度图是指导水库运行管理的重要依据。与防洪与兴利两级调度图相似，兴利调度图，在于确定不同用水部门正常用水的指示区域以及加大供水和缩减供水的指示区域。以发电与灌溉并重，灌溉从坝上引水的综合利用水库联合调度图为例，说明综合利用水库兴利调度图的制作方法。

一、年调节水库两级调度图绘制

1. 上下调配线绘制

参见前文发电与灌溉两级调节的成果，依据图 8-7 计算的调节库容分别为 V_1 和 V_2。

当 $V_1 > V_2$ 时，说明高保证率低供水所需调节库容大于低保证率高供水所需调节库容，最后选择的设计调节库容为 V_1。选择频率为 P_1（95%）的年来水过程；用水采用发电正常供水和灌溉缩减供水过程 [图 8-7（a）]，从供水期末死水位开始，逆时序调节计算，直至蓄水期初水位消落到死水位，所得水库水位过程线称为两级调节下调配线，见图 8-8（a）中的 1 线。选择频率为 P_2（80%）的年来水过程；用水采用发电和灌溉均正常供水过程 [图 8-7（b）]，从供水期末，正常蓄水位下 V_2 库容相应的水位开始，逆时序调节计算，直至蓄水期初水位消落到起调水位，所得水库水位过程线称为两级调节上调配线，见图 8-8（a）中的 2 线。

当 $V_1 < V_2$ 时，说明低保证率高供水所需调节库容大于高保证率低供水所需调节库容，最后选择的设计调节库容为 V_2。选择频率为 P_1（80%）的年来水过程；用水采用发电与灌溉正常供水过程 [图 8-7（b）]，从供水期末死水位开始，逆时序调节计算，直至蓄水期初水位消落到死水位，所得水库水位过程线称为两级调节上调配线，见图 8-8（b）中的 2 线。选择频率为 P_2（95%）的年来水过程线；用水采用发电正常供水和灌溉缩减供水过程 [图 8-7（a）]，从供水期末，死水位开始，逆时序调节计算，直至蓄水期初水位消落到起调水位，所得水库水位过程线称为两级调节下调配线，见图 8-8（b）中的 1 线。

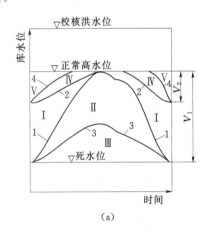
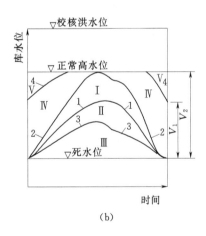

（a）　　　　　　　　　　　　　　　（b）

图 8-8　发电与灌溉年调节水库两级调度图

1—下调配线；2—上调配线；3—限制供水线；4—防弃水线；Ⅰ—保证供水区；Ⅱ—低供水区；
Ⅲ—限制供水区；Ⅳ—加大供水区；Ⅴ—预想出力区

若水库来水年内分配变动较大，可参照单一发电水库绘制防破坏线的方法，对 P_1 和 P_2 分别选取不同年内分配的典型来水过程，对各典型过程作上下调配线，并采用各典型年组取外包线的方法，确定上下调配线。

2. 限制供水线绘制

两级调节限制供水线的绘制，可选用以下两种方法之一。

1）采用多个典型来水过程绘制下调配线，取下包线作为限制供水线。

2）将发电与灌溉供水均按一定的折扣系数缩减供水，采用频率为 P_1 的年来水过程，自供水期末死水位开始逆时序调节计算，直至蓄水期初回到死水位，所得水库水位过程线作为限制供水线。图 8-8 中 3 线为限制供水线。

3. 防弃水线绘制

与单一发电水库绘制防弃水线的方法相同，选择 $1-P_1$ 丰水年的来水过程，用水取水轮机最大过水能力和灌溉需水量之和，起点与终点与上调配线相同。在绘制防弃水线时，应注意防弃水线不得低于上调配线。见图 8-8 中的 4 线。

上调配线、下调配线、防弃水线与限制供水线将调度图分为 5 个调度区，Ⅰ区为保证供水区，发电、灌溉均按正常供水；Ⅱ区为低供水区，发电正常供水，灌溉缩减供水；Ⅲ区为限制供水区，发电与灌溉均缩减供水；Ⅳ区为加大供水区，灌溉正常供水，发电加大出力；Ⅴ区为预想出力区，灌溉按正常供水，发电按预想出力工作。

二、多年调节水库两级调度图绘制

发电与灌溉双重任务的多年调节水库，由于年库容担任年内径流的调节，所以，应当位于年库容之内绘制加大出力区；由于设计保证率是以年为周期的，所以应在多年库容中设置分界线，区分高供水区与低供水区。

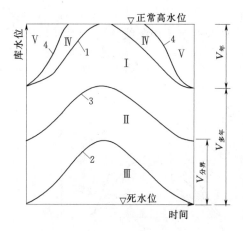

图 8-9　发电与灌溉多年调节
水库两级调度图

1. 上调配线绘制

设发电与灌溉均正常供水的年平均供水流量为 Q_2 [图 8-7（b）]。首先，选择来水年平均流量接近 Q_2 的年份为典型年，将其缩放成为年平均流量等于 Q_2 的年来水过程；然后，从供水期末水库水位位于多年库容蓄满点开始，按 Q_2 供水，逆时序调节计算，直至蓄水期初水库水位回到多年库容蓄满点，所得水库水位过程线即为上调配线，又称保证供水线，见图 8-9 中 1 线。

2. 下调配线绘制

设发电按保证出力工作，灌溉按缩减供水工作的年平均供水流量为 Q_1 [图 8-7（a）]。首先，选择年平均流量接近 Q_1 的年份为典型年，将其缩放成为年平均流量等于 Q_1 的年来水过程；然后，从供水期末死水位开始，按 Q_1 供水，逆时序调节计算，直至蓄水期初水库水位回到死水位，所得水库水位过程线即为下调配线，又称限制供水线，见图 8-9 中 2 线。

3. 分界调度线绘制

分界调度线是高供水区与低供水区的分界线，其绘制可选择长系列调算和近似计算方法。

（1）长系列调算法。

采用长系列来水资料，按 Q_2 供水，从供水期末死水位开始，进行长系列逐月逆时序连续（后一年的年初是上一年的年末）调节计算，得到逐年逐月水库水位过程；分月绘制水库水位保证率曲线；由 P_2 在各月的水库水位保证率曲线上查相应水位，其连线即为初拟的分界调度线。

（2）近似计算法。

首先，按下式求得分界多年库容 $V_{分界}$：

$$V_{分界} = \frac{V_1}{V_1 + V_2} V_{多} \qquad (8-8)$$

式中：V_1、V_2 为高保证率低供水和低保证率高供水所得的调节库容；$V_{多}$ 为多年调节库容。

然后，按照同一比值 $\dfrac{V_1}{V_1 + V_2}$ 将各月上下调配线之间的区域按比例分割，得到初拟的分界调度线。

无论是长系列调算法，还是近似计算法，在取得初拟的分界调度线后，都必须按两级调节计算，校核发电与灌溉的设计保证率。当有矛盾时，需要调整分界调度线，注意在调整分界调度线时尽量保持分界调度线与上下调配线大致平行，见图 8-9 中 3 线。

上调配线、下调配线、分界调度线和防弃水线（图 8-9 中 4 线）将多年调节水库调度图分成 5 个区，Ⅰ区为保证供水区，发电与灌溉均按正常供水；Ⅱ区为低供水区，发电正常供水，灌溉缩减供水；Ⅲ区为限制供水区，发电与灌溉均缩减供水；Ⅳ区为加大供水区，灌溉正常供水，发电加大出力工作；Ⅴ区为预想出力区，灌溉按正常供水，发电按预想出力工作。

第五节　综合利用水库正常蓄水位与死水位选择

一、正常蓄水位选择

正常蓄水位是水电站非常重要的参数，它决定了水电站的工程规模。具体地说，一方面，它决定了水库的大小和调节性能，水电站的水头、出力和发电量，以及其他综合利用效益；另一方面，它也决定了水工建筑物及有关设备的投资、水库淹没带来的损失。因此，需通过技术经济比较和综合分析论证，慎重决定。

1. 正常蓄水位与经济指标的关系

随着正常蓄水位的增高，水电站的保证出力、装机容量和多年平均年发电量等指标也随之增加，但正常蓄水位较低时这些效益指标增加较快。随着正常蓄水位上升，这些指标增加速度越来越慢。正常蓄水位 $Z_{蓄}$ 与保证出力 N_P 及多年平均年发电量 E 的关系见图 8-10（a）。

另一方面，随着正常蓄水位的增高，水利枢纽的投资和运行费以及淹没损失不断增加，但正常蓄水位较低时，这些费用指标增加较慢。随着正常蓄水位上升，这些指标增加速度越来越快。正常蓄水位 $Z_{蓄}$ 与投资 K 及年运行费 U 关系见图 8-10（b）。

由于随着正常蓄水位增高，其效益指标增加速度是递减的，费用指标增加速度是递增的。因此，正常蓄水位太高或太低，都不够经济，必须通过方案比较，从中选出经济合理的方案。

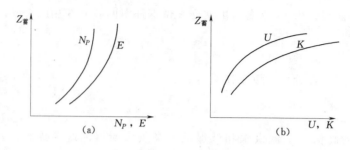

图 8-10　正常蓄水位与投资效益关系

(a) $Z_蓄 - E$, $Z_蓄 - N_P$ 关系曲线；(b) $Z_蓄 - K$, $Z_蓄 - U$ 关系曲线

2. 正常蓄水位影响因素

正常蓄水位比较方案应在正常蓄水位的上、下限值范围内选定。

正常蓄水位的下限值主要根据发电、灌溉、航运、供水等各用水部门的最低要求确定。例如，以发电为主的水库，必须满足系统对水电站的保证出力要求；以灌溉为主的水库，必须满足灌溉需水量等。

正常蓄水位的上限值，主要考虑以下因素。

1）坝址及库区的地形地质条件。坝址处河谷宽窄将影响主坝的长度，当坝高到达一定高程后，由于河谷变宽或库区周边出现许多垭口，使主坝加长，副坝增多，工程量过大而显然不经济。坝址区内如地质条件不良不宜修筑高坝，以及水库某一高程有断层、裂隙会出现大量漏水，都会限制正常蓄水位的抬高。

2）库区的淹没和浸没情况。由于水库区大片土地、重要城镇、矿藏、工矿企业、交通干线、名胜古迹等淹没，大量人口迁移，造成淹没损失过大，或安置移民有困难，往往限制正常蓄水位的提高。此外，如果造成大面积内水排泄困难，或使地下水抬高引起严重浸没和盐碱化，也必须认真考虑。

3）河流梯级开发方案。上下游衔接的梯级，上游水库往往对下游水库的正常蓄水位有所限制。

4）径流利用程度和水量损失情况。当正常蓄水位到达某一高程后，调节库容较大，弃水量很少，径流利用率已较高，如再增高蓄水位，可能使水库蒸发损失和渗漏损失增加较多，亦应进行技术比较。

5）其他条件。如资金、劳动力、建筑材料和设备的供应，施工期限和施工条件等因素，都可能限制正常蓄水位增高。

正常蓄水位上、下限值选定后，就可在其范围内选择若干个方案（一般选 3～5 个）进行比较，通常在地形、地质、淹没情况发生显著变化的高程处选择方案。如在上、下限范围内无特殊变化，则各方案可等水位间距选取。

3. 选择正常蓄水位的步骤与方法

在拟定正常蓄水位比较方案后，应对每个方案进行下列各项计算工作。

1）拟定水库消落深度。在正常蓄水位比较阶段，一般采用较简化的方法拟定各方案的水库消落深度。

　　对于以发电为主要任务的水库，可以根据水电站最大水头 H_{max} 的某一百分数初步拟定消落深度。例如，坝式年调节水电站，水库消落深度 $h_{消}$ 可取（25%～30%）H_{max}。

　　2）对各方案可采用较简化的方法进行径流调节和水能计算，求出各方案水电站的保证出力、装机容量及多年平均年发电量。

　　3）求各方案的水利枢纽工程量，建筑材料的消耗量及机电设备投资。

　　4）计算各方案的淹没和浸没的实物指标及其补偿费用。先根据回水计算资料确定淹没和浸没的范围，然后计算淹没耕地面积、房屋间数和迁移的人口数、铁路公路里程等指标，再根据拟定的移民安置方案，求出实际所需的移民补偿费用，工矿企业的迁移费和防护费以及防止浸没和盐碱化措施的费用等。

　　5）水利动能经济计算。根据水电站各项效益指标及其应负担的投资数，计算水电站的年运行费及各种单位经济指标。例如总投资、年运行费、单位千瓦投资、单位电量投资、单位电量成本以及替代火电站有关经济指标等。

　　6）经济比较。根据规范要求，选定适当的经济比较方法，进行各正常蓄水位方案的经济比较，并结合其他非经济因素综合分析，从中选出最有利的方案。

　　如果水库除发电外，尚有灌溉、航运、供水等其他综合利用任务，则在选择正常蓄水位时，应同时考虑其他部门效益和投资的变化，并注意对各有关部门合理进行投资，效益分摊。

　　【例 8-3】　某水利枢纽工程是一个以发电为主，兼有防洪、航运等效益的综合利用工程。根据地形地质条件及水库淹没、综合利用要求等，初步拟定 4 个正常蓄水位方案，各方案技术经济指标见表 8-1。试从中选择经济上最有利的方案。

表 8-1　正常蓄水位方案技术经济指标

项目	单位	第一方案	第二方案	第三方案	第四方案
正常蓄水位	m	100	108	115	120
死水位	m	90	90	93	96
防洪限制水位	m	95	95	106.8	116
正常蓄水位以下库容	亿 m³	18.5	29.9	44	57.4
防洪库容	亿 m³	0	16	30	41
兴利库容	亿 m³	8.8	20.2	32.2	43
保证出力	万 kW	19.0	25.5	32.9	39.3
装机容量	万 kW	92	110	150	175
年发电量	亿 kWh	45.7	50.7	65	75.1
防洪效益（减少淹没农田）	万 hm²/a	0	3.3	4.3	50
防洪效益（减少分洪损失）	万元/a	0	3300	4300	5000
迁移人口	万人	6.61	10.11	14.55	21.13

续表

项目	单位	第一方案	第二方案	第三方案	第四方案
淹没耗地	万 hm²	2.42	4.88	8.12	13.03
工程投资	亿元	12.52	14.25	15.02	16.20
水库补偿投资	亿元	2.5	3.85	5.71	8.0
总投资	亿元	15.02	18.1	20.73	24.20

解：（一）经济分析的准则和方法

水利工程的经济效益和经济合理性，一般采用效益费用比、净收益、内部经济回收率等指标表示（有关经济比较原理与方法的详细知识，可参阅水利经济或工程经济教材）。对以发电为主的水电工程，方案选择的经济准则是在同等程度满足国家对电力电量和其他综合利用要求的前提下，选用年费用最小或在计算期内总费用最小的方案。

（1）总费用最小法。

总费用是将投资和各年支出折算到基准年的总和，其表达式为

$$C=K+U\left[\frac{(1+i)^n-1}{i(1+i)^n}\right]\rightarrow 最小 \tag{8-9}$$

式中：K 为工程投资的折算值；U 为年运行费（不包括折旧费）；$\left[\frac{(1+i)^n-1}{i(1+i)^n}\right]$ 为等额系列现值因子，i 为折算率，n 为计算期。

（2）年费用最小法。

该法是将总费用均匀折算到正常使用期各年中，使年费用最小，即

$$\overline{C}=C\left[\frac{i(1+i)^n}{(1+i)^n-1}\right]=K\left[\frac{i(1+i)^n}{(1+i)^n-1}\right]+U\rightarrow 最小 \tag{8-10}$$

（二）计算依据

不同正常蓄水位的各方案，保证出力，发电量不同，费用最小法要求各方案的效益相同，所以常以效益最大的方案为基准，效益小的方案通过补建一个电站（称为替代电站）来抵偿各方案效益的差异。本例确定火电站为替代电站。

1）不同方案的工程投资，替代电站投资，煤矿投资等均按第一方案施工结束年份为折算基准年进行折算，折算率采用0.1。折算公式如下：

$$B=B_t(1+i)^{t_0-t}$$

式中：B_t 为第 t 年末的资金（投资、效益或运行费）；t_0 为基准年；B 为 B_t 折算到基准年的值。

2）经济计算中，水电站年运行费＝大修提成＋电站运行费＋水库补偿提成费。其中，大修提成为工程投资的0.6%，水库补偿提成为水库补偿费的1.6%，电站运行费为2元/kW。

3）方案之间容量、电量差值采用单机容量为20万kW的凝汽式火电机组替代，其补充千瓦投资为750元/kW，替代电站煤耗采用400g/(kW·h)，煤耗费为0.02元/(kW·h)，煤矿投资按0.07元/(kW·h)计，替代电站年运行费按造价的5%计。方案之间容量、电量差值，考虑水、火电站厂用电、备用、输电损失不同，可分别加以修正，即容量

乘1.1，电量乘1.05。

（三）计算成果与分析

首先用"年费用最小法"进行计算比较，各方案年费用见表8－2。从表8－2可以看出，第三方案（正常蓄水位115m）的年费用最小，为经济上最有利的方案，故选用正常蓄水位为115m方案。

表8－2　　　　　　　　　　各正常蓄水位方案"年费用"计算成果表

序号	项　　目	单位	第一方案	第二方案	第三方案	第四方案	备　注
1	正常蓄水位 h	m	100	108	115	120	
2	水电站必需容量 N_h	万kW	65.0	84.0	107.6	127.0	
3	水电站平均年电量 E_h	亿kW·h	45.7	50.7	65.0	75.1	
4	水电站投资原值 K_h	万元	150244	180986	207246	241988	未考虑时间因素
5	水电站折算投资 K_h'	万元	253096	299560	343400	437306	折算至基准年
6	水电站本利年摊还值 R_h	万元	25527	30213	34635	44106	$K_h'(A/P, i_0=0.1, N_s=50)$①
7	水电站初期运行费 U_t	万元	240	280	288	589	
8	水电站正常运行费 U_0	万元	1310	1660	2060	2540	
9	水电站年费用 NF_h	万元	27077	32153	36983	47235	6＋7＋8
10	替代电站补充必需容量 ΔN_s	万kW	68.2	47.3	21.3	0	1.1ΔN_h（以第四方案为准）
11	替代电站补充年电量 ΔE_s	亿kW·h	30.9	25.6	10.6	0	1.05ΔE_h（以第四方案为准）
12	替代电站补充投资 ΔK_s	万元	51150	35475	15975	0	750ΔN_s
13	替代电站折算补充投资 $\Delta K_s'$	万元	64912	45109	20273	0	折算至同一基准年
14	替代电站本利年摊还值 ΔR_s	万元	7153	4961	2234	0	$\Delta K_s'(A/P, i_0=0.1, N_s=25)$②
15	替代电站初期运行费 ΔU_s	万元	2280	2084	1768	0	
16	替代电站正常年运行费 ΔU_0	万元	8738	6894	2919	0	包括燃料费
17	替代电站年费用 NF_s	万元	18171	13939	6921	0	（14）＋（15）＋（16）
18	防洪年费用 Δf	万元	5000	1700	700	0	
19	系统年费用 NF	万元	50248	47792	44604	47235	（9）＋（17）＋（18）

① $(A/P, i_0=0.1, N_s=50)=\dfrac{0.1\times(1+0.1)^{50}}{(1+0.1)^{50}-1}$。

② $(A/P, i_0=0.1, N_s=25)=\dfrac{0.1\times(1+0.1)^{25}}{(1+0.1)^{25}-1}$。

以上经济评价的结论，只是反映了工程自身的资金平衡状况，正常蓄水位的最终选择，还必须综合考虑以下方面因素。

1. 经济方面

1）当地的间接经济效益，如由于提供廉价的电力和充分的水源而促进工业，特别是耗电大和耗水多的冶金、化肥等工业的发展；由于灌溉使粮棉等农业产品增产促进食品工业、纺织工业的发展；由于航道的改善而促进交通运输业的发展，并由此促进了商业和其他服务业的发展等。

2）国家的间接经济效益，如由于调节河川径流可以减轻下游地区的洪水灾害，并增加下游各水电站的发电量和各灌区的保证供水量；当地经济发展带动相邻地区经济的发展；国家从而增加各种税收和利润收入，并减少对经济落后地区的补贴；也可增加农副产品和工业品的出口并减少粮、棉、饲料等农产品的进口等。

2. 环境生态方面

如建设水库可以开辟或扩大风景游览区；增加水面有利于野生禽类的栖息和调节气候；保持水土有利于生态环境的改善；增加河流枯水流量有利于净化水质等。

3. 社会方面

如改善城乡饮水水质可以减少各种传染病和地方病的发生；发展小水电有利于提高山区农村的生活水平并促进文化、教育、卫生事业的发展；促进工农业发展可以增加社会就业人数，并缩小地区间经济水平的差别等等。

4. 政治方面

如在农村和少数民族地区兴修水利，有利于提高当地人民生活水平，巩固城乡之间和民族之间的团结；在邻近国境地区兴修工程向外国供水、供电，或在国际河流上与邻国共同修建水利工程，有利于加强国际友好关系等等。

二、死水位选择

选择水库死水位应考虑哪些方面，在第二章第六节中已经介绍，这里再从水能利用的角度作进一步讨论。

在正常蓄水位一定的情况下，死水位决定着水库的工作深度和兴利库容，影响到水电站的利用水量和工作水头，死水位越低，兴利库容越大，水电站利用的水量越多，但水电站的平均水头却随着死水位的降低而减小。所以，对发电来说，考虑到水头因素的影响，并不总是死水位越低、兴利库容越大，对动能越有利，而应该通过分析进行选择。

1. 水库消落深度与电能的关系

我们以年调节水电站为例，来说明水库消落深度与电能的关系。将水电站供水期电能 $E_{供}$ 划分为两部分，一部分为水库的蓄水电能（即水库电能）$E_{库}$，另一部分为天然来水所产生的不蓄电能 $E_{不蓄}$。即

$$E_{供}=E_{库}+E_{不蓄} \tag{8-11}$$

其中：
$$E_{库}=0.00272\eta V_{兴}\overline{H}_{供}$$
$$E_{不蓄}=0.00272\eta W_{供}\overline{H}_{供}$$

式中：$E_{库}$ 为蓄水电能，kW·h；$E_{不蓄}$ 为不蓄电能，kW·h；$V_{兴}$ 为兴利库容，m³；$W_{供}$ 为供水期天然来水量，m³；$\overline{H}_{供}$ 为供水期水电站平均水头，m。

对水库蓄水电能 $E_{库}$ 而言，在正常蓄水位已定的情况下，死水位越低，$V_{兴}$ 越大，虽然供水期平均水头 $\overline{H}_{供}$ 小些，但其乘积还是增大的，只是所增加的速度随着消落深度加大而逐渐减小，水库消落深度与 $E_{库}$ 关系见图 8-11（b）中①线。

对天然来水产生的不蓄电能而言，情况恰好相反。由于设计枯水年供水期的天然来水 $W_{供}$ 是定值，消落深度越大，$\overline{H}_{供}$ 越小，$E_{不蓄}$ 也越小。水库消落深度与 $E_{不蓄}$ 关系见图 8-11（b）中②线。

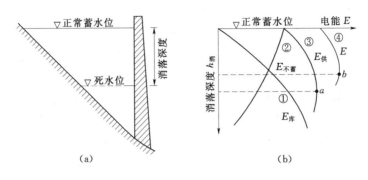

图 8-11　死水位选择示意图

(a) 水库消落深度；(b) 水库消落深度与电能关系

2. 死水位选择方法

(1) 根据保证电能或多年平均年发电量选择死水位。

图 8-11 (b) 中③线和④线分别为供水期电能 $E_{供}$ 和多年平均年电能 E 与消落深度 $h_{消}$ 的关系。如该水电站考虑以供水期保证电能为主，可由 a 点确定死水位；如考虑以多年平均年发电量为主，可由 b 点确定死水位；如需同时兼顾两者，则可在 ab 之间选择。一般情况下，多年平均的年不蓄电能大于多年平均的供水期不蓄电能，为了减少不蓄电能损失，b 点总是高于 a 点。

由于上述计算中，水头系采用平均水头，没有考虑最小水头的限制；效率系数 η 系采用近似值，并没有考虑机组效率对消落深度的影响。图 8-12 为水轮机机组综合特性曲线，由图中可见，水头不同，水轮机的效率不同，发电机容量限制线为某水头下的最大可能出力，又称水头预想出力，水头预想出力线存在拐点，在设计水头以下，水头预想出力随水头减小而减小很快。图 8-12 中最大水头 $H_{\max}$ 相当于正常蓄水位的水头，最小水头 $H_{\min}$ 相当于死水位的水头。由图中可以看出，如果死水位过低，水头预想出力将明显减小（容量受阻），水电站在低效率区工作时间增多而不能

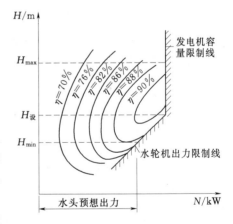

图 8-12　水轮机机组综合特性曲线

充分发挥河川径流的电能效益。为此，根据经验对不同水电站可拟定如下水库极限工作深度 $h''_{消}$，以保证水电站能在较优的状态下工作。

年调节水电站 $h''_{消} = 25\% \sim 30\% H_{\max}$；

多年调节水电站 $h''_{消} = 30\% \sim 40\% H_{\max}$；

混合式水电站 $h''_{消} = 40\% H_{\max}$。

其中 $H_{\max}$ 为坝所集中的最大水头。

以上数值一方面可供初步选择水电站消落深度时采用，另一方面也可作为一般选择消落深度范围的限制，即如果图 8-11 中③线或④线不存在极值点，或极值点太低时，应考

虑用 $h''_{消}$ 作为控制。

（2）通过经济比较选择死水位。

前面已经说明，大坝和溢洪道等主要水工建筑物的工程量及投资，主要取决于正常蓄水位，在正常蓄水位已定的情况下，不会因死水位不同而改变。但是，死水位不同，可能会引起水工建筑物的闸门和启闭设备、引水隧洞、水电站的土建和设备投资的变化，库区航深和码头也会有所不同，使替代措施的投资会有变化。例如水电站规模小了，需用增加火电厂规模来弥补，减少的部分自流灌溉要用抽水灌溉来替代等。这样，可像选择正常蓄水位一样，先建立几个死水位方案，然后计算各方案的动能经济指标，再从中选择最有利的方案，其计算方法和步骤大致如下。

1）根据水电站设计保证率，选择设计枯水年或枯水段。

2）在选定的正常蓄水位下，根据各水利部门的要求，假设几个死水位方案，求相应兴利库容和水库消落深度。

3）对设计代表年（或代表段）进行径流调节计算，求各方案保证电能、必需容量和多年平均发电量。

4）计算各方案的水工和机电投资，并求各方案的差值和经济指标。

5）通过经济比较和综合分析选择最有利的死水位。

参 考 文 献

［1］　水利部长江流域规划办公室，河海大学，水利部丹江口水利枢纽管理局．综合利用水库调度［M］．北京：水利电力出版社，1990.

［2］　水利部水利水电规划设计总院．水工设计手册（第 2 版）第 7 卷　泄水与过坝建筑物［M］．北京：中国水利水电出版社，2014.

［3］　中华人民共和国水利部．水利工程水利计算规范（SL 104—95）［S］．北京：中国水利水电出版社，1996.

［4］　叶秉如．水利计算及水资源规划［M］．北京：中国水利水电出版社，1995.

［5］　梁忠民，钟平安，华家鹏．水文水利计算［M］．北京：中国水利水电出版社，2006.

［6］　中华人民共和国水利部．水利建设项目经济评价规范（SL 72—94）［S］．北京：水利电力出版社，1994.

［7］　施熙灿．水利工程经济［M］．北京：水利电力出版社，1985.

第九章 水库群调节计算

第一节 概　　述

在河流的开发治理中开发一群水库，其目的，一方面是为了有效地调节河流各段的洪水，控制洪涝灾害；另一方面也是为了有效地调节径流，充分利用全河的水量供水、发电、航运等。为了从全流域的角度研究防洪和兴利的双重目的，需要将若干个水库组成的水库群作为一个整体来研究。

一、水库群的分类

按照各水库在流域中的相互位置和水力联系，水库群可分为串联水库群、并联水库群及混联水库群三大类。

（1）串联水库群。

串联水库群系指位于同一河流上且具有水力联系的上下游水库，亦称为梯级水库。例如，图9-1中2、4、5、6水库构成梯级水库群。串联水库之间除有水力联系外，有时落差或水头也相互有影响。按照枯水入流和正常蓄水位时各库间回水的衔接与否，又分为衔接梯级（例如，图9-1中的4、5两水库）和间断梯级两种。

（2）并联水库群。

并联水库群系指共同承担同一任务（水利联系），但无水力联系的水库，如分别位于不同河流上或同一河流不同支流上或干流与下游支流上的诸水库，它们之间虽无水力联系，但共同担任下游防洪或灌溉任务，或向同一系统供电等。例如，图9-1中1、2、3水库构成并联水库群。

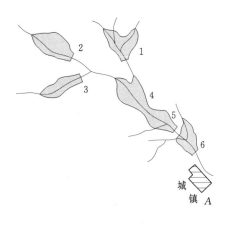

图9-1　水库群的类型示意
1、2、3、4、5、6—水库编号

（3）混联水库群。

混联水库群是串联水库群和并联水库群兼有的更一般的形式。例如，图9-1中，1至6水库构成混联水库群。

水库群的类型按其主要的开发目的和服务对象，又可分为水电站梯级；航运梯级（也称渠化梯级），通常是衔接和连续的；防洪、灌溉和拦沙为目的的梯级水库群等。在河流的综合开发中，单一目标的梯级水库群是少见的，多数情况下是综合利用的梯级水库群。

二、水库群的工作特点和水利计算任务

水库群的工作特点主要表现在以下4个方面。

1）调节程度上的不同。由于各库地形等条件不同，库容有大有小；库容大、调节程度高的水库就可以帮助调节性能差的一些水库，发挥所谓"库容补偿"调节的作用，提高总的开发效果。

2）水文情况的差别。由于各库所处河流的水量，在径流年内和年际变化的特性上可能存在差别，在相互联合时，就可能提高总的保证供水量或保证出力，起到所谓"水文补偿"的作用。

3）径流和水力上的联系。在梯级水库群中，这种联系影响到下库的入库水量和上库的落差，使各库无论在参数选择或控制运用时，均有极为密切的相互联系。

4）水利和经济上的联系。一个地区的防洪、灌溉、发电等水利任务，往往不是单一水库所能解决的，需要由同一地区的各水库来共同解决。这就使同一地区的各水库间有了水利和经济上的联系。更广的角度上，由于水量、能量在地区上的不均衡性，有时也需要在流域间进行水量和电力的调配，这就使不同流域之间的水库发生了水利和经济上的联系。

水库群工作的上述四个方面的特点，不仅影响到各水库参数（特征水位、装机容量等）的合理选择，也影响到调度方式和经济效益。参数选择、调度方式和经济效益分析这三个方面，当以库群整体效益的优劣为标准来考虑时，多半与各库单独考虑时的成果有所不同，甚至差别很大。水库群水利计算的主要任务是根据水库群所在流域自然条件、河流特点及所涉及地区的经济社会发展要求，按照保证工程安全及综合利用水资源以获得最佳总体效益的原则，分析计算各水库和水库群的水利指标，优选规划和设计方案，确定工程规模、效益、运用方式和特征值。

水库群的水利计算问题较为复杂，为了便于说明和求解，本章主要对供水水库群调节计算、水电站水库群补偿调节、水库群洪水调节计算等典型情况，按传统的计算方法来分别进行介绍。

第二节　供水水库群调节计算

一、各水库独立供水时的调节计算

当梯级水库各有其服务部门，需分别保证各自综合用水的要求时，则各水库的工作有一定的独立性，它们间没有共用用水部门的水利联系，而仅有水力上的上下游联系。例如，对灌溉、供水为主的梯级水库就常这样。在这种情况下，梯级水库的调节计算一般采用自上而下逐级进行调节计算的方法。具体方法又分径流同步时的计算方法和径流不同步时的计算方法。来水可用设计典型年，也可用长系列径流资料。

1. 径流同步时的计算方法

在上下游径流完全同步且各库用水部门的保证率亦相同的情况下，以已知库容调节流量为例，计算步骤如下。

1）根据设计保证率的年月径流过程线及已知库容，先对第 1 级进行调节计算求调节流量，方法与单独水库调节计算相同（参见第四章）。

2）将第 1 级水库调节后的出库流量过程线，减去自库下引走用水量后，再加上第 1

级与第 2 级之间的区间同频率流量过程线，即得第 2 级水库的入库径流过程线。

3）对上一步求出的第 2 级水库入库径流过程线及已知库容进行第 2 级水库调节计算，得第 2 级水库调节流量和出库流量过程。

依次逐级进行径流调节计算，即可得到各级水库的调节流量。

2. 径流不同步时的计算方法

在径流不完全同步，甚至无关的情况下，可以简单地按下述方法处理。

1）上下游各库均按所需的设计保证率例如 $P=80\%$ 求出设计年水量。

2）取全梯级同一实测枯水年作为典型，分别进行缩放，得各水库的设计来水过程线。

3）相邻上下库的两设计来水过程线相减即得相应的区间径流过程线。

4）将此区间径流过程线与上库调节后的出库径流过程线相加作为下库入库流量过程线，并进行下库径流调节计算。

当上下游水库主要用水部门的设计保证率要求不同时，则需分两种情况来设计下游水库。

第一种情况：上游保证率高于下游保证率时，例如上游供水保证率 $P=90\%$，下游灌溉保证率为 80%，则上游水库按本身 $P=90\%$ 来水设计；而对下游水库，则上下游均按 $P=80\%$ 的来水进行调节计算，此时上库可按其调度图要求工作。

第二种情况：上游保证率低于下游保证率时，例如上游灌溉保证率 $P=80\%$，下游供水保证率为 90%，则上游水库按本身 $P=80\%$ 来水设计；而对下游水库，则可按在较高保证率 $p=90\%$ 的枯水年，上游灌溉用水按允许缩减的成数进行工作（按其调度图），以推求下游水库保证率 $P=90\%$ 的设计枯水年的入库流量过程，然后进行下库的调节计算。

二、各水库联合供水时调节计算

梯级水库共同承担下游用水要求，此时各水库库容的确定，需要统一考虑、合理分配。

例如，设某下游水库直接负担满足综合用水任务，但由于库容不足，需上游再修一水库以对下游水库进行补偿调节，而上游水库无本身的独立用水部门。所要解决的问题是：如何选定上下游两库库容，使总供水效益最大。为此需要拟定若干个库容分配方案，针对每一方案进行计算，最后选定两水库总库容最小而总效益最大的方案。

采用自下而上的调节计算方法，计算步骤如下。

1）确定下游水库的综合用水过程，并假定下游水库库容，反求满足此用水量时的下库入库来水流量过程。

2）下库入库来水流量过程减去上下库之间区间流量过程，求出亏水量，即为上游水库应该保证的供水量过程。以此用水过程与上库来水量过程进行径流调节求出上库所需库容。

3）同理可求出若干组上库库容和下库库容值，最后进行经济比较选定。

在已知用水及库容反求入流时，一般有无数入流过程的方案或解。但按上游水库放水尽量均匀原则，则有唯一解。

第三节　水电站水库群补偿调节

水电站水库群补偿调节计算，主要解决两个问题：①水电站群通过联网后的水文补偿和库容调节补偿，其总的保证出力能提高多少？即增加多少补偿效益？②各水电站通过补偿后的出力过程如何？即如何合理地在各电站间分配出力？

一、时历法调节计算

电力补偿的主要目的是，提高系统总的保证出力，并使出力在年内变化过程尽量均匀，以增加其替代火电容量的效益。为此，必须利用调节性能好的水库（称补偿电站），来帮助调节性能差的水库（称被补偿电站），使后者变化无常的季节性电能，尽可能转变为可靠出力。

1. 划分补偿电站与被补偿电站的原则

水电站补偿能力的大小，首先决定于该电站调节电能的多少，因此，库容大小、径流多少及水头高低，是划分补偿与被补偿的主要标准。其次，各水库综合利用限制条件的繁简程度，及水电站所处的上下位置，对担任补偿工作的灵活性，也常有一定的影响。

一般来说，凡是调节性能好，库容系数、多年平均径流量和电站容量大的，综合利用要求比较简单的，可作为第一类补偿电站。库容、水量和水头较大者作为第二类补偿电站。而库容小的无调节和日调节水电站，及一些小电站，均可划为第三类，作为被补偿电站。

2. 统一设计枯水段的选择

由于水电站的调节性能存在多年调节、年调节、日调节或无调节等差别。为了正确反映补偿调节后总保证出力的可靠程度，需要统一的设计枯水段。一般可将出力占系统比重较大的几个主要补偿电站所在河流的代表性枯水年组，作为全系统统一的设计枯水段。如果这样选择有困难，或计算成果的精度要求高时，则以用长系列径流资料进行补偿调节操作为宜。

3. 补偿调节计算

设系统中有 m 个水电站，其中 m_1 个被补偿电站，编号为 $i=1, 2, \cdots, m_1$；m_2 个补偿电站，按调节性能从小到大编号为 $i=m_1+1, m_1+2, \cdots, m$；$m=m_1+m_2$。

1）将被补偿的电站，根据其已知的库容、装机和设计枯水段的天然来水过程，按单库的等流量水能调节计算，推求出力过程 $N_{i,j}$，$j=1, 2, \cdots, T$，$i=1, 2, \cdots, m_1$。如有综合利用的部门要求，则在调节计算中，尽量满足综合利用的要求。

2）将所有被补偿电站的出力过程同时间相加得总出力过程 $N_{A,j} = \sum_{i=1}^{m_1} N_{i,j}$，$j=1, 2, \cdots, T$，作为被补偿的对象。

3）按照补偿能力从小到大的次序，分别以每一补偿电站的有效库容和天然来水，在被补偿的总出力过程线上，逐段进行补偿调节计算。由于各段来水的多少不相同，需假定各段不同的补偿后的总出力来进行试算。

4）对每一补偿电站 $i=m_1+k$，$k=1, 2, \cdots, m_2$，逐段进行补偿调节计算，方法步骤如下。

Step1. 设当前被补偿的总出力过程为 $N_{A,j} = \sum\limits_{i=1}^{m_1+k-1} N_{i,j}, j=1,2,\cdots,T$，补偿调节电站为 $i=m_1+k$。

Step2. 对补偿调节电站 $i=m_1+k$ 逐段进行补偿调节计算，计算过程如下。

a. 按照补偿电站的径流过程，大致确定补偿水库的各放水段和各蓄水段，例如图 9-2 中的 T_1、T_2 时段。

b. 在各时段中假定一拟发的总出力 N'，即可求得补偿电站 $i=m_1+k$ 所需的逐时段出力值 $N_{m_1+k,j} = N' - N_{A,j}, j=1, 2, \cdots, T$，见图 9-2 中的阴影部分。

c. 对于放水段 T_1：根据补偿电站的有效库容及该时段的天然设计来水量，进行调节计算至 T_1 时段末，看水库存水是否恰好刚刚放空。如果假定的 N' 太大，则水库没到 T_1 时段末就提前放空了，需重新假定 N'；如果假定 N' 的太小，则到 T_1 时段末水库尚有存水，同样需重新假定 N'。调节计算至 T_1 时段末水库存水恰好刚刚放空时相应的 N' 即为所求。

d. 对于蓄水段 T_2：用同样的方法进行 T_2 蓄水段补偿调节计算试算，使拟发出力满足使补偿水库从空到正好蓄满。

e. 实际计算中，还应检查相邻两时段发出力是否符合尽可能使出力拉平的原则。

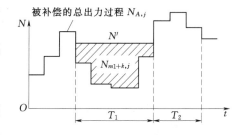

图 9-2　电力补偿调节示意图

Step3. 当 $i=m_1+k$ 电站补偿调节计算完成后，若 $k=m_2$，则调节计算结束；否则，$k=k+1$ 转 Step1。

5）如此逐个地对补偿调节电站进行补偿调节计算，最后即求得系统水电站群补偿后的总出力过程和各电站的出力过程。在此统一设计枯水段内，最低的总出力值，即为水电站群补偿后的总保证出力。如果是长系列计算，则可对每年的总保证出力形成的系列进行频率分析求得给定设计保证率的总保证出力。

二、补偿调节的效益计算

补偿调节效益为各水电站单独运行时水电站群保证出力和与经过补偿调节后的水电站群总保证出力两者之差，即

$$\Delta N = N_p - \sum_{i=1}^{m} N_{p,i} \tag{9-1}$$

式中：ΔN 为补偿调节效益；N_p 为经过补偿调节后的水电站群总保证出力；$N_{p,i}$ 为 i 水电站单独运行时水电站群保证出力；$\sum\limits_{i=1}^{m} N_{p,i}$ 为各水电站单独运行时水电站群保证出力之和，m 为系统中水电站数目。

ΔN 由水文补偿效益与库容补偿效益两部分组成。水文补偿效益计算方法如下：把各电站单独运行时的出力过程同时间叠加，然后按从大到小次序排队，到得总出力频率曲线，求相应于设计保证率的出力值 $N_{t,p}$，则水文补偿效益为

$$\Delta N' = N_{t,p} - \sum_{i=1}^{m} N_{p,i} \tag{9-2}$$

库容补偿效益为

$$\Delta N'' = \Delta N - \Delta N' = N_p - N_{t,p} \tag{9-3}$$

由上可见，水电站群补偿效益既与径流的相关程度有关，也与各库间调节性能的差异程度有关。

三、水电站群联合工作蓄放水次序

水库群最优蓄放水次序的确定，是在各库入库径流有较准确的中长期预报的前提下进行的。其目标函数一般应以电力系统经济效益最大，或者在满足各库综合利用要求的条件下，各电站总发电效益最大为准则。

在运行阶段，由于系统负荷和各电站装机规模已定，上述准则可简化为：在满足综合利用要求和保证系统正常供电的前提下，各水电站总发电量最大，即

$$E = \sum_{j=1}^{T} \left(\sum_{i=1}^{m} N_{i,j} \right) \Delta t_j \to \max \tag{9-4}$$

$$\sum_{i=1}^{m} N_{i,j} + \sum_{i=1}^{I} \overline{N}_{i,j} = P_j, j = 1, 2, \cdots, T \tag{9-5}$$

式中：E 为系统中的总发电量；$N_{i,j}$ 为系统中第 i 个水电站第 j 时段的平均出力，$j=1$，2，$\cdots$，T；$i=1$，2，$\cdots$，m；m 为水电站总数，T 为时段总数；Δt_j 为第 j 时段的时段长；$\overline{N}_{i,j}$ 为系统中第 i 个火电站第 j 时段的平均出力，$i=1$，2，$\cdots$，I；$j=1$，2，$\cdots$，T；I 为火电站总数；$\sum_{i=1}^{m} N_{i,j}$ 为第 j 时段系统中水电总出力；$\sum_{i=1}^{I} \overline{N}_{i,j}$ 为第 j 时段系统中火电总出力；P_j 为第 j 时段系统负荷要求。

应用中，通常将电能分为水库电能和不蓄电能，前者系指水库前期蓄水泄放所能生产的电能，它取决于水库的消落深度，后者系指面临一个时期的天然来水所能产生的电能，它取决于水库的运行方式。则上述准则可进一步简化为：在满足综合利用要求和保证系统正常供电即满足式（9-5）的前提下，各水电站的总不蓄电能（在蓄水期或供水期）损失最小，即

$$\Delta E = \sum_{j=1}^{T} \left(\sum_{i=1}^{m} \Delta N_{i,j} \right) \Delta t_j \to \min \tag{9-6}$$

式中：ΔE 为各水电站的总不蓄电能（在蓄水期或供水期）损失；$\Delta N_{i,j}$ 为系统中第 i 个水电站第 j 时段弃水造成的平均出力损失。

以下系根据上述准则，并认为各电站机组效率近似相等，导出水库群最优蓄放水次序常用的判别式。

1. 非重叠梯级水电站最优供水次序判别式

（1）第一判别式。

第一判别式是自计算时刻至水库供水期末，按不蓄电能损失最小原则，确定的非重叠梯级最优供水次序判别式。

假定水库1、2为年调节水库组成的间断自上而下相邻梯级，水电站在系统的工作位

置已定，即两水电站共同担任的系统日平均负荷已定，并已知（或预报）在供水期的入库径流量，要求由水库 1 先供水的两水库总出力 N_{v1}，或由水库 2 先供水的两水库总出力 N_{v2} 均应等于系统正常供电要求的水库供水出力 N_e，即

$$N_{v1} = N_{v2} = N_e \qquad (9-7)$$

1）若由水库 1 先供水，水库 1 供水流量为

$$Q_{v1} = c \cdot F_1 \cdot \frac{\Delta H_1}{\Delta t} \qquad (9-8)$$

式中：Q_{v1} 为水库 1 的供水流量，m^3/s；F_1 为水库 1 的平均蓄水面积，km^2；Δt 为供水期时段长，h；ΔH_1 为水库 1 在供水期的消落深度，m；c 为单位换算系数，$c = \frac{1000000}{3600} = 277.78$。

水库 1 先供水的两水库供水出力之和为

$$N_{v1} = 9.81\eta_1 Q_{v1} H_1 + 9.81\eta_1 Q_{v1} H_2 = 9.81\eta_1 (H_1 + H_1) \cdot c \cdot F_1 \cdot \frac{\Delta H_1}{\Delta t} \qquad (9-9)$$

式中：H_1 为水库 1 的落差，m；H_2 为水库 2 的落差，m；η_1 为水电站 1 的效率系数；N_{v1} 为水库 1 先供水的两水库出力之和，kW。

2）若由水库 2 先供水，水库 2 供水流量为

$$Q_{v2} = c \cdot F_2 \cdot \frac{\Delta H_2}{\Delta t} \qquad (9-10)$$

式中：Q_{v2} 为水库 2 的供水流量，m^3/s；F_2 为水库 2 的平均蓄水面积，km^2；ΔH_2 为水库 2 在供水期的消落深度，m。

由水库 2 先供水的两水库供水出力之和为

$$N_{v2} = 9.81\eta_2 Q_{v2} H_2 = 9.81\eta_2 H_2 \cdot c \cdot F_2 \cdot \frac{\Delta H_2}{\Delta t} \qquad (9-11)$$

式中：η_2 为水电站 2 的效率系数；N_{v2} 为水库 2 先供水的两水库出力之和，kW。

联解式（9-7）、式（9-9）、式（9-11），并假定 $\eta_1 = \eta_2$，可得

$$\Delta H_2 = \frac{F_1(H_1 + H_2)}{F_2 H_2} \Delta H_1 \qquad (9-12)$$

水库 1 先供水情形，水库 1 在供水期平均入库流量为

$$Q_{w1} = \frac{W_1}{3600 \cdot \Delta t} \qquad (9-13)$$

式中：Q_{w1} 为水库 1 的时段平均入库流量，m^3/s；W_1 为水库 1 的时段河川入库水量，m^3。

水库 2 先供水情形，水库 2 在供水期平均入库流量为

$$Q_{w2} = \frac{W_2 + V_1}{3600 \cdot \Delta t} \qquad (9-14)$$

式中：Q_{w2} 为水库 2 的时段平均入库流量，m^3/s；W_2 为水库 2 的时段区间河川入库水量，m^3；V_1 为水库 1 的时段供水总量。

于是，上述两供水方式由于供水造成的水头降低产生的不蓄电能损失分别为

$$\Delta E_{01} = 9.81\eta_1 Q_{w1} \cdot \Delta H_1 \cdot \Delta t = 0.002725\eta_1 W_1 \cdot \Delta H_1 \qquad (9-15)$$

$$\Delta E_{02} = 9.81\eta_2 Q_{w2} \cdot \Delta H_2 \cdot \Delta t = 0.002725\eta_2 (W_2 + V_1) \cdot \Delta H_2 \qquad (9-16)$$

式中：ΔE_{01}为水库 1 先供水产生的不蓄电能损失，kW·h；ΔE_{02}为水库 2 先供水产生的不蓄电能损失，kW·h。

若先由水库 2 供水有利，则 $\Delta E_{01}>\Delta E_{02}$，联立式（9-12）、式（9-15）、式（9-16）得

$$K_1=\frac{W_1}{F_1(H_1+H_2)}>K_2=\frac{W_2+V_1}{F_2H_2} \tag{9-17}$$

同理：$K_1<K_2$，按方式 1 供水有利；$K_1=K_2$，保持两库同时供水方式有利。

同样，可推广至两个以上的水库组成的间断梯级，其中第 i 个水库的判别系数为

$$K_i=\frac{\sum_{l=1}^{i-1}V_l+W_i}{F_i\sum_{l=i}^{m}H_l} \tag{9-18}$$

式中：K_i为第 i 个水库的判别系数；W_i为顺号自上而下第 i 个水库在计算时刻至供水期末的天然入库水量；V_l为第 l 个水库同期供水量；F_i为第 i 个水库在计算时刻水库水面面积；H_l为第 l 个水库在计算时刻的工作水头；m为梯级的水库个数。

各库先后供水的次序由它们各自的 K 系数大小决定，K 系数小者，表示因供水而引起的不蓄电能损失小，故应先供水；K 系数大者，应后供水，暂按天然流量工作；最优供水方式是维持各库的 K 值相等，直至其中一库消落至死水位（即兴利库容全部放空），这时，该库按天然流量工作，其他各库仍按上述原则供水。

（2）第二判别式。

第二判别式是在供水期的有限时间 ΔT 内，以不蓄电能损失总值最小原则，确定非重叠梯级的最优供水次序的判别式。

以水库 1、2 组成的间断梯级为例。假定在 ΔT 时间内，水库 1、2 的天然入库平均流量 Q_1、Q_2 不变，不考虑下游水位波动和电站机组效率的差别，计算不同供水方式的不蓄电能。

方式 1：水库 1 先供水 ΔT_1 时间，消落库容 ΔV_1，相应消落深度 Δh_1，然后再由水库 2 供水 ΔT_2 时间，消落库容 ΔV_2，相应消落深度 Δh_2，不蓄电能为

$$E_{01}=9.81Q_1\eta_1\left(H_1-\frac{\Delta h_1}{2}\right)\Delta T_1+9.81Q_2\eta_2H_2\Delta T_1$$
$$+9.81\frac{\Delta V_1}{\Delta T_1}\eta_2H_2\Delta T_1+9.81Q_1\eta_1(H_1-\Delta h_1)\Delta T_2$$
$$+9.81Q_2\eta_2\left(H_2-\frac{\Delta h_2}{2}\right)\Delta T_2 \tag{9-19}$$

方式 2：水库 2 先供水 ΔT_2 时间，消落库容 ΔV_2，相应消落深度 Δh_2，然后由水库 1 供水 ΔT_1 时间，消落库容 ΔV_1，相应消落深度 Δh_1，不蓄电能为

$$E_{02}=9.81Q_1\eta_1H_1\Delta T_2+9.81Q_2\eta_2\left(H_2-\frac{\Delta h_2}{2}\right)\Delta T_2$$
$$+9.81\frac{\Delta V_1}{\Delta T_1}\eta_2(H_2-\Delta h_2)\Delta T_1+9.81Q_1\eta_1\left(H_1-\frac{\Delta h_1}{2}\right)\Delta T_1$$
$$+9.81Q_2\eta_2(H_2-\Delta h_2)\Delta T_1 \tag{9-20}$$

两种供水方式的不蓄电能差为

$$\Delta E_0 = E_{02} - E_{01} = 9.81 \left[Q_1 \eta_1 \Delta h_1 \Delta T_2 - Q_2 \eta_2 \Delta h_2 \Delta T_1 - \frac{\Delta V_1}{\Delta T_1} \eta_2 \Delta h_2 \Delta T_1 \right] \quad (9-21)$$

在 $\Delta T = \Delta T_1 + \Delta T_2$ 时间内，由水库 1 或由水库 2 供水的附加出力应相等，若忽略 Δh_1 和 Δh_2 对各自电站电能改变的差值，则有

$$\frac{\Delta V_1 (H_1 + H_2)}{\Delta T_1} = \frac{\Delta V_2 H_2}{\Delta T_2}$$

即：
$$\Delta T_1 = \frac{\Delta V_1 (H_1 + H_2)}{\Delta V_2 H_2} \cdot \Delta T_2 = \frac{F_1 \Delta h_1 (H_1 + H_2)}{F_2 \Delta h_2 H_2} \Delta T_2 \quad (9-22)$$

若供水方式 2 有利，显然 $\Delta E_0 > 0$，并令 $Q_{v1} = \dfrac{\Delta V_1}{\Delta T}$，联立式 (9-16)、式 (9-17) 得

$$K_1 = \frac{Q_1}{F_1 (H_1 + H_2)} > K_2 = \frac{Q_2 + Q_{v1}}{F_2 H_2} \quad (9-23)$$

同理：$K_1 < K_2$，按方式 1 供水有利；$K_1 = K_2$，保持两库同时供水方式有利。

同样，可推广至两个以上水库所组成的间断梯级，其中第 i 个水库的判别系数为

$$K_i = \frac{Q_i + \sum_{l=1}^{i-1} Q_{il}}{F_i \sum_{l=i}^{m} H_l} \quad (9-24)$$

式中：Q_i 为第 i 个水库在 ΔT 时间的平均天然入库流量；Q_{il} 为第 l 个水库在 ΔT 时间的平均供水流量；其余符号含义同前。

2. 非重叠梯级水电站最优蓄水次序判别式

非重叠梯级水电站最优蓄水次序判别式及判别方法，与供水情况类似，以下仅叙述其中的结论，证明从略。

(1) 第一判别式。

自计算时刻至蓄水期末，按不蓄电能增加最大（与损失最小等效）原则，确定非重叠梯级最优蓄水次序判别式为

$$K_i = \frac{W_i - \sum_{l=1}^{i-1} V_l}{F_i \sum_{l=i}^{m} H_l} \quad (9-25)$$

式中：V_l 为第 l 个水库在计算时刻至蓄水期末的蓄水量；其余符号含义同前。

(2) 第二判别式。

在蓄水期的有限时间 ΔT 内，以不蓄电能增加最大为准则，确定非重叠梯级最优蓄水次序的判别式为

$$K_i = \frac{Q_i - \sum_{l=1}^{i-1} Q_{Vl}}{F_i \sum_{l=i}^{m} H_l} \quad (9-26)$$

式中：Q_{Vl} 为第 l 个水库在 ΔT 时间内的蓄水量相应的平均流量；其余符号含义同前。

(3) 判别式的应用。

K 值大者应先蓄水，即表示先蓄此库在计算时间内所获得的不蓄电能较大。以两库组成的梯级为例，若 $K_1 < K_2$，则上游电站按天然来水工作，在满足系统正常供电的条件下，下游水库先蓄水。经过一段时间运行后，两库 K 值相等，这时应根据系统要求维持两库 K 值相等的原则分配负荷，直至一库蓄满为止。而后蓄满的水库按天然流量工作，未蓄满的水库继续蓄水，一直至蓄水期末蓄满水库。

3. 重叠梯级的最优蓄供水次序判别式

重叠梯级与非重叠梯级（包括间断和衔接梯级）不同之点，在于上游电站尾水位受下游电站的回水影响，即上游电站的发电水头不仅取决于上游电站的下泄量，还取决于下游电站的消落水位，因此上游电站的不蓄电能是该电站下泄量和下级电站运行水位的函数，或者说下游电站因水位消落而损失的不蓄电能，可在上游电站因尾水位降低而增加不蓄电能获得一定补偿。

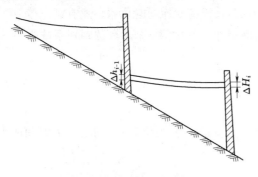

图 9-3 中，ΔH_i 为第 i 个电站在计算时段内的运行水位降低值（指消落的坝前水位），Δh_{i-1} 为第 $i-1$ 个电站因第 i 个电站消落 ΔH_i 而引起的尾水位降低。

若 $\Delta h_{i-1} = 0$，即上游电站不受下游电站的影响，即两库为非重叠关系，判别式同前；若 $\Delta h_{i-1} = \Delta H_i$，即上游电站的尾水位完全由其下游电站的库水位决定，即下游电站因水库消落而引起的不蓄电能降低，在不考虑两库区间来水的不蓄电能降低的条件

图 9-3　重叠梯级水库示意图

下，与上游电站因回水影响减小而增加的不蓄电能相等；当 Δh_{i-1} 界于 0 和 ΔH_i 之间时，上述两电站的不蓄电能的得失关系由 Δh_{i-1} 和 ΔH_i 之比值决定。若假定它们呈线性关系，可用 $k_i = \dfrac{\Delta h_{i-1}}{\Delta H_i}$ 作为修正系数，从而将非重叠的判别式，转化为适合重叠梯级的判别式。

（1）最优供水次序判别式。

第一判别式：

$$K_i = \frac{W_{i-1,i} + \left(W_{i-1} + \sum_{l=1}^{i-1} V_l\right)(1 - k_i)}{F_i \sum_{l=i}^{m} H_l} \tag{9-27}$$

式中：W_{i-1} 为第 $i-1$ 个水库在计算时刻至供水期末的天然入库水量；$W_{i-1,i}$ 为第 $i-1$ 个水库和第 i 个水库之间的天然区间水量。

第二判别式：

$$K_i = \frac{Q_{i-1,i} + \left(Q_{i-1} + \sum_{l=1}^{i-1} Q_{Vl}\right)(1 - k_i)}{F_i \sum_{l=i}^{m} H_l} \tag{9-28}$$

式中：Q_{i-1} 为第 $i-1$ 个水库在 ΔT 时段的平均入库天然流量；$Q_{i-1,i}$ 为第 $i-1$ 个水库和第 i 个水库之间的平均天然区间流量。其余符号含义同前。

（2）最优蓄水次序判别式。

第一判别式：

$$K_i = \frac{W_{i-1,i} + \left(W_{i-1} - \sum\limits_{l=1}^{i-1} V_l\right)(1-k_i)}{F_i \sum\limits_{l=i}^{m} H_l} \qquad (9-29)$$

第二判别式：

$$K_i = \frac{Q_{i-1,i} + \left(Q_{i-1} - \sum\limits_{l=1}^{i-1} Q_{Vl}\right)(1-k_i)}{F_i \sum\limits_{l=i}^{m} H_l} \qquad (9-30)$$

由上可见，重叠梯级判别式是梯级最优蓄供水次序判别的普遍形式，而非重叠梯级判别式是其中特例，即 $k_i=0$ 时重叠梯级判别式，即为非重叠梯级的判别式。重叠梯级判别式的应用方法，与非重叠梯级相应判别式相同，这里不再赘述。

4. 梯级水库蓄供水次序的一般分析

综合上述梯级水电站蓄供水次序的分析，一般而言，对于非重叠梯级，在蓄水期不发生弃水以及水电站出力不受系统平衡要求限制的情况下，往往以下游水库先蓄水、上游水库先供水较有利，因为这种蓄供水方式使下游各梯级有效水头得到了充分利用，使得各级电站的总不蓄电能损失最小。对于重叠梯级而言，当上游电站尾水位与下游水库水位重叠深度很大时，下游水库在一定范围内消落不会引起上游水电站水头利用程度的下降，或下降甚小，即 $k=1$，仅仅引起上下两级水库区间不蓄径流量的水头消落损失，因此对这种情况往往以先消落重叠部分为有利，即应采用下游水库先供水、上游水库先蓄水为有利的运行方式。当上级水电站尾水位与下级水库水位重叠甚小时，则情况又与非重叠梯级基本相同。

5. 并联水库的最优蓄供水次序判别式

并联水库和梯级水库不同之处在于各库没有直接的水力联系，某一水库的不蓄出力因供水的损失，或因蓄水的增加，只决定本水库的入库径流量和供、蓄水的组合关系，和其他各库的供、蓄水量不发生直接关系，因此可看成非重叠梯级的特例，即在适合非重叠梯级的判别式中，令 $V_i=0$ 或 $Q_{vi}=0$，则为适用于并联水库的相应判别式，即

第一判别式：

$$K_i = \frac{W_i}{F_i H_i} \qquad (9-31)$$

第二判别式：

$$K_i = \frac{Q_i}{F_i H_i} \qquad (9-32)$$

式中：W_i 为第 i 个水库在计算时刻至蓄（供）水期末的天然入库水量；Q_i 为第 i 个水库在 ΔT 时段平均入库流量；F_i 为第 i 个水库在计算时段平均库面面积；H_i 为第 i 个水库

在计算时段平均发电水头。

由于其他水库的蓄或供水量不改变计算水库的不蓄电能，所以上述判别式对并联水库蓄水期和供水期均是适合的。

上述判别式的使用方法同梯级水库。

蓄放水次序的拟定，还有其他一些方法，因基本原理类似，故不一一介绍。

四、水库群发电调度中一些关系的处理

库群电力补偿调节调度图，是在没有水文预报的条件下，指导库群进行补偿调节的工具，目的在于确保系统按保证运行方式运行，并尽可能减少弃水量；而库群最优蓄供水次序判别式，是在供、蓄水期或其中有限时间段内，有完全准确的入库径流预报的前提下导出的，目的在于提高不蓄电能效益。显然，最佳的发电调度方案应是两者的结合。此外，在发电调度中，还需考虑后蓄先供电站的预想出力降低、先蓄后供电站弃水量的增加、不同类型机组效率的差别、各库有不同的综合利用用水要求等问题。由于上述问题的完全解决十分复杂，加之库群情况各异，故下面仅叙述有关原则。

1. 最优蓄供水次序与调度图的关系

根据不蓄电能损失最小的原则推导出来的蓄供水次序最优判别式，主要的缺点是没有考虑入库径流的分布特性，而是认为计算时段的来水是已知的，因此单凭蓄供水判别式来决定调度方式，可能因预报偏差引起调度的错误。例如先蓄水的水库，即表示迅速抬高水头增加不蓄电能为有利方案，但若因对蓄水后期的来水估计不足，在水库蓄满后遭遇一次洪水，将产生较大的强迫弃水而带来大量电能损失，结果反不如缓蓄方案；后蓄水的水库，即表示暂按天然流量工作，若此库遭遇先丰后枯的来水组合，将因迟蓄而不能蓄满，造成供水期供水不足，甚至引起系统的正常供电破坏。对于供水期也可能由于同样原因而出现错误调度。因此在实际运行调度中，要在满足补偿调节调度图的基本要求的前提下，参照判别式拟定合理的蓄供水方案进行调度。例如：规定先蓄水的水库运行水位不超过防弃水线，后蓄水的水库运行水位不低于防破坏线，先供水的水库运行水位不低于限制供水线，后供水的水库水位不超过防弃水线等。

2. 第一和第二判别式的关系

水电站群最优蓄供水次序的第一和第二判别式，其结构形式完全相同，而两者的出发点和对于时段的要求是有原则差别的。前者采用自计算时刻起至供水期或蓄水期末为计算时段，判别式即表示一个调节周期的最优运行方式，但是由于较长时期的水文气象预报目前尚精度不高，且不稳定，因此，由此得出的长期调度方案往往不能达到预期的效果。第二判别式的计算时段可按需要确定，因此可在满足精度要求的水文预报的预见期内选用，判别式能达判别准确的目的，但是，它对面临时段的判别，没有和以后时间（余留时间）的运行联系起来，即面临时段的最优蓄供水方式，并不一定使整个调节周期的调度方式最佳。故此，在实际运用中应将两者结合起来，达到取长补短的目的。如采用第一判别式结合预报拟定库群水电站蓄供水的年度计划，而对于每一面临时段，采用第二判别式决定蓄供水次序，达到在逐时段最佳运行的前提下逐步修订长期最佳运行方式的目的。

3. 各电站机组特性对调度方式的影响

在前述最优蓄供水次序判别式中，系假定各电站机组特性相同，这是简化的近似方法，实质上各电站的机组特性及其运行工况都是有差别的，并且直接影响着最佳调度方式的拟定。例如库群中各电站机组效率相差较大（如高水头的冲击式机组和低水头的幅向轴流式机组），在计入各电站的效率后，由不蓄电能决定各水库的 K 值对比关系，有可能发生性质上的变化；又如后蓄先供的电站若为低水头电站，运行水头降低将可能引起预想出力的大幅度降低，因此迟蓄水和先供水均可能引起额外的电能损失和容量效益不能正常发挥等。由上可见，在进行蓄供水次序的判别时，要注意分析研究后蓄先供电站的预想出力下降的程度，并研究不同机组效率特性对不蓄出力的影响，尤其是对于需判别的电站 K 值相差不多时，需要慎重研究，必要时应在判别式中考虑机组效率的影响。

4. 其他综合利用部门的结合

在水电站群中，有兼顾其他综合利用的水库，按上述发电要求拟定调度方式时，应同时考虑各综合利用部门的要求。如对于防洪和发电的结合，可按防洪和发电的结合原则，处理防洪调度线和电力补偿调度图防破坏线的关系；其他用水部门（如灌溉、航运、水等）和发电的关系，可按开发任务主次、设计保证率高低、用水比重大小等关系，分别予以处理。

5. 电力系统要求和蓄供水次序的关系

对水电站水库蓄供水次序的判别仅是定性的，即判别式并未给出各电站在面临时段具体的蓄放水量，而各电站的蓄供水量除满足各自的综合利用要求外，并应满足电力系统电力电量平衡的要求，即各电站在面临时段的发电量和容量应能保证电力系统的正常供电。

由于电力负荷的随机性，各电站地理位置、水文情况、调节周期等特性不同，使得这一要求最佳解决是很复杂的，在一般条件下，建议按下述原则拟定具体的蓄供水方案。

（1）对于蓄水期。

后蓄水电站一般可按天然入库径流量工作，但当预报后期来水量偏枯，不能满足在后期充蓄调节库容（对于多年调节水库一般系指年调节库容）的要求时，可适当逐步充蓄一部分水量。先蓄电站的出力等于系统要求库群承担的负荷与后蓄电站的出力之差，但各先蓄电站的出力一般不应低于各自的最小出力，此出力为历年供水期的最小平均出力，或等于保证出力的某一倍数，在条件具备的电站，可将该电站非强迫电量担任尖峰负荷，要求基本上能发挥本电站的容量效益，以此为控制条件反推其最小出力。若据上述计算，先蓄电站所承担的出力低于各自的最小出力，应按各自最小出力工作，以保证各电站基本上发挥其库容效益，这时由系统负荷和先蓄电站的最小出力，再反推后蓄电站的出力，即后蓄电站适当减少部分出力，并且充蓄部分水量。

（2）对于供水期。

后供电站一般可按天然入库流量工作，若其来水偏枯时，各电站的出力不得低于各自的最小出力（此出力决定方法同上）；先供电站可按系统负荷和后供电站的出力，经电力电量平衡反推，当不足以满足系统要求，或预报后期来水偏枯时，可适当增加后供电站的供水量，减少先供电站的供水量。

第四节　水库群洪水调节计算

一、水库群防洪调节的原则

1. 水库群自身安全原则

水库群中各水库遭遇设计洪水或校核洪水时，为确保自身安全而进行的调洪调度方法，原则上可采用单一水库相同的方法进行，仅在梯级水库中，应参照上下游水库蓄泄洪量的相互影响，偏安全地拟定合理的调洪方案。

1）若运行水库下游有设计标准较低的水库，在拟定调洪调度方案时，应考虑在发生超过下游水库的校核标准洪水时，尽可能减轻对下游水库安全的不利影响。

2）若运行水库下游有设计标准较高的水库，在拟定调洪调度方案时，应落实切实可行的保坝方案和具体措施，防止本水库失事对下游水库产生连锁反应。可能时，应按下游水库的校核标准拟定其保坝方案。

3）若运行水库下游有防洪标准较高的水库时，本水库可在偏安全的条件下考虑上游水库的调洪作用来拟定调洪调度方案，其设计洪水和校核洪水过程线应考虑两种可能的遭遇情况：①区间发生相当本水库设计标准（或校核标准）洪水，加上上游水库相应洪水经水库调节后的泄量；②上游水库发生相当本水库设计标准（或校核标准）洪水经水库调节后的泄量，加上区间相应洪水。

4）若运行水库下游有防洪标准较低的水库时，应在拟定保坝措施中考虑上游水库可能失事的影响。

2. 水库群为下游防洪调节方式的选择原则

水库群为下游防洪调节方式的选择原则，与单一水库类似，即当水库下游区间流域面积不大，区间和入库洪水基本同步的条件下，可采用以库水位或入库流量为判别条件的固定泄量方式；当下游区间流域面积较大，区间和入库洪水组成多变，或各库入库洪水不同步，应按下游洪水特性以及各库入库洪水的组成情况，进行补偿调节。除此之外，由于是多库为同一防护对象防洪，还需研究各库间统一调度问题，如防洪库容的分配、蓄泄洪水的次序等。这些问题比较复杂，以往研究不多，经验亦需进一步积累，下面列出的一些原则和方法，可供初步工作中参考。

二、水库群防洪库容的分配

1. 总防洪库容的确定

以两库联合防洪为例。设有 A、B 两库，其防洪控制点为 C 处，见图 9-4，图 9-4 (a) 和图 9-4 (b) 分别表示并联水库与串联水库，它们至防洪控制点的区间分别为 ABC 和 BC，可根据相应下游防洪标准的 C 处设计洪水过程线 $Q_c(t)$ 及其允许泄量 $q_允$，按图 9-5所示方法，求得 A、B 两库在 C 处防洪需设置的最小防洪库容 V_c，在实际调度中，由于补偿调节的误差，防洪库容不可能利用得那么充分，所以需要设置的总防洪库容常大于 V_c，一般来说，$V_总 = (1.1 \sim 1.3) V_c$。

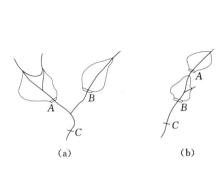
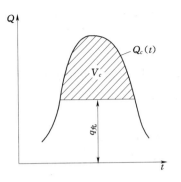

图 9-4 水库群共同防洪示意图
(a) 并联水库；(b) 串联水库

图 9-5 总防洪库容估算示意图

2. 两库必须承担的防洪库容的确定

对于并联水库如图 9-4 (a) 所示，若 A、B 两库至 C 处区间流域面积较大，两库入流过程与区间洪水组成多变，可依据 C 处防洪标准和允许泄量，选择 C 处发生设计洪水，AC 区间（指 C 处以上流域面积扣除 A 库流域面积）发生同频率洪水，假定 A 库不泄洪，推求满足下游防洪要求的 B 库所需库容 V_B，即为 B 库必须承担的防洪库容。同样方法，可求得 A 库必须承担的防洪库容 V_A。

$V_总$ 减去 $V_A + V_B$ 之后，即为应由两库共同承担的防洪库容。对于某些洪水组合情况多变的河流，有时 $V_A + V_B$ 大于 $V_总$，则 $V_总$ 应等于 V_A 和 V_B 之和，这时两库无需再分担需共同承担的防洪库容。

对于串联水库见图 9-4 (b)，由于 A 库的泄水可由 B 库控制，故 A 库无必须承担的防洪库容。B 库所必须承担的防洪库容的确定，应根据 AC 区间的同频率洪水按 C 处允许泄量推算。

对于两个以上的并联或串联水库，可采用上述同样方法求得各自必须承担的防洪库容。

3. 各库共同承担的防洪库容的分配

由前述所求得的 $V_总$ 扣除各库必须承担的防洪库容，即为各库需共同承担的防洪库容，该库容的分配原则，常用的有如下几类。

(1) 按各库蓄洪抵偿系数分配。

此系数是指单位蓄洪量与可有效削减下游洪水的成灾水量两者之比，如 1 亿 m³ 防洪库容可削减 0.6 亿 m³ 成灾水量，则抵偿系数为 0.6，此值可通过调洪计算及下游河道洪流演进计算分析求得。一般原则是系数大者应考虑多承担一些共同防洪库容。如缺乏上述分析资料，可考虑干流水库较支流水库、距离防护点近的水库较远的水库、控制洪水比重大的水库较比重小的水库多分担一些共同防洪库容。

(2) 按各水库总兴利效益最大或总兴利损失最小原则分配。

我国兴建的负担下游防洪任务的水库，一般还兼有兴利任务，因此共同防洪库容不同的分配方案，将引起各水库兴利效益的变化，在满足下游防洪要求的前提下，可择其总效益最大者为最佳方案。如对水电站库群以总保证出力最大，灌溉库群以总灌溉面积最大为准则。在初步拟定方案时，可先尽量利用各库防洪和兴利可能结合的重叠库容作为分担的防洪库容，不够时再在调节性能较高、本身防洪要求高、发电水头较低的水库中多分配一些共同防洪库容。

（3）按年费用或总费用最小分配。满足下游防洪要求的前提下，按各分配方案的年费用或总费用最小（后者适用于各库投入时间不等的情况）确定最优方案。各方案的兴利效益差值用替代工程的费用折算。

对于选定的分配方案，应采用不同典型的整体设计洪水进行各水库调洪和下游洪流演进计算，要求采用的分配方案满足下游防洪要求，否则，应进行适当调整，必要时需加大总防洪库容。

三、水库群防洪调节方式

1. 固定下泄量方式

若共同担任同一处防洪任务的诸水库洪水基本上同步，如属于同一暴雨区的并联水库，或梯级水库之间面积占上游水库流域面积比重不大，或者梯级间区间来水与上游水库入库洪水基本同步等情况，且区间流域面积很小，即防洪控制站的洪水主要由各库来水决定，可采用固定下泄量方式进行洪水调节。这种调节方式与单库固定下泄量防洪调度方式类似，即可分为一级和多级固定下泄量，一级方式适用于防护区各防护对象要求的防洪标准一致，多级方式适用于防护区各保护对象有不同的防洪等级标准要求。其差别是需根据前述方法拟定各水库的防洪库容，分别规定各库的判别条件及其下泄量。

2. 补偿调节方式

若共同担任同一处防洪任务的诸水库洪水组成同步性较差，或各库入库洪水与防护区区间洪水组成多变，应由防洪控制站的洪水情况决定各库的泄洪量，即可分为预报补偿调度方式和经验性的补偿调度方式（如根据洪水组成特性拟定的错峰调度法、涨率调度法等），其差别是尚需决定各库补偿的先后次序。以共同防洪的两库补偿调度为例说明如下。

（1）先后补偿法。

图 9-4 (a) 中，若 A、B 两并联水库洪水具有一定程度的同步性，但下游区间洪水比重较大，区间来水和入库洪水组成多变，可选择两库中防洪调节性能较好，且洪水比重亦大的水库，如 A 库，作为补偿水库，则调节性能较差且洪水比重亦小的 B 库作为被补偿水库。在洪水调度中，B 库可按其本身防洪特性值（如库水位或入库流量）及综合用水要求等条件控制运用，A 库按单库进行补偿调度方法，由 C 处及区间来水（包括 B 库的影响）特性或预报值进行补偿调度。

（2）相机补偿法。

图 9-4 (a) 中，两并联水库 A、B 洪水比重相差不大，且同步性较差时，宜采用这种方式。本法先不决定两库的补偿调节次序，当发生洪水时根据两库来水情况及预报值，再决策两库蓄泄水次序和补偿调节关系。如 C 处发生防洪标准的设计洪水时，A 库发生同频率洪水，B 库发生相应洪水，则 A 库可按满足自身防洪要求的方式进行蓄洪，B 库根据区间和 A 库泄洪情况对 C 处进行补偿调节。又如 A、B 两库发生的洪水相当（根据预报值），但 A 库来水较 B 库提前，这时应先蓄 A 库，让 B 库尽量腾出库容，以迎接迟到的洪峰，这种情况即 A 库先进行补偿调节，先蓄满库容，而后再由 B 库进行补偿调节，

后蓄满库容。

3. 梯级水库的防洪调节方式

图 9-4 （b）中的 A、B 两串联水库共同担任 C 处的防洪任务，若 A、B 两库调节性能相差较大，应以调洪性能较高的水库为补偿水库，调洪性能较低的水库可按单独运行方式调节洪水。若 A、B 两库调洪性能相差不多，应根据 C 处发生设计洪水时，A 库入库洪水和 AB 区间洪水的组合情况决定蓄泄水次序。一般原则为：根据 C 处洪水情况，先由 A 库进行补偿调节，当 A 库泄量已不能再少时，则由 B 库进行补偿调节；若 A 库和 AB 区间同时遭遇较大洪水，根据较准确的预报也可采用两库均匀分担对 C 处洪水的补偿调节方式，即由 C 处及 AB 和 BC 区间洪水的预报值或特性值决定两库的总蓄洪量，再按 A、B 两库的防洪库容大小分配蓄洪量。

若 AB 区间也有防洪要求，则 A 库的泄洪和 B 库的蓄洪也应考虑这一要求。

对于多库的情况也可参照上述方式拟式。

参 考 文 献

［1］ 水利部长江流域规划办公室，河海大学，水利部丹江口水利枢纽管理局．综合利用水库调度 ［M］. 北京：水利电力出版社，1990.

［2］ 水利部水利水电规划设计总院．水工设计手册（第2版）第 7 卷　泄水与过坝建筑物 ［M］. 北京：中国水利水电出版社，2014.

［3］ 中华人民共和国水利部．水利工程水利计算规范（SL 104—95）［S］. 北京：中国水利水电出版社，1996.

［4］ 叶秉如．水利计算及水资源规划 ［M］. 北京：中国水利水电出版社，1995.

［5］ 梁忠民，钟平安，华家鹏．水文水利计算 ［M］. 北京：中国水利水电出版社，2006.

思 考 练 习 题

第一章　绪论

1. 水利计算的主要任务是什么？

2. 水利计算的主要研究内容有哪些？

3. 水利计算有哪些主要研究方法？

第二章　径流调节与水库特征

1. 什么是径流调节？简述径流调节的主要措施。

2. 什么是调节周期？按调节周期水库可分哪几类？

3. 径流调节计算需要哪些来水资料？如何取得？

4. 什么是水库的特性曲线？如何取得？

5. 什么是设计保证率？如何计算？

6. 什么是防洪标准？水库的防洪标准通常有哪些？

7. 水库的哪些特征水位和特征库容与兴利相关？

8. 与防洪相关的水库特征水位和特征库容有哪些？

9. 什么是水库总库容？

10. 坝顶高程与坝高有什么区别？

11. 某水库有灌溉、供水、航运、发电 4 个兴利部门，其中供水、灌溉部门从水库大坝上游自流引水，航运为水库大坝下游河道航运，已知各部门的需水流量过程见表 1，求水库的综合需水过程。

表 1　　　　　　　　　　　各 部 门 需 水 过 程 表　　　　　　　　　　单位：m³/s

月份 部门	1	2	3	4	5	6	7	8	9	10	11	12
灌溉	0	0	0	14	16	18	20	25	0	0	0	0
发电	10	10	13	20	18	20	10	10	10	10	10	10
航运	15	15	15	15	15	0	0	0	15	15	15	10
供水	4	4	4	4	4	4	4	4	4	4	4	4

第三章　需水量计算与预测

1. 在工业用水中，总用水、取用水、排放水、耗用水、重复用水的具体含义是什么？它们之间的相互关系是什么？

2. 在预测工业需水总量后，如何确定工业需水过程？

3. 利用趋势法进行需水量预测时，增长率如何确定？增长率确定要考虑哪些基本原则？

4. 水稻和旱作物的作物需水量与作物田间耗水量有什么区别？

5. 耕地面积与种植面积有什么区别？

6. 什么叫作物灌溉制度？

7. 河道内生态环境需水量常用计算方法有哪些？

8. 简述河道内生态需水量分项计算法。

9. 某工程供水区工业行业 2010 年产值 100 亿元，万元产值用水量 $100m^3$，2015 年产值 200 亿元，万元产值用水量 $90m^3$，据经济发展规划，预计 2030 水平年工业产值达到 500 亿元，试预测 2030 水平年的工业需水量。

10. 某工程供水区工业部门 2010 年产值为 20 亿元，用水量 15000 万 m^3，重复利用率 75%，据节水规划 2020 年重复利用率将提高到 85%，据经济发展规划 2020 水平年产值为 30 亿元，求 2020 年的工业需水量。

11. 利用表 3-5 和表 3-10 中的数据，计算双季晚稻各旬需水系数 "a 值"。

第四章 径流（量）调节计算

1. 什么是水利年？

2. 什么是设计兴利库容和保证调节流量？

3. 兴利库容频率曲线为什么从小到大排序，而调节流量频率曲线从大到小排序？

4. 早蓄方案和晚蓄方案哪个更有利于防洪？

5. 调节流量的增加，所需的兴利库容也要相应增加，哪个增率更快？

6. 年调节水库哪个阶段的水量损失影响兴利库容和调节流量？哪个阶段的水量损失影响弃水量？

7. 合成总库容法的基本思路是什么？

8. 在普莱希可夫线解图中，为什么可以用 C_v 反映来水的特征？

9. 多年调节水库哪个阶段的水量损失影响兴利库容？

10. 某水库多年平均年径流 $W=65.6\times10^8 m^3$，$P=90\%$ 频率的年入库平均流量 $q=170m^3/s$，选取典型年的各月流量资料见表 2。设已知均匀调节流量为 $q=130m^3/s$，试求该水库保证率 $P=90\%$ 的兴利库容。

表 2　　　　　　　　　典型年各月平均流量　　　　　　　单位：m^3/s

月份	4	5	6	7	8	9	10	11	12	1	2	3	年平均
流量	244	292	330	241	189	123	134	106	98	102	87	173	177

11. 某水库的来水条件与习题 10 相同。已知水库的正常高水位为 166m，死水位为 147m，水库的水位-库容曲线见表 3。

表 3　　　　　　　　　　水库水位-库容曲线

	水位/m	147	149	150	152	154	156
库容	亿 m^3	7.49	8.15	8.50	9.23	10.03	10.75
	$(m^3/s)\cdot$月	285.2	310.3	323.7	351.4	380.0	400.3
	水位/m	158	160	162	164	166	
库容	亿 m^3	11.56	12.40	13.30	14.30	15.35	
	$(m^3/s)\cdot$月	440.1	472.1	506.4	544.4	584.4	

试求保证率 $p=90\%$ 的设计枯水年供水期的调节流量，并用列表法计算设计枯水年各月的水库蓄水量。

12. 某水库有 39 年资料，经来水、用水供需平衡计算，现将其中连续最枯 10 年的余水期余水量及亏水期亏水量列于表 4，请计算每年所需兴利库容，并写明调节周期及设计保证率为 90% 的设计库容。

表 4　　　　　　　　　　　逐年余亏水量　　　　　　　　单位：(m^3/s)·月

年　份	1	2	3	4	5	6	7	8	9	10
余水量	500	300	60	90	100	150	260	400	120	140
亏水量	100	150	160	200	180	90	190	270	170	160

13. 有一多年调节水库，设计保证率 $p=95\%$，多年平均流量 $q=360m^3/s$，多年调节库容 $v=45.54$ 亿 m^3，已知 $C_v=0.4$，$C_s=2C_v$，求调节流量 Q。

第五章　灌溉工程水利计算

1. 灌溉设计保证率的选择应遵循哪些基本原则？

2. 常见灌溉取水方式有几种？

3. 灌区渠首水位计算应考虑哪些因素？

4. 塘坝产水常用计算方法有哪些？

5. 简述多年调节灌溉水库调节计算变动用水量法的基本思路。

6. 简述地下水的补给项和消耗项。

7. 已知某灌溉水库来水与毛灌溉需水见表 5，试求灌溉库容。

表 5　　　　　　　　　　灌溉水库水量平衡计算表　　　　　　单位：(m^3/s)·月

月份	水库来水量	水量损失	毛灌溉用水量
3	15	2	1
4	153	3	62
5	210	3	73
6	110	3	55
7	20	4	69
8	25	4	56
9	22	3	60
10	6	3	21
11	20	2	1
12	15	2	0
1	7	1	4
2	8	2	3

第六章　水电站水能计算

1. 水电站水能开发方式有哪些？

2. 什么是日负荷图？什么是年负荷图？

3. 什么是日负荷图电能累积曲线？

4. 电力系统装机容量由几部分组成？各部分作用是什么？

5. 什么是重复容量？火电站有重复容量吗？

6. 什么是水电站保证出力？

7. 简述等出力法的基本步骤。

8. 简述日调水电站保证出力计算步骤。

9. 简述年调节水库调度图的组成？

10. 简述年调节水库上下基本调度线的绘制步骤。

11. 设年调节水电站的设计保证率 $P=90\%$，$P=90\%$ 的年入库平均流量 $q=170\text{m}^3/\text{s}$，选取典型年的各月流量资料见表 2；水库的正常高水位为 166m，死水位为 147m，水库的水位-库容曲线见表 3；电站在供水期（1、2、9、10、11、12 月）担任系统的峰荷，汛期（4—9 月）担任系统的基荷；已知设计水平年电力系统各月的最高负荷见表 6，各月典型日负荷图见表 7（$N\%$ 表示日最高负荷的百分比）；水电站下游平均水位为 $Z=92\text{m}$。

试求：1）水电站的保证出力及相应的枯水期保证电能；

2）水电站的最大工作量。

表 6　　　　　　　　　水平年各月最大负荷过程　　　　　　　　单位：万 kW

月份	1	2	3	4	5	6	7	8	9	10	11	12
最高负荷	100	99	98	97	96	95	95	96	97	98	99	100

表 7　　　　　　　　　　各月典型日负荷图

时段/h	1～2	3～4	5～6	7～8	9～10	11～12	13～14	15～16	17～18	19～20	21～22	23～24
$N\%$	75	70	80	85	88	90	86	90	95	100	95	85

第七章　防洪工程水利计算

1. 什么是非工程防洪措施？代表性的非工程防洪措施有哪些？

2. 简述单体工程效益计算原理。

3. 简述防洪工程体系效益估算方法。

4. 简述水库调洪的作用。

5. 何为水库的泄流能力？

6. 简述水库担负下游防洪任务的溢洪道尺寸选择。

7. 试分析静库容调洪和动库容调洪计算结果的差异。

8. 何为防洪补偿调节？

9. 堤防间距和堤顶高程的关系如何？确定堤防间距需要考虑哪些因素？

10. 分蓄洪工程水利计算的主要任务有哪些？

11. 溃坝水流的物理过程如何？

12. 某水库以 1000 年一遇洪水设计，10000 年一遇洪水校核，水库下游有两级防护对象，防洪标准分别为 50 年一遇和 100 年一遇。水库分级防洪规则如下：

1）当入库流量小于7950m³/s（下游50年一遇洪峰流量）时，水库下泄流量不超过600m³/s；

2）当入库流量大于7950m³/s，而小于9850m³/s（下游100年一遇洪峰流量）时，水库下泄流量不超过1500m³/s；

3）当入库流量超过9850m³/s时，水库下泄流量不受限制，以确保大坝安全。

已知水库防洪限制水位为147m，水库库容曲线、泄流能力曲线见表8，1000年一遇设计洪水过程见表9，试求该水库1000年一遇设计洪水位。

表8 　　　　　　　　　　　水库水位-库容和水位-泄量

水位/m	库容/亿 m³	泄流能力/(m³/s)	水位/m	库容/亿 m³	泄流能力/(m³/s)
147	23.38	1800	155	35.72	6910
148	24.78	2150	156	37.43	7920
149	26.22	2600	157	39.18	8730
150	27.71	3130	157.5	40.08	9135
151	29.25	3690	158	40.98	9540
152	30.31	4370	158.5	41.90	9890
153	32.41	5510	159	42.81	10340
154	34.05	6200	159.5	43.75	10750

表9 　　　　　　　　　　　1000年一遇设计洪水　　　　　　　单位：m³/s

时刻	流量	时刻	流量	时刻	流量
7月17日0：00	500	7月28日0：00	878	8月1日0：00	12950
7月18日0：00	1022	7月29日0：00	660	8月1日3：00	12700
7月19日0：00	837	7月30日0：00	1525	8月1日6：00	12200
7月20日0：00	560	7月31日0：00	6780	8月1日9：00	11300
7月21日0：00	530	7月31日3：00	7500	8月1日12：00	9950
7月22日0：00	405	7月31日6：00	7950	8月1日15：00	9400
7月23日0：00	1510	7月31日9：00	9850	8月1日18：00	8500
7月24日0：00	1162	7月31日12：00	11100	8月1日21：00	7000
7月25日0：00	3140	7月31日15：00	13220	8月2日0：00	5200
7月26日0：00	2695	7月31日18：00	16500		
7月27日0：00	1410	7月31日21：00	13600		

第八章　综合利用水库水利计算

1. 综合利用水库防洪库容与兴利库容的关系有几种类型？

2. 何种情形下不能设置结合库容？

3. 防洪与兴利调度线常会出现哪些不协调情形？如何处理？

4. 采用分期防洪限制水位时，防洪库容如何确定？

5. 简述发电与灌溉两级调节的基本原理。

6. 简述年调节水库两级调度图绘制步骤。

7. 简述多年调节水库两级调度图绘制步骤。

8. 正常蓄水位与投资效益之间存在怎样的关系？

9. 试分析图 8-11 中 b 点为什么一般高于 a 点？

10. 设某水库有工业用水、发电、灌溉和航运 3 项开发目标。工业用水的设计保证率为 $P_1=97\%$，相应的保证供水过程 $Q_1(t)$，降低供水折扣系数为 α_1；发电设计保证率为 $P_2=90\%$，相应的保证供水过程 $Q_2(t)$，降低供水折扣系数为 α_2；灌溉设计保证率为 $P_3=80\%$，相应的保证供水过程 $Q_3(t)$，降低供水折扣系数为 α_3。其中工业用水为坝上引水，灌溉坝下取水可与发电用水结合，试写出求该水库兴利库容的步骤。

第九章 水库群调节计算

1. 常见的水库群有几种类型？各有什么特点？

2. 水库群与单库相比其工作特点有哪些？

3. 试写出各水库具有独立供水对象，且各库径流不同步时的水库群径流调节计算方法。

4. 试写出梯级水库共同承担下游用水要求时，各水库库容确定的方法步骤。

5. 水电站电力补偿的主要目的是什么？如何划分补偿电站和被补偿电站？

6. 试写出水电站群补偿调节计算的步骤。

7. 如何划分水电站群补偿调节的效益？

8. 试写出非重叠梯级水电站最优蓄放水次序第一和第二判别式。两个判别式各有什么作用？如何联合使用？

9. 简述水库群防洪调节的原则。

10. 试写出水库群防洪总库容的计算方法和防洪中库容分配方法。

11. 水库群防洪先后补偿调节和相机补偿调节有什么区别？适用条件如何？

12. 某河上有 A、B 两个梯级水库，有效库容 $V_A=15.7$ 亿 m^3 [600（m^3/s）·月]；$V_B=60$（m^3/s）·月，设计枯水年供水期各水库坝址处天然来水量见表 10，供水区在 B 库下游。

试求：1）两库联合补偿调节后，供水期各库各月的出库流量和蓄水量过程；

2）与上下库不考虑补偿而依次独立调节计算相比，径流补偿调节提高了多少保证调节流量？

表 10　　　　　　　　　　设计枯水年供水期来水　　　　　　　　　　单位：m^3/s

月份	10	11	12	1	2	3
A 库	240	220	160	140	120	140
B 库	370	310	215	180	150	180